高等学校"十二五"规划教材

SHUJULIAN JISHU JI YINGYONG

数据链技术及应用

主 编 李琳琳

副主编 魏振华

西北工业大学出版社

【内容简介】 本书是一本全面介绍数据链系统概念、原理、组成、功能、集成及作战应用的教科书。全书共分7章,围绕数据链系统这一核心概念,主要介绍了数据链系统的基本概念、组成及工作原理,详细阐述了数据链系统的信息传输、信息安全、网络管理以及数据链与平台的集成,最后介绍了数据链在作战中的应用。

本书可作为军队院校通信工程和指挥信息系统工程等相关专业的本科生教材,也可作为地方高等院校国防生相关专业教材和各类军队干部培训(轮训)教材,还可以作为国防科技人员和军事爱好者的参考资料。

图书在版编目(CIP)数据

数据链技术及应用/李琳琳主编. —西安:西北工业大学出版社,2015.9
ISBN 978 - 7 - 5612 - 4511 - 8

Ⅰ.①数… Ⅱ.①李… Ⅲ.①数据传输 Ⅳ.①TN919

中国版本图书馆 CIP 数据核字(2015)第 190546 号

出版发行:西北工业大学出版社
通信地址:西安市友谊西路 127 号　　邮编:710072
电　　话:(029)88493844　88491757
网　　址:www.nwpup.com
印　刷　者:兴平市博闻印务有限公司
开　　本:787 mm×1 092 mm　　1/16
印　　张:12.625
字　　数:303 千字
版　　次:2015 年 11 月第 1 版　2015 年 11 月第 1 次印刷
定　　价:29.00 元

本书编委会

主　　编　李琳琳
副主编　　魏振华
编　　者　李琳琳　　魏振华　　汪洪桥
　　　　　伍　明　　罗　蓉　　范志良
　　　　　罗　眉　　刘华泽　　顾敦勇
主　　审　付光远　　叶　霞

前　言

信息化条件下的局部战争,战场态势瞬息万变,作战样式、作战规模、战场范围都发生了巨大变化,特别是作战节奏、打击能力、反应速度的变化,对战场信息获取、传递和共享提出了更高要求。数据链作为战场神经系统的重要组成部分,在情报共享和指令传递等方面发挥着越来越重要的作用。从近期几场美军主导的局部战争,尤其是在伊拉克战争中可以看出,数据链已经逐渐全方位地渗透到情报侦察、作战指挥、效果评估等各个领域,将整个战场紧密融合为一体,实现了战场情报的高度共享,提高了反应速度和打击精度,从整体上提升了美军的作战能力,为其在军事上赢得战争的胜利奠定了坚实的基础。

数据链的发展已经有几十年的历史了,但对于我军来说,还是个新生事物,无论是在思想认识还是装备使用上,都有许多值得深入探讨的问题。目前,我军的数据链建设正处在一个快速发展的大好时机,对数据链技术研究、装备建设和作战运用人才现状同军队的实际需求之间存在巨大差距,急需加大数据链人才培养的力度,加快数据链人才培训的步伐。

为满足部队信息化建设对专业人才的需要,适应全军院校教育改革的新要求,第二炮兵工程大学组织编写了本书。本书在介绍数据链相关知识的基础上,对数据链的信息传输、信息安全、网络管理等关键技术进行深入剖析,探索数据链与平台的集成及运用,分析、研究了数据链在 ISR 系统、指控系统、武器系统中的应用,为我军数据链的建设、运用、发展提供重要的借鉴。本书力求使用通俗易懂的语言,介绍较为专业的数据链相关知识,使读者能够较为直观地了解数据链的概念、特点、技术、作用,以期达到普及数据链基本知识、深化对数据链认识、掌握数据链使用的目的,为更好地掌握和运用数据链提供参考。

本书由李琳琳负责总体规划、结构设计工作。罗蓉编写了第 1 章,伍明编写了第 2 章,汪洪桥、顾敦勇编写了第 3 章,魏振华、李琳琳编写了第 4 章,范志良编写了第 5 章,李琳琳、罗眉编写了第 6 章,刘华泽、魏振华编写了第 7 章。全书由李琳琳、魏振华统稿。书中参考了相关论文、论著及其研究成果,这些文献对于本书的编写起到了非常重要的作用,在此对其作者表示深深的敬意和诚挚的感谢。

由于水平有限,以及数据链技术本身就在不断发展和完善,书中不妥和疏漏之处在所难免,欢迎读者批评指正。

编　者
2015 年 3 月

目　录

第1章 概　　述

信息化条件下的现代战争，是陆、海、空、天、电一体的综合体系对抗，在广大的区域内，敌、我双方数量众多的武器平台交织在一起，情况和位置迅速变化。各级指挥机构和指挥员必须掌握实时的敌、我态势，了解所属部队和武器的战斗形态，将不同种类的作战单元有机地链接起来，形成整体合力，并选择合适的攻击武器和最佳的攻击地点，在最短的时间内给敌人以最有效的打击。

数据链(Data Link)是信息化战争的新形势下，为适应高速机动作战单元实时共享战场态势、高效指挥控制和战术协同需要，采用格式化消息、高效的组网协议和多种信道而构成的信息系统，是实现各作战平台的协同和铰链，共享整个战场资源，打赢信息化战争的基础装备。数据链可以将信息获取、信息传递、信息处理、信息控制紧密地连接在一起，完成各种军事信息系统(如指挥控制、预警探测、电子对抗、精确制导信息系统)的信息业务互通，把原本独立的各级指挥机关、战斗部队、传感探测平台和武器平台有机地铰链在一起，实现所有作战单元的沟通，形成具有统一、协调能力的作战整体，从而极大增强部队的整体作战效能，为取得战争的胜利奠定坚实的基础。

1.1　数据链的基本概念

1.1.1　数据链的概念

目前，关于什么是数据链，还没有一个统一的认识。从功能、结构、作用、技术特点等角度出发，都可以给出多种表述不同的数据链定义。

数据链概念可以从广义和狭义两个方面理解。广义地说，数据链，即数据链路，就是传输数据的通信链路系统。所谓数据通信是与语音通信相对而言的。日常使用的电话传统上归为语音通信技术，而一些主要传输字符的通信技术，通常称为数据通信，如电传通信、电报通信以及后来发展的分组交换。所谓链路，就是技术标准与相关设备组成的一个完整系统。数据链路就是数据通信技术标准与计算机、传输终端等设备组成的数据传输系统。

狭义上讲，数据链是指传输"机器可读"数字信息的通信链路。首先，严格意义上，不是任何传输数据的通信链路都可以称为数据链，而只有那些传输特定格式数据的通信链路才可以称为数据链。其次，用于接收和发送的终端设备能够"理解"这些特定格式的数据，可以按照数据所传递的内容完成特定的任务。比如，雷达探测到一个空中目标，要将目标的高度，速度，方位，航向，敌、我属性等信息传递给指挥所，如果使用语音链路，则需要雷达操作员将屏幕上显示的这些信息口头报给指挥所，指挥所人员记录这些信息，并将其手工标绘在一定的图纸上，供指挥员研究和定下处置决心；如果使用数据链，就可以将这些信息直接用特定的"0""1"编码,高度 8 000 m 表示为"0100",速度 900km/h 表示为"0010",方位"东南"表示为"0001",航向"西北"表示为"1000",敌、我属性"敌机"表示为"1001",从而形成一个"0100 0010 0001 1000 1001"的字符串。字符串通过数据链传送到指挥所,接收终端将其还原,直观地、自动地在电子地图上标绘出来,供指挥员参考。在后一种情况中,数据链传输的特定格式的字符串,就是机器能够自动识别的数据信息,也就是"机器可读"的数据信息。

数据链在美国称为战术数据信息链(Tactical Digital Information Link,TADIL),在北约组织国家称为链路(Link),是一种利用无线通信设备,在各种各类作战平台(传感器平台、指控平台和武器平台)之间,按照规定的消息格式和通信协议,实时传输和交换战场态势、目标指示和指挥控制等信息的网络化战术信息系统。

近年来,我国相关研究人员对"什么是数据链"比较一致的定义为"数据链是以无线传输为主,链接传感器平台、武器平台和指挥控制系统,使用统一规定的消息格式和通信协议,实时、自动地传输战场态势、指挥引导、战术协同、武器控制等格式化数据的信息链路"。这个定义从 4 个方面体现了数据链的内涵。

1. 数据链的外在形式

数据链的外在形式是无线传输设备。数据链采用无线网络通信技术和应用协议将地理上分散的部队、各作战单元的探测器和武器系统利用无线信道连为一个有机的数据网络系统,使得每个作战单元探测到的敌情信息都为整个网络中的各个单元共享,每个作战单元的武器系统亦可为整个网络共用。

在一个数据链系统中,每个节点都应该具有的基本链路设备包括战术数据系统(TDS)、数据终端设备(DTS)、无线电设备(Radio)和天线。无线传输设备是数据链主要的外在体现形式。数据链中的无线电设备需要完成数/模转换、频率搬移、跳/扩频组网等功能。目前,数据链使用的无线电设备工作在 HF,VHF,UHF,L,S,C,K 频段。具体工作频段的选择,取决于其被赋予的使命任务和技术体制。例如,HF 一般用于超视距小容量信息传输;V/UHF 用于视距且信息量较大的态势信息和指挥控制信息的传输;L 波段常用于视距大容量的态势信息的分发;S/C/K 波段常用于卫星数据链对传输容量和信息覆盖范围要求大的信息传输。再例如,Link11B 使用 HF 信道在地面防空部队之间分发空中目标航迹信息;Link16 使用 Lx 频段在视距范围内分发预警探测和情报信息;美军 CDL(通用数据链)使用 S,K 频段在卫星、侦察机、无人机上对地面处理中心传输情报、侦查和监视信息等。

2. 数据链的核心要素

数据链的核心要素是消息格式和通信协议。数据链包括一套标准化消息格式和统一的标准通信网络协议,这是数据链的核心要素,是数据链系统互连互通的精髓。它们为各作战单元的紧密铰链提供了标准化的手段,为形成"从传感器到射手"的信息流奠定了基础,为在不同数据链之间的传输、转接、处理信息提供了标准,为信息系统的无缝链接提供了前提条件。在数据链概念中,特别强调标准化消息格式和统一的标准通信网络协议,这是数据链系统互连互通的精髓。

格式化消息包含两大要素:句法和语义。句法定义了消息的结构和规则。语义明确了在各结构单元中数据元素的含义。通过对格式化消息的严格约定,发送方与接收方才能保证正确地理解消息中所传达的信息。格式化消息标准的制定是随数据链系统的使用范畴、传输信道特征和作战应用需求而变化的,因此形成了多种数据链消息标准。例如,美军的 STAN-

AG5511 标准定义了在 Link11 中使用的 M 序列消息;STANAG5504 标准中定义了在 Link4 中使用的 V 序列、R 序列消息;STANAG5516 标准中定义了在 Link16 中使用的 J 序列消息;STANAG5522 标准中定义了在 Link22 中使用的 F 序列、FJ 序列消息等。不同消息标准在不同数据链系统之间传输,就存在直接传输和转换传输两种情况。例如,Link22 使用了部分 Link16 的消息,这些消息在两链之间传输就不需要转换。如果不同语义和句法之间的消息在多链中传输,为了保证多链之间的互操作性,就需要消息转换,也就产生了消息转换标准。

数据链通信协议是信息在通信网络中的传输顺序、格式和内容及控制方法的规约。它主要用于建立通信链路,并控制数据在链路中的传送。通信协议包括信道传输协议、链路控制协议、网络通信协议和加密标准等。信道传输协议包括信道编码、调制解调以及各种抗干扰措施,保证数据信号在物理媒质上可靠、有效地传递。链路控制协议包括信道访问控制、流量控制、差错检测与控制等内容,其主要作用是保证消息在逻辑链路上无差错地传输。网络通信协议主要解决组网问题。在数据链中,通常有点对点、广播、轮询和 TDMA 等几种工作方式,它们主要解决组网中对信道的分配问题。

3. 数据链的基本功能

数据链的基本功能是实时、自动地传输战场态势、指挥引导、战术协同、武器控制等格式化数据。数据链的主要设计目标是实现战术数据的准实时交换,使得数据链传输的数据能够实时显示在各作战平台的平显或战术显示器上,网内任何一个平台都可随时了解其他平台对目标的探测情况、状态和武器使用方法,每个作战平台亦可随时调用其他作战平台传感器信息的通道,从而可以用较少的作战平台防御较大的范围。

数据链采用多种链接方式以保证信息的快速、可靠传输,既有点到点的单链路传输,也有点到多点和多点到多点的网络传输,且网络结构和网络通信协议多种多样。只要能满足数据链信息的传输要求,不同数据传输方式均可作为数据链的链接手段。根据应用需求和具体作战环境的不同,数据链可综合采用短波信道、超短波信道、微波信道和卫星信道;采用信息无缝连接手段,还可以实现多种信道组建单一数据链路的结构形式。

数据链传输的信息是格式化的标准信息,以保证数据传输的实时性。格式化的标准信息采用统一的面向比特位定义的信息标准。它能够提高信息表达效率,为战术信息的实时化链接赢得时间;并且为各作战平台的紧密铰链提供了手段,为实现"从传感器到射手"信息流的形成奠定了基础;为信息在不同数据链之间的传输、转接、处理提供便利,为信息数据的无缝链接提供了前提条件。

4. 数据链的本质

数据链的本质是无缝链接传感器平台、武器平台和指挥控制系统的信息链路。数据链以作战平台为主要链接对象,以特殊的数据通信为链接手段,将处于不同地理位置的作战平台组合为完整战术共同体的链接关系。它与作战平台紧密结合,把地理上、空间上分散的部队、各种探测器和武器系统连接在一起,保证战场态势、指挥控制、武器协同、情报侦察、预警探测等信息的实时、可靠、安全地传输,实现信息共享,实时掌握战场态势,缩短决策时间,提高指挥速度和协同作战能力,增强部队的整体作战能力和防御能力,对敌方实施快速、精确、连续的打击,对我方的重要目标进行全方位的有效保护。

1.1.2 数据链的分类

数据链是一个地域上分布式的立体化空间网络系统,是将各部队分布在广阔地域上的各级指挥所、参战部队和武器平台链接起来的信息处理、交换和分发系统。针对现代战争各种作战方式的不同需求,有多种类型的数据链。各种数据链都有其特定的用途和服务对象,从不同的角度、根据不同标准可以将数据链分为不同的种类,如表 1-1 所示。

表 1-1 数据链的分类

划分标准	分类	典型链路
信道种类数量	单信道链	Link16/JIDS
	多信道链	Link11/Link22
信道频段	HF 链	Link14
	VHF 链	VDL-2
	多频段链	Link11/Link22
	UHF 链	Link4/Link16/JIDS
	S/C/K 链	S-CDL
任务功能	情报分发链	TDDS/TRIXS/TIBS/CDL
	指挥控制链	Link11/Link16/JIDS
	武器协同链	CEC/TTNT
服务对象	通用链	Link16/JIDS
	专用链	CEC/SADL/EPLRS
空间分布	陆基平台	陆基数据链(GBDL)
	空基平台	AN/AXQ-14
	天基平台	STDL

1. 按使用信道种类的数量划分

数据链按照使用信道种类的数量进行划分,可分为多信道数据链和单信道数据链。例如,美军的 Link11,Link22 属于多信道数据链,Link11 和 Link22 可使用 HF 信道、V/U 信道组网;美军的 Link16 属于单信道组网,工作于 L/S 频段。

2. 按使用信道频段划分

数据链按照使用信道频段进行划分,可分为 HF 数据链、VHF 数据链、UHF 数据链和卫星数据链等。Link14 既是 HF 数据链,又是 UHF 数据链;VDL-2 空中交通管理数据链属于 VHF 数据链;Link16 是 UHF 数据链;S-CDL 卫星情报侦察数据链则是卫星数据链。

3. 按任务功能划分

数据链按照任务功能进行划分,可分为情报分发数据链、指挥控制数据链和武器协同数据链等。情报分发数据链是以搜集和处理情报、传输战术数据、共享资源为主的数据链,包括数据分发系统(TDDS)、战术侦察情报交换系统(TRIXS)、战术信息广播业务(TIBS)和通用数据链(CDL)等。这类数据链通常要求较高的数据率和较低的误码率,电子侦察机和预警机等一般都选择这种数据链。指挥控制数据链是以常规命令的下达,战情的报告、请示,勤务通信和空中战术行动的引导指挥等为主的数据链,包括 Link11,Link16 等。这类数据链要求的数据率不高,但准确性、可靠性要求高。武器协同数据链则是与武器控制相关的数据链,包括协同作战能力系统(CEC)和战术目标瞄准网络技术(TTNT)等。

4. 按服务对象划分

各军兵种有不同的作战特点,使用要求也各不相同,所应用的数据链也不同,数据链按照服务对象进行划分,可分为陆军、海军、空军等专用数据链和三军通用数据链。例如,用于各军兵种多种平台之间交换不同类型信息,满足多样化任务需求的数据链一般称为通用数据链,包括 Link11,Link16 等;专门为某个军种或某种武器系统(如防空导弹)完成特定作战任务而设计,且功能与信息交换形式较为单一的数据链则称为专用数据链,如"爱国者"导弹数据链,用于情报、监视与侦察(ISR)等数据传输的 ISR 数据链等。

5. 按照空间分布划分

根据数据链的空间分布,数据链涉及陆基平台、空基平台和天基平台,是一个综合立体化信息平台。数据链陆基平台由各级基本指挥所和遂行机动作战任务的各级机动指挥车构成;数据链空基平台包括机载平台和弹载平台两类;数据链天基平台主要是成像侦察卫星和电子侦察卫星、导航定位卫星等星载信息终端,利用天基卫星平台,可为陆基平台和空基平台设备提供优质的目标图像信息和及时、准确的情报信息,以及快速定位信息等。

1.1.3　数据链与其他系统的关系

数据链作为一种新的信息传输和交换手段,与战场上其他信息传输、处理手段既相互联系又相互区别。目前,对数据链的认识还有一些误区,比如,有人片面地认为数据链是一个完全不同的新系统,甚至认为数据链能够取代一切,以往所用到的其他通信系统都不重要了;也有人片面地认为数据链与其他系统没有大的区别,只是名称不同而已。这些错误认识将会妨碍人们正确认识和理解数据链,因此,需要进一步理清数据链与其他系统之间的区别与联系。

1. 数据链与通信系统的关系

前面笔者在阐述数据链定义的时候已经强调过,数据链是一种特殊的通信系统,是一种能够传输特定信息的现代意义上的特殊通信系统。首先,数据链的主要目的仍然是传输信息,这与通信系统并无二致;其次,数据链仍然在使用传统意义上的通信设备开展工作,如电台等,这两点就可以决定数据链仍然是一种通信系统。当然,数据链与传统的通信系统还是有一定区别的。一是"公网"与"专网"之分。传统的通信手段通常包括有线电通信(如电缆通信、光纤通信等)、无线电通信、微波通信、卫星通信以及新兴的"蜂窝"移动通信、计算机网络通信和相应的交换设备(如程控交换机等),这些通信手段更多地表现为"公用性",即提供一种平台、一个网络,使尽可能多的信息在其中畅通流动。尽管数据链也是提供了一种平台、一个网络,但数据链不仅限定了流通信息的种类,而且限定了用户的种类,也就是说,用户及其信息与数据链形成了一个完整的系统,数据链对这个整体来说,是"专用的"通信系统。对于有些数据链来说,甚至都难以借助通用的通信装备传输信息,比如 Link16,其传输设备就是量身定做的,与Link16 数据链形成了一个专有的整体系统。二是个别功能上的差异。数据链还具有比传统通信手段更为丰富的一些功能,比如,可以提供相对导航,即根据网络中的一个参照单元,就可以计算出自身的大致位置。这是数据链根据特有的编码协议实现的较为特殊的功能之一。因此,数据链既是通信系统,又具有一些传统通信系统所难以具备的特殊功能。形象地说,如果将传统通信手段比作交通系统,数据链则更像物流系统,输送的对象类型要求更严,任务完成标准要求更高。

2. 数据链与指挥信息系统的关系

指挥信息系统是一个综合性的系统,美军过去称其为 C⁴ISR 系统。指挥信息系统与数据链之间的关系可以说是整体与局部、包含与被包含的关系。

(1)数据链是指挥信息系统的末端网络。指挥信息系统是一个覆盖区域广泛、跨越层次较多的大系统,可以涵盖战略、战役、战术各个层次,搜索覆盖范围可以远远超过战场地理区域限制。在一个指挥信息系统中,可以包含着许多传统的通信网、预警探测网、情报传输网和许多结构不同、功能各异的计算机网络等,而数据链则承担着指挥信息系统最为底层的功能和任务,主要完成战场范围内战术级信息的传输、交换、处理和使用。也就是说,数据链处于指挥信息系统的末端,负责最基本的战场信息的传递和使用,如我方飞机位置、飞行状态、武器状况和敌方目标性质、状态等基本信息,主要提供给一线指挥员和战斗员参考和使用。只是在必要的时候,才将一定的数据信息提供给战役以上层次的指挥员。

(2)数据链在指挥信息系统中的地位重要。尽管数据链处于指挥信息系统的末端,但却具有极其重要的地位。一方面,建立"传感器到射手"的传输链路,是缩短指挥时间,提高指挥效率的重要途径,也是指挥信息系统的一个发展方向,而数据链恰恰就是为此而生的。另一方面,一些专用数据链的发展(如情报传输数据链),拓展了战术数据链的应用范围,将数据链贯穿到整个指挥信息系统之中,提高了指挥信息系统的效率,这就从根本上推动了指挥信息系统的发展,从而使数据链在指挥信息系统中的地位显得更加重要。

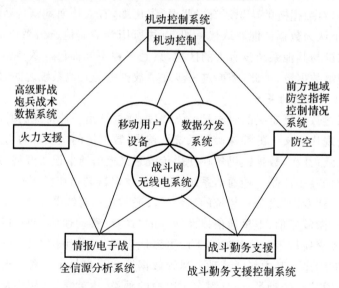

图 1-1 战术 C³I 系统

美军战术 C³I 系统,如图 1-1 所示,是 20 世纪 80 年代初根据其"空地一体战"理论建设起来的战术指挥、控制、通信和情报系统。它具有机动控制、火力支援、防空、情报侦察和电子战、战斗勤务支援等多项功能;具有移动用户设备、数据分发系统、战斗网无线电系统 3 个通信系统。其中数据分发系统包含战术数据链 Link16(JTIDS)和增强型定位报告系统(EPLRS)，Link16 用于高速数据分发，EPLRS 用于中速数据分发。由此可见，战术数据链是战术 C³I 系统的重要组成部分。

1985 年，美国军方提出了战术 C³I 系统必须可靠、安全、高生存力，必须能迅速搜集、分析和提供信息，必须能及时传达命令、协调支援，向部队发布指令等。战术数据链的特征符合这一要求。

3. 数据链与战术互联网的关系

美军战术互联网是 20 世纪 90 年代初，按照其数字化战场和数字化部队建设的规划，用路由器将单信道地面与机载无线电系统(SINC GARS)用增强型定位报告系统(EPLRS)互连起来，使之不再是"烟囱"式系统，而是一个互通的网络。

《美陆军手册》对战术互联网的定义是"战术互联网是互连的战术无线电台、计算机硬件和软件的集合，它在机动、战斗勤务支援与指挥控制平台之间提供无缝隙态势感知和指挥控制数据交换。战术互联网最主要的功能是提供极其可靠的信息交换功能"。战术互联网的构成如图 1-2 所示。

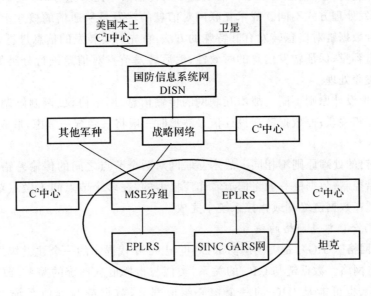

图 1-2 战术互联网构成

图 1-2 中，MSE 为移动用户设备，EPLRS 为增强型定位报告系统，SINC GARS 为单信道地面和机载无线电系统，每条线路都有路由器或网关相连。

战术互联网由单信道地面车、机载无线电系统、增强型定位报告系统、移动用户设备/战术分组网(MSE/TPN)、互联网控制器(INC)、战术多网网关(TMC)、卫星(MILSTAR/COM-MERCIAL)、近期数字电台(NTDR)、局域网络路由器(LANR)、计算机和综合系统控制等组成。它分为 3 个层次：骨干网、本地网、接入网，战术数据链处于接入网的位置。

数据链就其作用来说与战术互联网非常接近，都是传输数字化的战术情报信息，构成一种战术关系。数据链采用多信道、多信息传输格式和多通道传输模式作为链接手段，与战术互联网的多协议、多路由等技术措施在表面看来有某种相似之处，但二者实质有较大差别。

(1)链接关系的"紧密"程度不同。依靠数据链完成战术链接是紧密的,强调的是在不同的链接对象间,依托一定的链接手段,构建一种"紧密"的战术链接关系,且依靠这种紧密的战术链接关系,将各个作战平台紧紧耦合,形成一个完整的战术共同体。战术互联网的基础是互联网,其落脚点还是一种网络平台,尽管依靠这种网络平台,也可建立某种战术链接关系,但紧密程度比起数据链的战术链接关系来讲,要逊色很多。

(2)链接目的不同。实现战术链接,是数据链的目的和使命。战术链接关系是以实现同一战术目的为前提,其链接关系服从战术共同体的需要。战术互联网实际上以"互联"为目的,其链接关系只能服从网络本身。

(3)网络协议设计不同。战术互联网的网络协议设计是按通信网络的概念设计的,协议重点考虑了网络节点间的连通关系,以及网络拓扑结构变化时各节点间路由的变化,网络管理信息占用较大的传输容量,网络效率较低。数据链网络协议设计重点考虑网络效率,网络协议相对简单,以保证战术信息传输的实时性。

(4)采取的信息编码不同。战术互联网没有采用高效的格式化信息编码,而是将终端信息打包后,按分组进行传输,信息的表示方法决定了其传输效率比数据链低。

(5)信息转发处理方式不同。战术互联网对信息的转发是从通信的概念上对信息进行转发处理的。综合数据链对信息转发有其特殊的方法:首先对要转发的信息进行事先规划,分配固定的转发信道容量,保证转发信息的时效性;然后转发节点对信息进行分类处理,对有时效性的信息可做覆盖处理。

(6)信号波形设计原则不同。战术互联网的传输信息、网络协议、调制解调方式等方面在设计时一般不互相关联;而数据链在设计信号波形时一般将三者统一考虑,形成高效的数据链链接手段。

(7)信息差错的处理原则不相同。战术互联网对两个节点之间的传输差错一般要采用反馈重发进行差错控制;数据链一般将信道看作广播似的,在多个节点间不做点对点差错控制,数据的差错处理在数据链终端或指控系统中完成。

4. 数据链与全球信息网格的关系

"全球信息网格"(GIG),是美国国防部 20 世纪 90 年代提出的一个建设规划,就是要建立全球一体的信息网络。数据链与 GIG 的关系,类似与指挥信息系统的关系,数据链也是 GIG 的末端网络,将来也可能是 GIG 的一个核心组成部分,数据链与其他系统关系如图 1-3 所示。

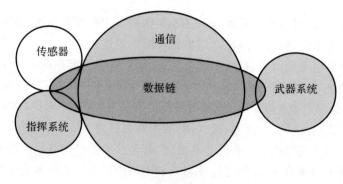

图 1-3　GIG 中数据链与其他系统关系示意图

1.2　数据链的功能和特点

1.2.1　数据链的功能

数据链的基本功能就是把地理上分散的指挥控制、各种探测器和武器系统联系在一起,实现战场信息共享,便于指挥员实时掌握战场态势,缩短决策时间,提高指挥速度和协同作战能力,以便对敌方实施快速、精确、连续的打击。简单地说,数据链要在恰当的时间内,将恰当的信息以恰当的方式进行处理和分发,确保作战人员在恰当的时间,以恰当的方式,完成恰当的任务。

从技术的角度分析,数据链的基本功能主要包括战术数字信息的传输和处理。战术数字信息包括战术数据、数字语音、图像、视频,以及系统管理指令等。在不同的数据链系统,由于采用不同的传输技术体制和实现不同的战术任务,传输和处理的具体含义有所不同。总的来说,信息传输是指将战术数字信息按照规定的实时性要求传给正确地点的正确用户。在这个过程中,数据链要完成一般数据通信系统需要的 A/D 和 D/A 变换、调制解调、差错控制、流量控制、媒体接入控制、多址访问、中继转发,以及链路状态监测与管理等操作。对于多数据链系统来说,相应的设备还需要在不同数据链之间完成战术数字信息的过滤、转发等操作。信息处理则包括战术数字信息的编码和解码。在信息发送端,依据标准化的编码方案,对需要传输的战术数据或其他战术数字信息进行编码;在信息接收端,依据同样的编码方案,对所接收的二进制形式的数据实施解码。解码后数据可能还需要进一步的处理。比如在 Link16 系统中,解码后的航迹信息可能需要相关、解相关等处理;在 CEC 系统中,解码后的量测信息需要栅格锁定(Gridlock)、数据融合等处理。经过了这些处理的数据,才能被指控系统或火控系统利用。

从战术的层面具体地讲,数据链的基本功能主要有以下几个方面:①目标监视(包括空中、海面、陆地和水下目标);②指挥控制;③情报分发;④平台位置和状态报告;⑤战场态势的形成和分发;⑥任务协调;⑦战斗协同;⑧武器协同;⑨武器控制等。

1.2.2　数据链的特点

一、数据链的技术特点

数据链与传统数字通信既有联系又有自身显著的特点。虽然数字通信技术是数据链的重要技术基础,但数据链具有自己的技术特点,主要表现在链路平台一体化、传输内容格式化、信息传输实时化和时间空间一致化 4 个方面。

1. 链路平台一体化

数据链一般是直接嵌入指挥控制要素或作战平台,同态势显示设备、火力控制装置或运动姿态控制设备直接连通,将一般通信系统的"人-机-人"工作方式转变为"机-机"工作方式,支持传感器平台、指挥控制平台及武器平台的互联、互通、互操作。链路平台一体化,是实现武器系统和信息系统无缝连接的有效手段,能充分发挥各平台的作战效能,形成体系对抗的能力。

2.传输内容格式化

在自然界中,人类之间的交流,乃至其他动物之间的交流,都离不开语言。在一定意义上,传输格式化消息就是使数据链具备一种特殊的"语言"。严格科学的格式化消息,是数据链的灵魂。为避免信息在网络间交换时因格式转换造成延时,保证信息的实时性,数据链系统规定了描述作战行动的消息和消息格式,以便于作战平台之间自动识别、处理目标信息,三军信息共享,和系统间互联、互通、互操作。需要指出的是,目前数据链中规定的格式化消息主要描述的是支持战术行动的消息,这也是将数据链称之为战术数据链的由来。

3.信息传输实时化

信息传输实时化是指数据链根据作战单元的使用要求,在规定的时效内将信息传送给用户。信息传输实时化是数据链的立身之本,也是数据链的生命力所在。为了实现战术信息的实时传输,数据链采用了不同于其他通信系统的设计理念:压缩信息量,尽可能提高信息表达效率;选用传输效率高、简单实用的通信协议;可靠性服从于实时性;采用相对固定的网络结构和直达的信息传输路径;在实时性极高的应用场合直接采用点到点的链路传输;综合考虑实际信道的传输特性、信号波形、通信协议、组网方式和消息标准等技术环节,统一进行设计,从而提高数据传输的速率,缩短各种机动目标信息的更新周期。

4.时间空间一致化

由于传感器对目标监测时的采样频率、观测坐标系不同,即使是对同一目标,各传感器的观测数据也会有很大的差异。为了提高网络的实时性和终端信息处理的可信度,充分利用观测信息,必须对异步观测数据进行时间和空间对准。因此,通过数据链传输的传感器信息要能被其他作战平台所共享,就必须采用统一时间和空间基准,把目标数据变换到一个统一的空间坐标系上,并与目标数据库或航迹文件中的其他目标数据建立关联,从而便于数据融合,形成统一的战场态势。

二、数据链的网络特点

数据链以组网运用方式为主,如图1-4所示。数据链通常是作为一个网络来使用的,除了一些专用的数据链(如无人机数据链、图像传输数据链等),典型的数据链都是以网络的方式在工作。例如,Link11采取有中心站的组网模式工作;Link16采取无中心工作的组网模式工作。一般情况下,几个甚至几十个作战单元即可构成一个数据链网络。这与数据链提高信息共享的设计初衷是完全一致的,也是现代战争对信息交换和共享的基本要求。

数据链具有的网络特点如下:

1.数据链是一种精确规划的网络

数据链组织应用是一个精确设计规划的过程。一是组网约束条件比较多,涉及网络类型、网络数量、网络成员数量、平台性质、任务类别、指挥协同关系、信息交互关系、消息类别、频率管理、干扰环境等;二是网络设计规划要求较高,网络规划方案批准前必须经过反复验证;三是每一平台有唯一一套初始化参数,网络一经运行就难于修改网络参数。这些与传统通信网络的功能和组织运用有较大的区别,传统的组织运用方式必须应数据链的产生而发展。

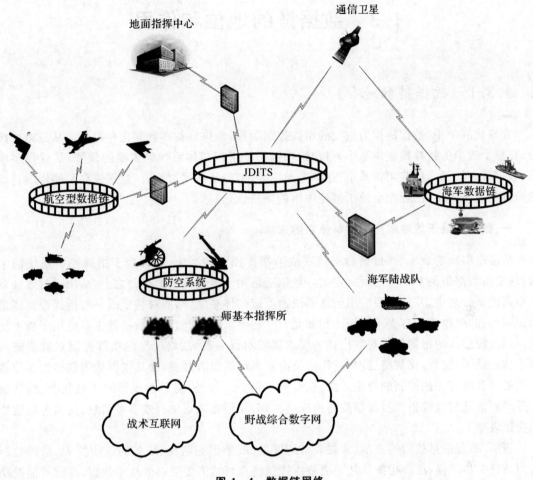

图 1-4　数据链网络

2. 数据链是只提供适时、适域、适用、适量信息的网络

一是数据链提供的信息依据平台的属性、任务、作战能力和作战空间,经过信息自动分类、分时、分区提供给特定用户;二是数据链通常采用简单组网协议和紧凑的消息格式,以相互广播的方式达成实时的数据共享,并借助标准的消息格式提高互操作性和处理效率。

3. 数据链是适用于军队动态作战的网络

数据链作为一个战术层次的局部网络,实时共享数据信息和良好的"动中通"能力是数据链最主要的设计目标。它主要提供各种目标参数及指挥引导数据,这些信息强调的是即时报知和执行,这对增强高速作战平台在作战行动中的灵活机动、快速反应和整体协调作战能力必不可少。

4. 数据链是功能多样、逻辑隔离的信息网络

作战任务网主要由情报分发网、指挥控制网、战术协同网和武器协同网等构成。不同功能的任务网络既可以用传统的频域、时域、码域和空域将其隔离,也可用消息类别将其逻辑隔离。

1.3 数据链的地位和作用

1.3.1 数据链的地位

在现代战争中,数据链作为重要的指挥控制手段,地位日益得到强化和提升。从战略层次看,在整个战争的指挥控制体系中,目前数据链仍处于指挥体系神经末端的位置;从战役层次看,数据链在战场指挥控制体系中,逐渐走向主导位置;从战术层次看,数据链在某些作战行动的指挥控制体系中,已经完全处于神经中枢的地位。

一、数据链处于战略层指挥控制体系的末端

从战略层次宏观地看,目前数据链在战争指挥控制体系中,的确处于指挥控制系统的末端,这是由数据链的基本特性所决定的。数据链适用于高速运动的平台之上,适用于时效性要求很高的系统之中,并且主要应用于能够快速反应的体系之中,而对整个战争的指挥控制体系来说,目前的战争还没有也不可能达到如此"快"的要求。因此,目前数据链主要应用于战术层次。而战役层次的指挥控制对数据链的要求就相对低一些,战略层次的指挥控制对数据链的要求就更低了,况且,在战略层次,过快的反应不但可能没有必要,而且很可能因偶然失误导致发生战争升级等无法控制的严重后果,从而得不偿失。另外,将繁杂多样的飞机状态、编队情况等琐碎信息与战役指挥员甚至战略指挥员共享,非但难以提供有效参考信息,反而可能会影响决策效率。

当然,随着信息技术的进步、武器装备的发展、战争形态演变、战场的逐步扩大、指挥控制能力的进一步增强,战役指挥员甚至战略指挥员将来可能需要更多的战术数据,这就可能推动数据链飞速拓展适用范围,促使数据链的功能及地位向战役、战略层次延伸。比如,美军主用的战术数据链 Link16,可以覆盖方圆 500 多千米甚至更大的战场范围,几乎相当于其他国家定义的战役级别的作战范围;美军还可以通过空中平台中继将 Link16 覆盖范围扩大到方圆 900 多千米的地域,而且美军还在研究通过卫星信道中继进一步扩大数据链的覆盖范围,逐渐将数据链的应用向战役层次延伸,这就使得数据链的范围不仅仅限于"战术"层次了。对于一些专用的数据链,比如"全球鹰"无人机数据链、"捕食者"无人攻击机数据链,由于平台已经能够发挥远远超过战术乃至战役层次的作用,甚至战略指挥者都有可能使用这些数据链传递指挥控制指令,因此,数据链的地位也在悄悄发生着变化,数据链已经出现从战术层次向战役、战略层次渗透,从战争指挥控制体系的末梢向中枢的位置逐渐转移的趋势了。

二、数据链在战役层指挥控制体系中逐渐占据主导

战役层指挥控制体系,是整个战争指挥控制体系的重要组成部分,不同性质或范围的战场对指挥控制手段的要求是不完全相同的。对于一些主要是高机动性兵力兵器活动的战场,特别是海战场和空战场来说,数据链在其中逐渐占据了主导地位。数据链逐渐成为战场指挥控制体系的主要手段,并不是说某一种数据链完全取代了传统的指挥控制手段,而是指战役指挥员已经更多地依赖数据链来及时获取战场态势信息和传递指挥控制指令了。数据链逐渐占据战场指挥控制体系的主导地位，是由多种因素促成的。

(1)作战兵力兵器的高性能要求战役指挥员更及时地掌握战场态势。远程精确制导武器的发展，使战役指挥员可以使用较少的兵力兵器达到作战目的。比如，1架新型 B-52 战略轰炸机可以使用携带的巡航导弹精确打击多个重要目标，而掌握其作战行动就相当于过去掌握几十架战斗机作战行动一样；据称，F-22 的作战能力相当于几十架三代战机的总和。可以说，对于现在的战役指挥员，使用少量的空中作战兵力兵器实施作战行动，就与过去掌握大规模作战编队实施空中战役几乎是等效的；相应地，失去几个高性能作战兵器所带来的影响也可能是巨大的。因此，战役指挥员借助数据链掌控高性能作战兵力就成为一个基本要求了。

(2)战场日趋紧密地融为一体，迫使战役指挥员不得不掌握更多信息。现代战争追求整体打击效果，作战行动之间、作战力量之间、作战空间之间的协同变得更加复杂，要求也更高，这就要求将战场紧密地融为一体。因此，战役指挥员必须全面掌握整个战场态势，掌握己方主要作战兵力、主要作战兵器等重要作战力量的关键信息，避免内耗，精确协同，发挥诸兵力兵器的特长，在时间、空间上精确掌控，实时调控。这同样要求战役指挥员用数据链尽可能地及时掌握所需信息，更好地指挥作战兵力兵器实施作战行动。

(3)战役指挥员控制能力的不断增强，使其能够掌握更多的战术行动。目前，通信、计算机等现代信息技术的发展，使战役指挥员能够借助先进的指挥控制手段获取、传递、处理和使用海量的战场信息，使指挥员在掌握战场态势方面获得更大的技术支持。其中，数据链作为指挥控制手段之一，为战役指挥员提供了大量、直观的信息，强化了战役指挥员指挥控制能力，同时，这种强化作用又给数据链自身发展提出了更高的要求，也就是说，战役指挥员指挥控制能力与数据链的发展相互推动，共同提高。现代战争，陆、海、空、天各个战场逐渐紧密融合，陆空协同、海空协同等作战行动已是常规行动，陆、海、空联合作战的趋势也逐渐成形，因此，数据链已经突破各个独立的战场空间限制，向战役层次发展，逐渐成为覆盖多种作战空间的战役级指挥控制系统的主导。

三、数据链在战术层指挥控制体系已经成为神经中枢

毋庸置疑，在战术行动中，无论是独立的空中行动、海上行动，还是陆、空协同行动，海、空协同行动；陆、海协同行动，数据链都已经成为主要的指挥控制手段之一，处于指挥控制战术行动的神经中枢地位。这从数据链在作战平台的装备范围就可以看出来。世界军事强国或军事集团，如美国、北约、俄罗斯等，在绝大多数的海、空作战平台上都安装了数据链装备。特别是美国，已经在所有的海上作战平台、空中作战平台和部分陆上作战平台上装备了数据链系统。从海湾战争开始，在历次局部战争中的每次战术行动中，美军都把数据链作为战术级指挥控制的主要手段，充分发挥数据链的高效传输处理能力等技术性能，屡建奇功。比如，在伊拉克战争中，对于伊拉克的活动导弹发射平台，之所以能够做到"发现即摧毁"，就是利用数据链将无人机、侦察机、预警机、战斗机链接为一个作战整体，以近实时的反应速度，迅速歼灭新出现的各类活动目标。利用数据链，美军可以实现精确的陆、空，海、空协同，空中平台可以在需要的地点和时间及时提供火力支援。可以毫不夸张地说，离开了数据链，美军的海、空作战平台作战效能乃至整个作战体系的效能都将大打折扣。

以上是从战略、战役、战术3个层次分析了数据链在指挥控制体系中的地位。当然，需要

说明的是,由于战略、战役、战术层次的区分具有一定的相对性,对不同的国家和军队来说,也是不完全一样的,数据链适用的层级对不同的军队来说也就有了一些差异。比如,对美军来说,伊拉克战争或许只是一场战役,美军动用中央司令部和部分作战兵力就足以完成作战任务了,数据链只是在战役层次发挥了巨大作用,而对世界其他国家来说,这却是一场完全意义上的规模不小的战争,数据链在战争中发挥了巨大作用。因此,数据链在战术、战役、战略层次上的应用,主要是针对数据链在美军中的使用而言的,也具有一定的相对性。

1.3.2 数据链的作用

数据链强调的是战术链接关系的建立,它的实时性、准确性、可靠性、保密性、自动性的通信性能使得它在信息获取和空中态势掌握能力方面与其他通信方式相比占有绝对的优势。在战场时机稍纵即失的现代战争中,数据链是取得胜利的关键,它在军事通信网中占有举足轻重的地位,是其他任何通信方式无法替代的。数据链在现代战争中的确发挥着巨大作用,可以说,数据链是战争形态演变的一个助推器,推动了战争形态的演变;数据链是作战行动的加速器,提高了作战行动的反应速度;数据链是作战力量的融合剂,将不同类型的作战力量聚合在一起;数据链是作战能力发挥的倍增器,使作战体系的效能得到成倍的跃升。

一、推动战争形态演变的助推器

战争形态的演变是由多种因素所决定的,数据链技术作为最新的信息技术之一,主要从 3 个方面推动战争形态逐渐发生一定的变化。

(1)促使战略性战术行动增多。战略指挥者参与战术行动的决策乃至具体指挥活动,就产生了战略性战术行动。战略性战术行动在以往的战争中时有发生,数据链的广泛应用,使战略指挥员能在需要的时候获得与战术指挥员同样多的信息,为战略指挥员顺利参与重要战术行动的指挥活动提供了技术支撑,这就为战略性战术行动的经常实施提供了基础和保证,从这个角度看,数据链推动了战略性战术行动的发展。

(2)数据链推动战争向"可视化"发展。直观地观察战场态势变化、及时掌握部队行踪、实时调控作战行动,是古往今来所有指挥员的一贯追求。从古老的战争到机械化战争,一代又一代的指挥员利用地图和不同的符号标示战争态势、研究战法,数据链则为指挥员掌握战场态势提供了更为直观的方法。在计算机技术的支持下,数据链可以将大量的战场信息实时地提供给指挥员,并直接在电子地图上形成综合态势,己方每个作战单元的位置、状态、移动轨迹等信息都能够实时展现在指挥员面前,通过侦察平台获取的敌方作战部署、部队机动等信息也可以借助数据链实时显示,这就使指挥员可以非常直观地研究作战行动,根据实际情况灵活处置,打一场"可视化"的新型战争。

(3)数据链推动了战争向"无人化"发展。无人化战争形态就是指大量使用无人兵力兵器(如无人机、无人战车等)执行作战任务的战争形态。从目前世界主要的无人作战平台来看,无论是无人侦察装备(如"全球鹰"无人机),还是无人战斗平台(如"捕食者"无人机),数据链在每一个无人作战平台上都是指挥控制、情报传输的神经中枢。数据链在无人作战平台上的运用,使无人平台能够在千里甚至万里之外将"看"或"听"到的信息传回来,并能根据操作人员指令控制飞行状态甚至实施攻击行动。因此,数据链为无人化战争提供了技术上的支撑。

二、提高作战反应速度的加速器

提高作战反应速度历来是指挥员的重要关注点，无论是减少指挥环节、缩短指挥时间，还是提高决策效率，都是围绕着提高作战反应速度而展开的。数据链诞生的最初目的就是为了提高反应速度。目前，数据链主要通过 3 个方面提高作战行动的反应速度。

（1）提高了信息获取的速度。在现代战争中，作战力量或作战平台不可能单纯依靠自身的探测手段获取所需的大量情报，如何提高获取其他来源情报的速度至关重要。数据链以一种近似实时的速度将多种情报提供给网络内的所有成员，实现了"我看到""我听到"就是"你看到""你听到"的信息共享效果。比如，4 架携带不同攻击武器的战斗机编队飞行，彼此相距几千米，如果其中一架飞机发现了具有威胁性质的目标，其他 3 架飞机也就借助数据链几乎能够同时在各自的监视屏幕上"发现"这个目标，根本不需要相互口头通报坐标、方位、速度，更不需要各自重新搜索、定位，成百倍地提高了信息获取的速度。

（2）提高了指挥指令传递的速度。指挥指令的传递与反馈在传统作战行动中占用的时间并不算多，但是，在现代战争中战机稍纵即逝的情况下，准确、高速地传递指挥指令，对于改变高速作战平台的反应速度的影响是显而易见的。指挥员可以通过数据链，提前准确授权或及时发布指令，指挥、协调飞行员处理和应对复杂战斗形势。同时，能够准确、简捷地告诉战斗员做什么，减少理解误差，也就从另一个侧面提高指挥指令的传递速度。

（3）建立了"传感器到射手"的高效链路。"传感器到射手"链路，是指侦察探测装备将获取的目标准确信息直接简单明了地提供给战斗员（如飞行员、防空导弹操作员等），或者以恰当的方式直接将这些目标数据装定到武器装备（如空-空导弹、防空导弹、巡航导弹等），提高武器装备的反应速度。美军的"战斧"巡航导弹改进型加装数据链后，在 1 min 之内就能发射出去，飞行途中还能临时改变攻击目标，根据指令打击预定目标或者随机发现的目标，并能将攻击目标的图像回传，以便最终确认。如果事先明确一定的规则，比如，发现即可攻击，则传感器提供的目标数据就可直接控制导弹的发射或改变其航行轨迹。这种反应速度产生的作战效果也正是很多军事强国军队所梦寐以求的。

三、黏合不同类型力量的融合剂

现代诸军兵种作战，需要将规模庞大、种类繁多、功能各异的作战力量或武器装备凝聚为一个整体，数据链就是其中最为重要的一个"融合剂"。数据链主要有 3 个方面的黏合作用。

（1）数据链能够将不同功能的作战力量融为一体。随着科学技术的发展，每一种武器装备都不可能功能齐备，面面俱到，因此，都在一定程度上走上了"专向"发展的路子。比如，空中平台就有歼击机、轰炸机、侦察机、预警机等，海上平台就有反潜舰、布雷舰、防空驱逐舰、导弹巡洋舰、航空母舰等，不一而足。但是，现代战争中大大小小的作战行动，往往不是某一个甚至某一种武器装备能够完全胜任的，而是不同用途武器装备的联合行动。数据链就是通过建立一个信息快速传递、快速共享的网络，无形中将不同功能的武器装备链接为一个攻防兼备、用途多样的战斗群，在不同的武器平台之间发挥着"融合剂"作用，比如，可以将战斗机、预警机、侦察机融合为一个空中战斗群，也可以将反潜舰、驱逐舰、攻击潜艇组成一个海上战斗群，等等。

（2）数据链可以将不同空间的作战力量融合为一体。通常，传统的陆、海、空战场和新出现的天、电等战场都是有一定区分界线的，在战场上将这些空间整合为一个完整的空间，是建立现代战场作战体系所必需的基础。数据链出现之前,这些空间在作战行动中能够达到的融合程度是有限的。比如,美军在越南战争中经常使用的"空-地"协同行动中,空中火力支援地面所需的准备时间、地面部队与攻击目标的距离限制,都留有很大的富余量,以免误伤,这也就减弱了空中平台的对陆支援能力。在现代战争中,陆军的前沿部队可以利用数据链终端将攻击目标和己方的准确位置告知空中平台,申请更为精确的火力支援,这样就使处于陆、空不同空间的作战力量之间的协同更为顺畅,联系更为紧密。同样,陆、海、空、天、电不同空间的作战力量都能够使用数据链实现精确协同、精确作战,从而使这些不同的物理空间紧紧结合,形成一个结构紧密的战场体系。

(3)数据链可以将不同层次的作战力量融为一体。从长远的发展来看,数据链将在战略、战役、战术层次之间发挥着融合作用,在多种因素的共同作用下,不但能够使 3 个层次的作战力量形成规模庞大的作战整体,而且还能够利用数据链提供的实时信息共享机制提高战略级、战役级作战力量的反应速度,从而实现这 3 个层次作战力量行动的协调一致,实现将不同层次作战力量融为一体的作战效果。

四、扩大体系作战效能的倍增器

数据链之所以受到重视和广泛应用,关键在于它对提高作战效能所做的贡献上。无论是数据链在提高作战反应速度还是在融合作战体系方面的作用有多大,衡量数据链作用的最主要指标仍然是数据链在提高作战效能的表现上。数据链提高作战效能主要表现在两个方面。一方面表现在数据链对单个作战平台作战效能的提高上;另一方面表现在数据链对整个作战体系作战效能的提高上。这两个方面都是利用数据链将作战平台聚合为一个新的作战系统,取长补短,强强联合,形成"1+1"远远大于"2"的效果,甚至产生一些新的作战能力。比如,在同一个 Link16 网络内的作战平台,只要有一个平台具有精确定位能力,其他所有平台都可以利用数据链拥有精确定位能力。对于单个作战平台来说,是可以利用数据链获取其他平台的能力而提高作战效能的。比如,侦察机与战斗机链接,在一定范围内,相当于彼此具备了对方的能力,就使网络内的战斗机"获得了"更为广阔的视野,侦察机则"具备了"攻击能力,功能实现了互补,能力都得到了提升。对于整个作战体系来说。数据链不但让平台之间紧密融合。更重要的是,数据链能够让体系内的众多作战力量形成一个功能完善的有机整体,让诸多作战行动能够在相对狭小的战场空间内协调一致,避免产生内耗,防止彼此阻碍。可以说,数据链对于减少误伤也是非常有帮助的。尽管近年的几场局部战争中美军及其盟军都有误伤事件发生,但在如此大规模的作战行动中,与历史误伤事件数量相比,已经是少之又少了。同时数据链能够使作战力量配合更加默契,作战行动衔接更加顺畅,以环环相扣的作战行动给对手造成最大程度的毁伤效果。形象地说,过去的陆、海、空作战,可以看作一个拳击手所拥有的风格不同的"重拳",数据链则使这些重拳变成了攻势凌厉、循环出击的"组合重拳","重拳"与"组合重拳"相比,其杀伤力则不可同日而语。美军通过 12 000 多架次 19 000 多小时的试验,收集了配备 Link16 数据链的 F-15 战斗机在白天和夜晚与没有配备数据链的战斗机进行各种对抗行动的大量试验数据,从中分析得出这样的结论:使用 Link16 的 F-15 战斗机在 E-3A 预警机的配合下,其平均杀伤率从 3.1:1 提高到 8.11:1,夜晚的平均杀伤率从 3.62:1 提高到 9.40:1,均提高了 2.6 倍左右,这就是数据链在提高体系作战能力上的直接表现。

1.4 外军数据链的发展与现状

数据链是因为一定的战术需求而出现的新的通信技术。而战术需求是随着新式武器的不断出现而在不断发展的,因此,数据链为了满足不断变化的战术需求也在不断地发展。随着信息技术的飞速发展和武器装备信息化程度的不断提高,美国、北约、苏联等国家军队先后发展了近百种数据链。特别是在 C⁴KISR 系统建设过程中,数据链系统的发展被视为实现其系统综合集成、提高武器装备作战效能的关键环节。数据链的种类、功能越来越多,应用范围也越来越广。目前,数据链已成为“现代化武器装备的生命线”和军队信息化建设的基础性因素。

1.4.1 外军数据链的发展历程

一、数据链的酝酿和产生

第二次世界大战后,20 世纪 50～60 年代,在空军和防空方面,随着飞机性能的不断提高,加上导弹等新式武器的出现和发展,配合新军事理论的提出,以及部队体制与作战方式的改变,战争的速度有了飞跃性的提高。三维空间的战场上敌、我态势瞬息万变,战机稍纵即逝,特别是雷达与各种传感器的迅速发展,军事信息中非语音性的内容显著增加,如数字情报、导航、定位与武器的控制引导信息等,其所产生的情报数据量已经非常庞大,只用语音传输已经远远适应不了需求,此时数据链的雏形便应运而生。

为了对付不断增强的空中威胁,适应飞机的高速化与舰载、机载武器导弹化的发展,先进国家自 20 世纪 50 年代起就开始发展数据链。数据链最早雏形是美军于 20 世纪 50 年代中期以后,启用的半自动地面防空系统(SAGE)。这种以计算机辅助的指挥管理系统,使用了各种有线和无线数据链路,将系统内的 21 个区域指挥控制中心、36 种不同型号共 214 部雷达连接起来,采用数据链自动地传输雷达预警信息。比如,位于边境的远程预警雷达一旦发现目标,只需 15s 就可将雷达情报传送到位于科罗拉多州的北美防空司令部(NORAD)的地下指挥中心,并自动地将目标航迹与属性数据等信息经计算机处理后,显示在指挥中心内的大型显示屏上;若以传统的战情电话传递信息并使用人工标图作业来执行相同的程序,至少须费时数分钟至 10 多分钟。数据链在 SAGE 系统中的运用,使得北美大陆的整体防空效率大大提高。

在海军方面,也有对数据链的需求。可迅速交换情报信息的数据链,可以使海军舰队中各舰艇或舰载飞行编队中各机共享全舰队或整个飞机编队的信息资源,分享各作战单元传感器的数据,数据链可使各作战单元的感知范围由原先各舰或各机所装备的传感器探测范围,扩大到全舰队或全机队所有的传感器探测范围。编队内的各成员不再是单架的孤立飞机或单艘的军舰,而是通过数据链联结为一个有机的整体,大大提高了各单元的战场感知能力。编队内各成员可利用数据链自动回报自身的战术状况(如油料、弹药、位置等),也使指挥员更详细地掌握己方情况,扩大部队的掌控范围,也有利于部队战术的运用。利用数据链主动回报各单元战术状况的功能,也可增强敌、我识别(IFF)器的识别能力,可免去许多为避免误伤己方而设立的航高限制、飞行走廊或地面火力支援的种种禁飞区等作战管制措施,无形中也扩展了己方战术上的行动自由度。

20 世纪 60 年代后,美国海军也开始使用数据链,建构了"海军战术数据系统"(NTDS),使舰队内各舰艇间能通过数据链互相交换雷达情报、导航与指挥控制指令等信息。而传统陆军野战部队则因作战形式的改变较为缓慢,作战节奏的增加幅度较小,除了防空或部分炮兵部队外,其他陆军野战部队的情报或作战指令的传递,仍以有线、无线电语音为主,对数据链的应用相对海空军也较晚。

苏联于第二次世界大战之后首先发展了"蓝天"地、空数传链 AЛM - 4,20 世纪 60 年代苏联发展了作为第二代系统的蓝宝石系统 AЛM - 1。

二、单一功能数据链的产生和发展

20 世纪 60 年代初至 80 年代中期,出现了功能比较完善的专用数据链。最早发展的数据链是美军率先使用,后来又与北约国家联合发展的 Link1,Link4/4A,Link11 与 Link14。这些数据链自 20 世纪 50 年代后期开始研发,并于 20 世纪 60 年代初期投入陆地防空部队及海军舰艇使用,而后再逐步扩展到飞机上。美国早期的数据链开发与应用是各军兵种各自进行的,如陆军的自动目标交接系统(ATHS);空军 F - 16 的改进型数据调制解调器(IDM);只能供舰对舰联系的 Link11;只能接收友舰信息而不能传出信息的 Link14;只能供指挥控制中心与战斗机联系的 Link4A 等。这些数据链已不能满足多军种协同作战的要求。以现代观点来衡量,这些数据链的缺点如下:

(1)各军种专用,不适用于联合作战。

(2)数据链的数据吞吐能力低,影响数据链组网的容量数、数据精度和作用范围。

(3)因系统结构单一而造成应用上的局限性。

同一时期,苏联发展了 46И6 系统。第一代 46И6 为 CПK - 68,它与蓝宝石相比,技术体制有了很大变化。46И6 的第二代数据链是 CПK - 75,它是在 CПK - 68 基础上的改进,与蓝天、蓝宝石和 CПK - 68 只是地面台对空发射指挥命令,飞机不回传任何信息不同,CПK - 75 还要求飞机通过机载的 IFF 应答机回传信息。

三、数据链的协同与整合

越南战争后,美军根据战时陆军、海军、空军和海军陆战队以及各军种内数据链各自为政,互不相通而造成的协同作战能力差,甚至常常出现误炸的严重情况,在 20 世纪 70 年代中期开始开发 Link16 数据链/联合战术信息分发系统(JTIDS),其目的就是要实现各军种数据链的互连互通,增强联合作战的能力,同时对该数据链的通信容量、抗干扰、保密以及导航定位性能也提出了更高的要求。

Link16 是美国与北约各国共同开发的,它综合了 Link4 与 Link11 的特点,采用分时多工工作方式,具有扩频、跳频抗干扰能力,是美军与北约未来空对空、空对舰、空对地数据通信的主要方式。20 世纪 80 年代初期,首先用在美军 E - 3A 预警机上,它具有高速与高效率等优点。当代西方军事大国正逐步将 Link16 数据链应用在多军种联合作战中,已初步达到各军种配合接近无缝化。Link16 数据链于 1994 年在美国海军首先投入使用,实现了战术数据链从单一军种到军种通用的一次跃升,随后 Link16 被美国防部确定为全美军 C³I 系统及武器系统中的主要综合性数据链。

20 世纪 80 年代中至 90 年代末,随着科学技术水平的发展,为适应现代战争要求,实现战区防空、导弹防御,美国海军开始研制"协同交战能力"(CEC)系统。这是一种革命性的数据链,主要有复合追踪、识别和捕获提示以及协同作战三大功能,它的意义在于通过数据链第一次实现了多平台武器系统的协同作战,提高了武器的打击威力。

四、单一数据链完善和多个数据链的综合

20 世纪 90 年代末至 21 世纪,美军及北约的战术数据链朝着两个方面发展。一是发展和完善单一数据链系统;二是向多种传输信道、多种传输体制、多个数据链综合互操作方面发展,以满足作战使用需求。

随着现代武器装备和作战体制的不断改进,尤其是大容量战术信息和多武器平台协同作战的需要,单一数据链体制朝着高速率、大容量、抗干扰方向发展。其目的就是提高协同作战能力,实现对目标的精确打击。美军正在研制、部署适于未来战争应用的各种数据链并改进现有的一些数据链使其更好地服务于网络中心战,如正在考虑对三军联合的 Link16 进行改进,延伸通信距离、拓展带宽并实现动态网络管理;陆、海、空三军都在针对自身的作战需求开发适用的通用数据链(CDL)和战术通用数据链(TCDL),如海军的 P-3C 战术通用数据链、轻型机载多用途系统(LAMPS),陆军的战术通用数据链、空军的多平台通用数据链等。

数据链是全球信息网格的重要组成部分,也是实施网络中心战的重要信息手段。网络中心战的体系结构由 3 个可互操作又互有重叠的网络组成:联合规划网(JPN)、联合数据网(JDN)和联合合成跟踪网(JCTN)。其中,JDN 是由战术数据链组成的一种战区通信网,是主要基于 Link16 数据链的近实时网络,用以提供整个态势感知和武器协调信息。JDN 基本构成单元是战术数据信息链 Link16,Link11,Link22,Link4A,战术信息广播系统(TIBS)和战术接收设备(THE),战术相关应用数据分发系统(TDDS)等,承载近实时跟踪数据、部队命令、打击状态和分配命令以及天基预警信息等。

现阶段,外军在大力发展 Link16E,目标是采用统一标准、提高数据传输速率、采用多种传输手段扩大覆盖范围,形成通用数据链系统,计划于 2030 年前后全部取代目前使用的 Link4 和 Link11 数据链系统。在 Link16E 中,为了实现 Link16 信息的超视距传输,美军提出 TADIL-J 距离扩展(JRE)计划,其主要目标就是增加短波和专用卫星传输信道。Link22 数据链是北约对 Link1l 的改进型,Link22 有两大设计目标,一是取代 Link11,二是与 Link16 兼容。

1.4.2 美军数据链体系及其发展趋势

美国是最早研制数据链的国家,历经多年的发展,美军先后研制、装备了 40 余种数据链系统。目前,以联合战术信息分发链(Link16 数据链)、协同作战能力(CEC)、卫星高速情报侦察信息分发链(S-CDL)为代表,形成了通专结合、高低搭配、远近覆盖、抗扰保密、多频段覆盖的数据链装备体系,见表 1-2。该体系主要包括通用战术信息分发数据链、通用情报侦察信息

分发数据链、卫星广域数据链、陆军专用数据链、海军专用数据链、空军专用数据链、海军陆战队专用数据链和武器控制数据链。这些数据链基本满足美军在全球范围内实施信息化条件下联合作战的需要。

表 1-2 美军数据链体系

类型	数据链名称	功 能	装备时间
通用战术信息分发数据链	Link11/11B	解决舰舰、舰空以及地地、地空数据传输	20 世纪 60 年代
	Link4/A/C	解决空空、地(舰)空数据传输	20 世纪五六十年代
	Link14	用于将 Link11 数据链信息传输至未装 Link11 数据链的舰船,非实时传播	20 世纪 60 年代
	Link16	通用综合数据链,具有 Link4A/4C/11 的功能,可以传输 11 大类信息	20 世纪 90 年代
通用情报侦察信息分发数据链	通用数据链(CDL)	战区级以上,用于卫星、侦察机、无人机与地面处理中心间的 ISR 信息传输	1999 年
	战术通用数据链(TCDL)	将无人机雷达或其他传感器图像信息传输至舰艇	2005 年
	高完整性数据链(HIDL)	无人机与海上舰艇间信息传输的全双工链	2002 年
	监视与控制数据链(SCDL)	用于美空/陆军 E-8J-STARS 传输 MIT,SAR 信息	20 世纪 90 年代
卫星广域数据链	卫星 11 号链(S-Link11)	美国海军,用于中继 Link11 数据链信息	20 世纪 90 年代
	卫星 16 号链(S-Link16)	美国海军,用于中继 Link16 数据链信息	20 世纪 90 年代
	联合距离扩展(JRE)	美国空军,用于扩展 JTDIS 范围	20 世纪 90 年代后
	战术信息广播业务(TIBS)	Link16 数据链的补充,用于在战区内分发近实时 COP 信息	1994 年
	综合广播业务(IBS)	TIBS/TADIXS-B/TRIXS 的综合信息广播业务系统	1996 年
	卫星情报侦察信息数据链(S-CDL)	用于传输、中继情报侦察的图像信息	2003 年后
	联合战术地面终端站(JTAGS)	用于向战区传输 DSP 预警卫星原始红外预警信息	1999 年
	卫星战术数据链(STDL)	英国皇家海军研制,用于分发 Link16 数据链信息	20 世纪 90 年代
陆军专用数据链	增强型定位报告系统(EPLRS)	陆军师以及师以下部队,是低价、移动、中速的数据分发手段,提供指令、定位/位置报告与导航、交换空中目标信息、地面火力请求与目标位置指示、敌我识别等	1980 年
	自动目标交接系统(ATHS)	用于陆军直升机实施近地对地支援,将直升机的目标数据自动分发给地面部队	1984 年
	可变报文格式(VMF)	用于陆军旅以及旅以下,在带宽有限条件下近实时传输类似 Link16 数据链的通用战术数据,是美军地空协同的主要数据链	20 世纪 90 年代
	陆军 1 号战术数据链路(ATDL-1)	在地面指挥控制单元和地空导弹(SAM)之间或多个 SAM 系统之间传输战术数据	20 世纪 80 年代
	"爱国者"数字信息链路(PADIL)	专为"爱国者"导弹营设计,在营指挥协调中心与导弹连交战站间交换命令、监视、目标、武器状态信息	20 世纪 80 年代

续表

类型	数据链名称	功能	装备时间
海军专用数据链	战术导航数据链（AN/ASN-150）	用于反潜直升机与母舰间以及直升机间导航、声纳浮标反潜遥测、敌舰位置信息传输	20 世纪 50 年代
	舰载直升机数据链（LAMPS）	用于海军"海妖"反潜直升机与母舰间声纳浮标反潜遥测信息传输	20 世纪 80 年代
	协同作战能力（CEC）	具有复合跟踪与识别、搜索提示和协同交战功能，用于海军近海防空作战时各舰艇间形成单一综合空中图像，分享雷达跟踪和交战射击信息，扩大交战范围，协同武器引导	1994 年
空军专用数据链	空域作战管制中心/空中预警机数据链（RADIL）	在陆基各雷达站与管制中心间，预警机与地面区域管制中心间传输保密、超视距实时空情信息	20 世纪 60 年代
	空中交通管理视距数据链（VDL-2）	国际民航组织新航行视距数据链，传输航管和监视信息	20 世纪 90 年代
	S 模式监视数据链（S-Mode）	国际民航组织新航行视距数据链，在终端区传输监视信息	20 世纪 90 年代
	UAT 航空移动卫星通信数据链	国际民航组织新航行卫星超视距数据链，在越洋、极地及沙漠中传输航管和监视信息	20 世纪 90 年代
	态势感知数据链（SADL）	解决空空、地空、空地数据传输	20 世纪 90 年代
	改进型数据调制解调器（IDM）	三军通用机载数据链，支持空军应用与发展计划，陆军战术火力系统、海军陆战队战术数据链	20 世纪 90 年代
	AN/AXQ-14 精密制导炸弹控制数据链	用于将导弹寻的器目标红外信息或图像信息传回控制飞机显示，飞机向导弹传输修正航向控制指令	1982 年
海军陆战队专用数据链	导弹连数据链（MBDL）	用于奈基控制报告中心、区域作战中心与"胜利女神"导弹连间的指控、状态信息传输	20 世纪 80 年代
	陆基数据链（GBDL）	用于"鹰"式防空导弹、低空防御部队（LAAD）与防空通信平台（ADGP）间交换 Link16 数据链及雷达信息	20 世纪 80 年代
	连际数据链（IBDL）	只限于"鹰"式防空导弹部队间的双向指挥控制链	20 世纪 80 年代
	点对点数据链（PPDL）	在防空通信平台（ADCP）与 AN/TPS-59 雷达站之间分发 Link16 数据链信息	20 世纪 80 年代
武器控制数据链	AN/AWW-13 先进数据链	用于更新处于飞行中的"斯拉姆"-ER 导弹的瞄准信息，同时，导弹向飞行员回传寻的器的视频图像，实现"人在回路"控制功能	20 世纪 80 年代
	AN/AXQ-14 精密制导炸弹控制数据链	用于将导弹寻的器目标红外信息或图像信息传回控制飞机显示，飞机向导弹传输修正航向控制指令	1982 年
	自主广域搜索弹药（AWASM）数据链	用于对自主广域搜索导弹的目标位置信息双向传输，使导弹在盘旋中可重新调整打击的目标	2003 年
	杀伤定位系统（KAATS）	用于非制导炸弹"杰达姆（JDAM）"的精确制导控制，可在恶劣气候条件下工作	2003 年

归纳起来,美军数据链体系主要具有以下特点:

(1)美军数据链的应用平台广泛。美军数据链随各自的性能特点而被应用于美陆军、海军、空军和海军陆战队的陆基、海上、空中等不同的作战平台中。

(2)美军数据链支持的业务种类多。除能处理各种类型的报文外,美军数据链还能支持对雷达数据、图像、视频和来自友邻或无人驾驶的飞行器的传感信息等。

(3)美军数据链可支持较高的数据传输速率。美军公用宽带数据链支持高达 274MB/s 的传输速率。

(4)美军数据链保密性强、抗干扰性好。美军数据链系统由于采用了扩频、快速跳频、密钥保护编码和信源编码等措施,因而具有较强的抗突发干扰、抗随机干扰能力和安全保密性。

(5)美军数据链能直接控制高性能武器系统。美军大多数机载、舰载数据链系统都具有此功能。

美军数据链总的发展趋势是在兼容兼顾现有装备的基础上,积极开发新的频率资源,提高数据传输速率,改进网络结构,增大系统信息容量,提高抗干扰、抗截获及数据分发能力,逐渐从战术数据终端向联合信息分发系统演变,并在与各种指控系统及武器系统链接的同时,实现与战略网的互通,使定位于战术层面的数据链功能向战略层面延伸,各作战平台在共享信息资源的基础上朝着武器协同的方向发展。

1.数据链系统朝着层次化方向发展

美海军最早提出了借助于卫星通信及其他远距离传输信道构建层次化数据链系统的方案,它在体系结构上分为联合计划网、联合数据网和复合跟踪网等 3 个层次。最上层是联合计划网,建立在全球指挥控制系统的基础之上,主要依托卫星数据链传送大量非实时/近实时的已处理信息,可向所有武器平台和指挥机构提供连续的音频、视频、文本、图形和图像等信息,信息传输时间为分钟级,精度达到部队协同的要求。中层为联合数据网络,主要依托 Link11,Link16,Link22 等数据链,近实时传送跟踪数据、平台状态信息、交战状态和协调数据以及部队命令,信息传输时间为秒级,精度达到部队控制的要求。最底层是复合跟踪网,依托通用数据链、宽带数据链(WDL)等实时传送和共享精确的传感器数据,也可以使用协同作战能力系统(CEC)、战术目标瞄准网络技术(TTNT)等武器协同数据链,信息传输时间为亚秒级,信息精度达到武器控制要求。

2.数据链终端朝着通用化、小型化发展

数据链通用化是实现信息平台一体化的基础。美军目前有 30 多个系列、120 多种型号、数量为 750 000 余部的战术电台,联合战术无线电系统(JTRS)能将美军及其联军目前在役的多种单一功能的无线电台合并成一个联合且互通的电台系列,其通信体系结构能够满足美各军兵种的要求,并且能够与 MIDS 互联,提高协同通信能力。综合广播业务(IBS)计划把美军的战术相关应用数据分发系统(TDDS)、战术侦察情报交换系统(TRIXS)、战术信息广播业务(TIBS)以及战术数据信息交换广播子系统(TADIXS - B)等多个战术情报广播/分发系统整合成一个大系统,并将多种战术终端和接收机转移到单一的联合战术终端(JTT)系列中。为满足未来网络中心战多种机载侦察平台、地面/海面侦察平台和地面站相互传送侦察传感器数据的需要,美空军还在研发新型视距宽带情报分发数据链(MP - CDL),这种数据链的规模大小可变,采用了模块化设计,只需要对硬件或者软件进行修改就可以适用于新的应用需求,无须对整个系统进行重新设计。

美空军正在实施的武器数据链结构（WDLA）计划，目标是发展小型化的 Link16 战术数据链。已经公布的小型无人机用的微型通用数据链的研制计划中，将考虑美军现役小型无人机在体积、质量和功率上的要求，开发出微型 CDL 终端，以减少特殊系统的特殊要求，增加通用性，这种终端将与现役的地面系统兼容。与此相关，美陆军的航空与导弹指挥部将为其 RQ-7B"影子"200 无人机研制一种新型战术 CDL 数据链，供多种情报、侦察、监视飞机使用。小型化的数据链终端还可以装备到每个士兵，让士兵可以在任何时间、任何地点得到任何需要的帮助信息，并在掌上电脑或单兵数据助理上显示，控制单元可放置在士兵的背包中。这种手持终端非常适合营及营以下作战单元或单兵在城区、崎岖不平的山地或建筑物后进行侦察和战场损伤评估。

3. 数据链消息格式朝着标准化的方向发展

格式化消息关乎战术数据链的性能、功能和效率，是战术数据链开发的关键。美军数据链消息标准的建设经历了相当长的过程，投入了大量的人力、物力和财力。美军有专门的战术数据链研究机构负责标准的制定，针对数据链的特性、应用需求和互操作性需求开发出了相应的格式化消息，并为这些格式化消息的实现、收发和转换制定详细明确的操作规范。20 世纪 90 年代末以来，美军更加重视数据标准化建设，在联合技术体系结构（JTA）和陆军数字化总计划中都强调了信息建模和数据交换标准的重要性，强调数据标准化应基于模型的方法。在标准建设过程中，为了提供统一的数据元素等标准，美军拟订了数据标准管理规程 DoD8320，建立了国防数据字典系统 DDDS，统一管理数据元素标准，制定了《联合战术数据链管理计划》《Link16 作战支持计划》和《战术数据链标准化实施计划》等文件，明确提出发展以 Link16 为核心，包括 Link22 和 VMF 消息标准在内的"J 系列族"。为了适应综合通信系统建设的需要，美军国防信息系统局（DISA）的联合信息工程组织（JIEO）与标准协调委员会（SCC）等部门联合制定了数据链信息标准向 DoD8320 兼容的过渡策略。

在格式化消息的标准建设过程中，美军十分重视标准的创新和适应性，根据作战需求和装备发展，适时更新向下兼容的标准体系。美军特别重视包括格式化消息在内的整个协议体系的不断改进，不仅在消息种类上从单一用途消息逐步扩充为近百种可以支持联合作战的 J 系列消息，而且在消息体系上形成了完整的层次结构。Link16 在发展历程中，消息标准不断更新，将来消息标准还会随着需求的变化不断发布新的版本。针对联合监视目标攻击雷达系统原先的 Link16 能力非常有限，仅能发送和接收空中链路参与者位置和识别 PPLI 消息的情况，一方面，对联合监视目标攻击雷达系统的 Link16 能力进行升级；另一方面，将战区导弹防御（TMD）增加 3 条消息和部分其他消息，使联合监视目标攻击雷达系统具备识别、监视和报告移动发射架、移动发射架再装弹位置和移动发射架隐藏位置的能力。此外，攻击支持升级 ASU 将向联合监视目标攻击雷达系统数据库增加 25 条 Link16 消息，这种升级使联合监视目标攻击雷达系统能够进行目标分配、目标排序、目标/跟踪相关、各种指挥和平台管理任务分配，从而实现其攻击支持作用。这些消息的实现使联合监视目标攻击雷达系统具有加强的指挥控制和战场管理功能，在战区导弹防御、封锁、对敌防空压制和近空支援等任务领域能够发挥更重要的作用。

4. 数据链应用朝着网络化方向发展

Link 系列数据链在网络化作战中占主导地位。在 2010 年以前，美空军、海军及海军陆战队的所有飞机都将加装 Link16。作为 Link11 改进型的 Link22 将在 2015 年以前取代

Link11。

（1）侦、控、打、评综合组网。一些更适合于网络化作战、满足情报、侦察、监视图像传输要求的数据链，如通用数据链、多平台通用数据链（MP－CDL）正逐渐发展起来。MP－CDL 将成为美军第一个完全网络化的 CDL。雷锡恩公司导弹系统分部通过联网攻击效应演示验证了在未来网络化战场空间中作战人员可进行精确交战。将"战斧 Block－Ⅳ"巡航导弹、联合防区外发射武器（JSOW）、发射后锁定型"幼畜"导弹等 3 种不同的攻击武器与先进野战火炮战术数据系统、指控系统和综合实时战术瞄准系统连成网络化战场，形成从传感器发现目标到指控系统决定攻击目标，导弹攻击并摧毁目标以及最终评估攻击效果的闭环网络。

（2）武器协同网。美军认识到单一地发展传感器、武器、通信设备及规划工具，已不能满足未来作战的需要，必须对过程、系统、技术、战术进行统筹考虑，并将这种在探测、指挥控制、信息处理传输与打击之间实现深层次互联的作战方式称为"网络瞄准"。在网络瞄准体系中，地域分散的多个传感器协同工作，生成精确的目标瞄准信息，然后将信息直接发送给网络化武器，在武器飞向目标的途中，瞄准信息将不断更新，从而确保精确打击。到 2010 年，美空军将为包括 F－22 在内的所有作战飞机装备 Link16 以及其他类型的数据链（如态势感知数据链 SADL），以形成更大范围的机载网络。届时，Link16 将成为联合战术无线系统（JTRS）的一个组成部分，具有同时使用 30 个波段传递无线电信号的能力。其中的宽带波主要用于网络瞄准技术（TTNT），能够以 10Mb/s 的速率传递数据，连接相隔距离范围在 160～480km 的飞机。美海军和其他军种也正在进行联合研究，拟将 CBC 系统引入爱国者导弹系统、E－3C 预警机等反导系统，以形成无缝隙的战区防空反导体系。

（3）弹药武器联网。美军通过开发通用数据链将精确弹药相互链接，与机载或地面控制器相连，以接收信息平台各种控制指令，获得在飞行中重新瞄准和更快速、更精确地进行打击效果评估的能力。"战斧 Block－Ⅳ"巡航导弹加装数据链后，可实现数据双向通信能力，确定或改变攻击目标的时间仅需 1 min。导弹在到达战场上空后盘旋待机，在接到攻击命令后 5 min 之内，根据侦察卫星、侦察机提供的目标数据，可打击 3 000 km² 内的任何目标。

1.4.3　外军数据链发展对我军数据链建设的启示

数据链在近年来的历次局部战争中都大显示身手，获得了令世人震惊的作战效果，因而引起世界各国军方的高度重视，各国都在大力加强数据链建设，而美军对数据链的开发和应用最为积极。从美军发展"数据链"的进程看，首先是从各军种自行研制各自的数据链路起步，随着战争理念的变化，在联合作战的军事需求牵引下，逐步向着支持三军联合作战和盟军协同作战的方向发展，不断提升数据分发能力。例如，战术数据终端向联合信息分发系统的演变，不仅考虑了与各指挥控制系统和武器系统的链接，而且还考虑了与战略网的互通；在提高数据链路能力的同时，也顾及与其他数据链和已有系统的兼容性。在我军数据链建设基本处于起步阶段的情况下，完全可以考虑借鉴美军的经验，快速提高我军的数据链建设技术，高质量发展我军的数据链装备。

（1）应立足我军实际，抓好数据链建设的总体规划。首先，应加强与数据链有关的作战需求和运用方式的研究，以加强数据链总体建设的科学性和应用性。其次，应采取学习先进技术与自主创新相结合的方法，实现数据链建设的跨越式发展。然后，要确立数据链在新装备建设中的主体地位。数据链是武器平台和通信装备的黏合剂,它在各种武器装备中起到倍增战斗力的作用,离开武器装备,数据链就无从谈起。因此,我军研制发展各式武器装备时,必须充分考虑数据链运用问题,即运用数据技术,跃升新装备的功能。

(2)应高度重视数据链建设的标准化管理。数据链建设要综合运用高效、远距离光通信技术,多波束抗干扰天线技术,数据融合技术以及自动目标识别等多项技术。因此,应从使用、维护的角度出发,从总体论证设备选型、新设备研制到各种文档资料的编写以及法规制度的建立等方面,都要考虑标准化问题,建立包括技术标准、使用标准和管理标准在内的各种标准,尤其要注重信息报文格式标准的制定,注重标准化管理方法的研究,提高数字链路设计的效率和质量,确保系统工程建设的技术质量水平。

(3)应按照联合信息作战的要求和标准,加紧数据链建设,加强现有军兵种数据链系统的改造和完善。我军数据链路建设虽然起步晚,但这是在高技术迅猛发展的今天开始起步的,因而,在研制过程中,不仅能够借鉴美军的经验和教训,而且还可借鉴由迅猛发展的高技术带来的新技术、新成果,对现有数据链系统进行改造,同时实现我军武器装备的机械化和信息化,实现诸军兵种的互联互通。

在数据链系统建设内容上,我军在数据链的作战、技术和系统体系结构方面,也都要从顶层进行规划,保证各军兵种、各数据链系统的互联互通。具体内容如下:

(1)作战体系结构建设。作战体系结构主要是确定作战信息需求、作战要素,描述数据链系统在作战应用中的各作战要素(包括作战部队、作战地域、作战装备等)、作战指挥关系、作战指挥流程等,以指导技术体系结构的建设,充分体现作战需求为牵引的系统设计思想。

(2)技术体系结构建设。技术体系结构主要确定系列标准、规定和协议,组成一个使数据链系统各部件或组成要素之间相互配合和相互依存的规则集合。

数据链系统的技术体系结构是数据链系统的标准化技术纲要,主要是为数据链系统建设中,各个部门应当共同参考执行的一套最低限度标准和实施指南,为数据链系统建设提供一种面向系统顶层设计的思路和方法,适用于数据链系统的总体设计、研制开发、检验验收和装备管理。为适应未来高技术条件下多兵种联合信息作战的基本要求,数据链系统建设中必须设计统一的技术标准,考虑系统建设的实施细则,以保证数据链系统能与其他军兵种互连互通,能够满足开放式系统互连(OSI)标准。

数据链技术体系结构建设主要包括链路控制协议标准和信息格式标准建设。其中,链路控制协议标准主要用来建立通信网络,提供逻辑通信链路,并控制数据在逻辑链路中的传送;信息格式标准,用以规范数据链系统传送的数据内容。

(3)系统体系结构建设。系统体系结构主要是描述保障或支持作战功能及其连接关系,根据技术体系结构中确定的指标和要求,设计一个完整的数据链系统,以合理利用物理资源,确保完成作战任务和行动。

数据链应该是一个集陆、空、天的信息获取、处理、传输与分发于一体的分布式信息平台,各节点之间可互连、互通,且在数据链情报信息分配网络建立之后,其运行与任何一台特殊设备都无关,即在网络中预先设置参与者的时隙,无论某一具体设备是否参与,通信链路都会运行,最终形成陆、空、天分布式无节点的作战网络结构。

数据链终端设备是实现数据链系统的物质基础,数据链系统体系结构建设中应加强数据链终端设备建设,并且采取“嵌入式武器装备发展”思路,因而开发统一完善的数据链终端设备,以便嵌入现有的指挥信息系统,完成系统的互连互通是数据链建设的重要方面。

习 题

1. 什么是数据链？数据链的内涵是什么？

2. 数据链可以从哪些角度进行分类？如果按照任务功能进行划分,数据链是如何分类的？

3. 从战术的层面简述数据链的基本功能。

4. 简述数据链的技术特点。

5. 简述数据链的网络特点。

6. 从数据链的地位和作用阐述数据链的重要性。

7. 从美军数据链的发展趋势阐述我军应如何做好数据链建设工作。

第2章　数据链组成及工作原理

在当前各国都在争夺信息权,创新信息战理论、发展信息化武器的背景下,数据链得到了广泛重视,并在现代战争中扮演着越来越重要的角色。从前面的分析我们知道,数据链是一种按照统一的数据格式和通信协议,以无线信道为主对信息进行实时、准确、自动、保密传输的数据通信系统或信息传输系统。它主要通过一套标准的通信设备,将指挥机构、作战部队、武器平台连为一体,通过信息处理、交换、分发系统来完成战场信息共享和控制功能,以便为指挥员迅速、正确地进行指挥决策提供及时、准确的战场态势和实现全军的情报资源共享。数据链是获取信息优势,提高各作战平台快速反应能力和协同作战能力,实现作战指挥自动化的关键设备。因此,本章将首先对数据链的基本结构和工作原理加以介绍。

2.1　数据链的基本工作方式

数据链的基本工作方式可以分为两类:点对点链路和网状链路。点对点数据链是在两个链接单位之间建立一个公共的数据交换信道,一般是全双工模式。点对点数据链可以很好地把战场上固定或机动的作战单元连接起来,而多个点对点数据链则可以通过中继单元连接成网络,点对点数据链的传输介质主要为电缆,高频(HF)、特高频段(UHF)视距传输和特高频段对流层散射传输。网状数据链通常借助于一个公共的网频率以建立起一个公共的信道,为许多通信单元所共享。网状数据链在战场上适合于连接工作在一定范围内的各机动单元。进一步细分,数据链的基本工作方式主要有以下5种。

1. 点对点全双工方式

信息的传送在两个站点之间进行。两个方向传送相同的时隙,每帧包括定时帧比特、起始组、若干数据组和校验组。当网络在多个站点传送时,可以通过时隙帧的中继来实现,如图2-1所示。

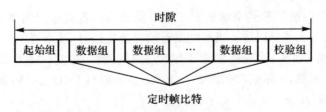

图2-1　点对点全双工操作

该种工作方式包括了 TADIL-B,Link1,ATDL-1(陆军战术数据链)和 MBDL(导弹部队数据链)。

2. 点对点半双工方式

两站点中,一个作为控制站,另一个作应答站。控制站在控制时隙内发送控制消息帧,在预留的时间周期内等候应答站的回答。如果在该时间周期内没有接收到对当前控制消息的回答,可以在下一时间周期内发送新的控制消息帧,并在新的周期内接收应答。这样,依次进行下去,直到信息交换完毕,如图2-2所示。Link4A属于此种工作方式。

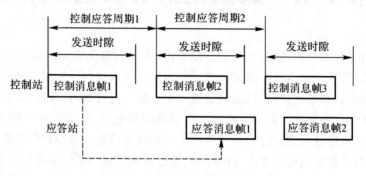

图 2-2　点对点半双工操作

3. 多点对多点的时隙分配方式

通常有一个网络控制站和若干个网络从属站。网络把一定的周期时间片划分为若干个时隙,网络控制站自动占据第一个时隙,首选发送信息,作为周期的起始时间,并以此同步各网络从属站的终端。各从属站依照从属站指定的时隙,向自己的目的站或所有的站播发消息帧,如图2-3所示。Link11属于此种工作方式。

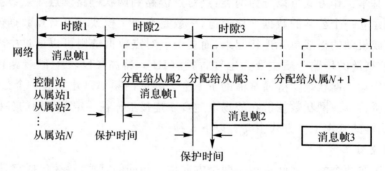

图 2-3　多点对多点操作

4. 点对多点的点名呼叫方式

网络必须有一个控制站和多个前哨站。网络控制站以带有指定前哨站地址的询问消息帧,向该前哨站询问有无消息回送。当前哨站有消息要发送时,被指明地址的前哨站在应答帧中回发数据。网控站(NCS)也可以发送带有消息的询问帧,指定的前哨站应接收 NCS 所发的消息数据,并做出回答,其示意图如图 2-4 所示。Link11(TADIL-A)属于此种工作方式。

5. 多点对多点的时分多址(TDMA)方式

时分多址即 TDMA 协议,是一种分配通信资源供使用者传输数据的入网协议。系统将时间轴划分为时元,时元划分为时间帧,时间帧划分为时隙。在每个时元中为每个成员分配一定数量的时隙,以便发送数据信号,而在该成员不发送的时隙期内,接收其他成员发送的信号。每个系统都备有准确的时钟,并要以某一指定成员的时钟为基准,其他成员的时钟与之同步,形成统一的系统定时。典型代表是 Link16。

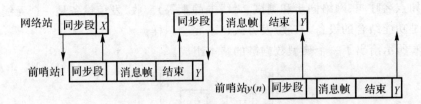

图 2 - 4 点对多点的点名呼叫操作

2.2 数据链的基本组成及结构

2.2.1 系统组成

数据链是一个地域分布式的立体化空间网络系统,是将部队分布在广阔地域上的各级指挥所、参战部队和武器平台连接起来的信息处理、交换和分发系统。

数据链的基本构成如图 2-5 所示,主要由端机设备(信道传输、数据终端和加密设备)、协议(相关通信协议)、信息格式标准三大要素构成,此外,还包括与信息源、指挥系统(包括信息处理、显示控制和指令生成)信息、武器平台的连接。归纳起来,数据链主要由信道机、链路协议及信息处理、格式化信息三大要素构成。

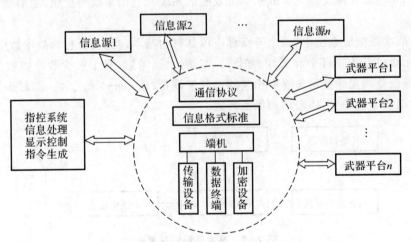

图 2 - 5 数据链的基本结构示意图

一个典型的数据链用户站系统包括一个战术数据系统、一套加密设备、一个数据终端设备(DTS)和一套无线收发设备。其中,战术数据系统主要是一台计算机,它接收各种传感器雷达、导航、CCD 成像系统和操作员发出的各种数据,并将其编排成标准的信息格式;计算机内有一个输入/输出缓存器,用于数据的存储转发,同时接收链路中其他 TDS 转发来的各种数据。加密机是数据链中的一种重要设备,用来确保网络中数据传输的安全。数据终端设备的主要功能是检错和纠错、完成音频调制、网络链接控制、战术数据系统的接口控制、自身操作方式的控制(如点名呼叫、网络同步和测试、无线电静默等)。收/发信设备是一个无线电收/发设备,它可以是功能结合的设备,其收/发方式也不完全一样。

图2-6所示给出了一个典型数据链的基本组成。

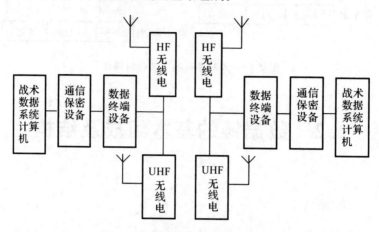

图 2-6 典型数据链的基本组成

从系统的角度出发,战术数据链系统一般由两部分组成:一是数据链路;二是数据系统。从前者看,它是一个通信系统;从后者看,它是一个信息系统。不少学者和著作从两者的联系上描述了战术数据链,例如:"战术数字信息链是战术数据系统间战术信息交换的主要手段""数据链系统主要采用无线网络通信技术和应用协议,实现陆基、机载和舰载战术数据系统间的信息交换,从而最大限度地发挥战术系统效能的系统。它由系统与设施、通信规程和应用协议组成"。

在一个战术数据链系统中,每个节点都应该具有的基本链路设备包括战术数据系统、数据终端设备、无线电设备(radio)和天线,如图2-7所示。当然,对于极少数有线数据链系统来说,数据终端设备和无线电设备将由相应的调制解调器(modem)来代替。而对于具有通信保密能力的数据链系统来说,还需增加保密装置。

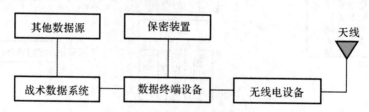

图 2-7 基本链路设备组成

战术数据系统是每条数据链路对应的信源和信宿。作为信源,战术数据系统负责接收所在作战平台、指挥中心中各种传感器和操作人员发出的数据,并将其编码成标准的报文格式,然后通过数据链终端设备和信道部分,传给其他数据链路参与者。作为信宿,战术数据系统可以通过数据链终端设备接收并处理其他数据链路参与者发来的战术数字信息。除此之外,存储在战术数据系统计算机中的程序还承担许多其他功能,包括维护战术数据库、支持系统管理(链路管理)、目标识别和武器选择、控制数据显示设备、提供人-机接口、允许操作员对所在的作战系统执行控制和一体化功能。由战术数据系统的功能分析可知,数据链系统必须和需要数据链能力的各类作战平台、指挥中心,甚至武器系统紧密链接,才能发挥其应用的战斗能力。在各类作战平台和指挥中心中,战术数据系统通常是各种指挥控制系统的重要组成部分,甚至就由指挥控制系统本身来兼任。图 2-8 所示给出了指挥控制系统和数据链的关系示意图。其中,战术数据系统负责收集、处理所在平台上各类传感器感知的战场态势和情报,并控制武器系统的各种作战行动。

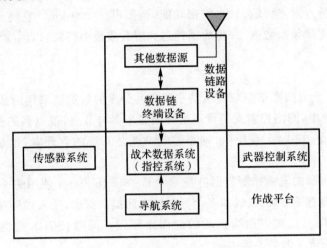

图 2-8　数据链与指控系统的关系

2.2.2　系统结构

纵观现有的各类数据链系统,可以将数据链的主要系统结构归纳为点对点结构、星形结构、网状结构以及多网结构 4 类。

1. 点对点结构

北约地面防空预警系统早期采用的 Link1 数据链,以及后期美军开发的 ATDL-1,Link11B,CDL,TCDL 等数据链系统都采用了点对点的系统结构。

Link1 自 20 世纪 50 年代后期开始发展,主要用于北约"纳其"地面防空系统内各雷达站、控制中心间点对点的数据传输。北约的 Link1 设备通常安装在地基中心,并被分配一个地理责任区域。该地理责任区域被称为作战有关地区(AOI)。在 AOI 区域内,进一步建立轨迹生成区(TPA)。为了相互告知从一个 AOI 到另一个 AOI 的轨迹,需要在相邻中心之间交换相关信息。北约 Link1 通信要求每对报告单元(RU)之间是独立专用的全双工链路,即在两个信道上同时收/发数据。

ATDL-1 是保密、点对点、全双工数字数据链路。它将"霍克"、爱国者、TSQ73 等武器系统与美陆军、海军陆战队和空军的控制中心连接起来。ATDL-1 数据通信能够在高频或特高频段、卫星通信或通过陆地线路进行。

Link11B,即美军的 TADIL-B 数据链系统,是一种全双工的、双向的、点对点的数据链路。在美陆军、空军、海军陆战队和国家安全局之间提供数据的串行传输能力。其参与者被称为报告单元,因为它是点对点,所以每一对报告单元靠一条单独的 TADIL-B 链路运转,经常被称为"B-链"。

通用数据链是视距200 km,全双工、抗干扰、扩频、点对点、监视和侦察(ISR)传感器、传感器平台和地面终端之间的微波通信系统。前向(指挥控制)链路速率为200kb/s,并有可能最终达到45Mb/s,后向(侦察信息)链路速率可分为10.71～45Mb/s,137Mb/s,274Mb/s,最终可望达到548～1 096Mb/s。

战术通用数据链是一种大带宽数据链,主要提供雷达信息、图像、视频和其他传感器信息的空对舰或空对地的点对点传输,具有保密功能,范围可达200 km。它将聚集无人或有人驾驶飞机上传感器的宽带侦察数据,并将数据传送到舰载或地面终端,以供战场战术分析和其他应用。

2. 星形结构

通常,在战场中负责战术信息或战术情报收集并分发的数据链采用的是星形的系统结构。

在Link4A系统中,网络控制站负责点名呼叫各个参与节点,被点名的受控机在规定时段内发送应答。在一个Link4A系统中,网络控制站既是系统的管理者,也是系统通信的中心枢纽。

由Cubic公司研制的监视控制数据链是专供E-8C Jointstar使用的一种点对多点、抗干扰数据链。该数据链在E-8C飞机和多个地面站之间提供保密、全天候链接,从而帮助E-8C飞机将雷达数据和相关报文传送给机动的地面站使用。同时,SCDL也为地面站提供了向E-8C平台发送服务请求的必要能力。

TIBS,TRIXS,TRAP/TDDS,TADIX-B,以及后来研发的IBS都是美军战术情报分发系统的重要组成部分。它们都以对应的车载或机载平台(比如TRIXS支持的陆军RC-12,D-7,海军EP-3/E-8,空军U-2等机载平台)为系统通信的中心枢纽。不过,与SCDL不同,TRIXS和TRAP/TDDS具有一定的中继功能,从而拓展情报分发的覆盖范围。

3. 网状结构

在这种系统结构中,任何节点之间都可以相互通信。不过,不同类型的数据链系统采用的系统管理和通信控制方法却有所不同。Link11采用的是有中心控制站的"呼叫轮询"的方式,EPLRS采用的是有中心的TDMA方式,Link16,Link22则采用的是无中心控制站的TDMA方式。美军最新的火控级数据链(包括CEC,TTNT等)也采用了网状的系统结构。

4. 多网结构

在数据链的实际作战运用过程中,作战区域可以同时存在多个数据链网络。比如Link22的超网结构,以及基于各类网关或转发设备的多数据链网络结构。

2.3 数据链的互连及工作过程

战术数据链将侦察监视系统、指挥控制系统以及武器系统组成了一个无缝的综合网络,从而最大限度地实现了信息资源共享,极大地提高了信息优势,加速了指挥控制自动化,促进了各作战平台快速反应能力和协同作战能力。但自Link16数据链投入使用起,数据链的所有操作都是多链路操作,各个参与单元都在Link4,Link11/11B,Link16和Link22等多种数据链的各种组合上进行操作。由于没有一种数据链能够满足所有作战要求,出现了多种数据链并存的状况。

利用多链路操作,装备各种数据链终端设备的各个单元就可以彼此交换战场感知数据而获得单一的通用作战态势图,从而实现多军种的协同作战。为实现多链路操作,首先要解决的问题就是数据链的互连问题。

数据链之间的互连分两种情况:一是同类数据链自身的互连;二是不同数据链之间的互连。

2.3.1 同类数据链的互连

同类数据链是指仅含一种数据链且每种链路设备均相同的系统。

1. Link4A 数据链互连

Link4A 数据链由战术数据系统、数据终端设备、特高频无线电设备和特高频天线 4 种基本设备组成,如图 2-9 所示。

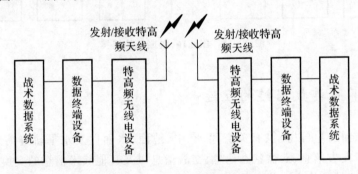

图 2-9 Link4A 数据链的连接

2. Link11 数据链互连

Link11 数据链采用点名呼叫工作方式,而且带有前哨站地址,以此实现一点对多点的通信。

Link11 数据链由战术数据系统、密码装置、数据终端设备、高频或特高频无线电设备、天线耦合器、天线,以及外部频率标准组成,如图 2-10 所示。

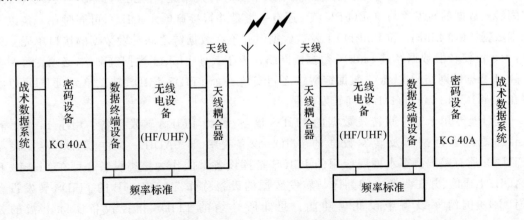

图 2-10 Link11 数据链的连接

3. Link16 链路互连

Link16 是一个通信、导航和识别系统，支持战术指挥、控制、通信、计算机和情报系统。

Link16 的无线电发射和接收部分是联合战术信息分发系统（JTIDS）或其后继多功能信息分发系统（MIDS）。

通常 Link16 链路系统由 4 部分组成：一套战术数据系统、一台指挥与控制处理器（C^2P）、一台 JTIDS 终端（或其后继者 MIDS 终端）以及一副 Link16 天线，如图 2-11 所示。

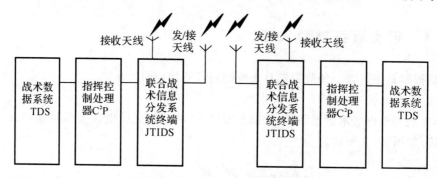

图 2-11　Link16 数据链的连接

2.3.2　不同类数据链的互连

多战术数据链接口可以提供有关空间、空中、地面、水面以及水下轨迹信息的连续交换。此外，也可以进行友方信息、武器状态信息、交战信息以及其他战术信息的交换，以取得系统监视下的整个作战区域的战术态势图。

不同类型战术数据链（如 Link11，Link11B 和 Link16 等）的互连，通过接口单元实现，接口单元是一种通过数据链与一个或多个其他接口单元连接的战术数据系统。根据其实现的通信功能，可将其分为三类：一类是直接在某条数据链上通信的参与单元，如直接在 Link16 上通信的 JTIDS/MIDS 单元（JU）、直接在 Link11 上通信的参与单元（PU）、直接在 Link11B 上通信的报告单元（RU）等；另一类是在不同链路间转发数据，具有转发功能的转发单元，如在 Link16 和 Link11/11B 之间转发数据的 JTIDS/MIDS 转发单元、在 Link11 和一个或多个 RU 之间转发数据的转发参与单元（FPU）等；还有一类是并行接口单元（CIU），可同时在一条以上战术数据链（如 Link16 和 Link11）上发送数据但并不在数据链之间转发数据的接口单元。例如，为了能使转发数据经过 Link16 数据链网络往返于其他 Link11 数据链网络，必须在每一个 Link11 数据链网络与 Link16 数据链网络之间安装一个 JTIDS/MIDS 转发单元（FJU），以实现在 Link16 和 Link11/11B 之间转发数据。

FJU 是专用于链路间转发数据的 JTIDS 设备，称为 JTIDS 转发设备。用于 Link11 和 Link16 之间进行翻译及转发数据的 JTIDS 设备是一部 TADIL-A 的 JTIDS 转发设备（FJUA），所有美国海军水面舰艇用的 JTIDS 指挥设备都能作为该类设备。可在 Link16 和 TADIL 上通信、并在两者之间翻译与转发数据的设备称作 TADIL-B 的 JTIDS 转发设备（FJUB）美国海军设备未设此项功能。此处所介绍的 JTIDS 指控设备实际上指的是 TADIL-A和 JTIDS 转发设备。

通过 JTIDS 转发设备,可将 Link16 的精确参与定位与识别、任务管理、武器协调、电子战和监测网络参与群的传送数据翻译并转发到 Link11。同样,Link11 的数据也可以转发到 Link16 上,这些数据中包括通过 JTIDS 转发设备及网络参与群,自动发送 Link11 的精确参与定位与识别数据。美国海军的指控处理器是唯一一个承担 JTIDS 转发设备功用的海军系统。

从理论上来说,只需一台 JTIDS 转发设备就可承担整个部队的转发任务。但还需要设定一个备用的 JTIDS 转发设备。备用的 JTIDS 转发设备参与 Link16 网络,并通过指控处理器监测 Link11。无论何时,只要它探测到 JTIDS 主动转发设备在任何一条链路上停止传送,它就会自动地向操作员报警。操作员必须决定是否使用该设备作为转发设备。

2.3.3 战术数据链的工作过程

下面以防空任务中 E-3 空中预警与指挥控制系统(AWACS)和 F-15C 飞机间通过 Link16 数据链的通信过程为例来说明战术数据链的工作过程,E-3 AWACS 监视传感器探测到一个威胁。AWACS 机组人员利用态势显示控制面板(SDC)准备将要发送给 F-15C 的信息。飞行处理器接收信息,将其转换成 TADIL-J 报文格式。JTIDS-2H 终端加密报文,并将报文发射到 JTIDS 网络上。F-15C 的 JTIDS-2 类终端接收报文、解密报文、过滤掉不相关的报文,然后飞行处理器从报文中提取出内容并将信息显示在 F-15C 的多用途彩色显示器上(注:这里 JTIDS 终端将加密设备、数据终端设备和无线电台的功能综合在了一起)。

2.4 战术数据链的组织运用

2.4.1 基本任务和流程

战术数据链的组织运用是指数据链系统的规划组织和作战运用。规划组织的目的是为数据链系统作战运用构建一个满足战场战术需求的、完备高效的数据链系统,并提供系统使用、管理和应急处理的基本方案。作战运用是数据链系统规划组织工作的必然延续,是实现数据链系统组织运用目标的必要环节,是一切数据链系统组织运用工作的最终落脚点。

总体上讲,组织运用的根本目标是将各类数据链装备及其对应的战术单元有机地集成起来,形成满足特定战场战术需求的数据链系统,并在预定的战术环境中运用这个系统,使其发挥出应有的数据链战斗力,达到预定的战术目标。

组织运用的作用主要表现在它是形成数据链系统,并发挥数据链战斗力的必不可少的手段和途径。任何数据链装备都不能独立地发挥出应有的数据链战斗力。数据链系统所覆盖的战场范围越广,战术环境越复杂,需要收集、处理和传输的信息种类和信息量越多、越大;所涉及数据链装备的种类和数量越多;对应战术单元机动越快、越频繁,机动范围越大;可能面临的突发或灾难事件越频繁、越严重,相应的组织运用就会变得越重要,对数据链系统效能或战斗力发挥程度的影响就越显著。

根据外军的资料,战术数据链作战运用主要分成 4 个阶段进行:网络设计阶段、通信规划阶段、初始化阶段、运行阶段。各个阶段数据链管理的具体内容如下：

(1)网络设计阶段。该阶段负责生成数据链需求，根据数据链需求设计网络，将验证后的网络入库保存并分发到各个参与者。其中分发的网络描述文件包括网络时间线、兵力布局、网络小结、连接矩阵和设计选项文件等。

(2)通信规划阶段。该阶段负责选择适合的网络设计或提出设计新网络的请求，在各参与成员之间进行容量分配、网络责任指派，形成各平台唯一的初始化参数。

(3)初始化阶段。该阶段保证用平台唯一的参数初始化各参与设备。

(4)运行阶段。该阶段负责动态监视数据链的运行，及时发现并处理数据链故障。

2.4.2　网络规划基本原则

网络规划具体包括网络设计和通信规划两个阶段。在网络规划中面临的主要任务及其完成任务的主要途径和方法分述如下。

网络规划阶段的主要任务就是网络规划人员通过分析战场战术需求，得到对应的链路需求，然后据此进行系统配置，确定数据元素、通信协议、特殊点参数，拟定应急处理、系统管理和信息管理等方案，最终形成网络规划总体方案，以及与每个数据链装备对应的设备配置方案。设备配置方案应该是一种标准化的格式化报文，适于在数据链系统中分发，并且能够被所有数据链装备识别和使用。

在网络规划阶段，信息搜集和需求分析是网络规划人员把握战场战术需求，并得到对应链路需求的基本方法或途径。而配置系统，确定数据元素、通信协议、特殊点参数，制定应急处理、系统管理和信息管理方案则是网络规划的主要任务。

一、信息搜集和需求分析

在网络规划阶段，网络规划人员首先需要充分了解与战术目标和任务对应的各类战术需求。这些战术需求包括兵力协同和控制、武器协调和控制、战场态势形成和分发等需求。这些战术需求应该由作战指挥人员来确定。作战指挥人员通过分析战术单元的布局，以及需要达到的战术目标和需要支持的战术任务来归纳出这些战术需求。

根据战术单元的布局和每个战术单元的行动计划，根据数据链系统需要满足的战术需求和需要支持的战术环境，网络规划人员分析并确定数据链系统的网络容量、战场覆盖范围、系统管理、通信管理、数据转发、中继和网关等需求；确定每个战术单元需要对外发生的链接关系和每个链接关系对应的通信距离、通信内容、通信容量、通信模式，实时性、安全性、可靠性和抗干扰能力等要求。这些需求和要求是数据链系统链路需求的核心内容。

对于以数据链作战运用研究、数据链通信功能验证和数据链通信协议测试等为目标的军事演练活动来说，数据链系统的链路需求可以由军事演练筹备组或导演部的指挥人员直接提出。

二、系统配置

系统配置的过程就是根据已经得到的链路需求，为战术单元选择数据链类型，确定数据链装备，在所选数据链装备之间进行通信容量、装备地址、航迹号块和密钥材料分配，责任指派，并形成各数据链装备唯一的设备配置方案的过程。系统配置过程中的责任指派包括指定用于网络集中控制的网络控制单元、用于支持多数据链系统的数据转发设备，以及用于控制信息分发和传输的数据过滤器。数据转发设备要求具有能够支持多种类型数据链的多数据链工作能力。

在数据链系统中，每个数据链装备都应该具有一个独一无二的装备地址。数据链装备地址是数据链装备在数据链系统中相互区分、呼叫连接和信息分发的重要标识。

航迹号提供标准的索引用于系统中交换目标信息，以及与目标信息对应的情报和命令。航迹号可以用于数字和语音两种通信，唯一标识系统中所交互的点、线和面等信息。航迹号块通常是一组连续的航迹号。在系统配置过程中，网络规划人员需要为可能产生战术数据信息的数据链装备预先分配互不重叠的航迹号块。在随后的作战运用过程中，每个数据链装备都在自己占有的航迹号块中，为自己启动的航迹报告，选择互不重叠的航迹号。

三、数据元素和通信协议

数据元素是数据链系统实现战术链接关系的基础。大多数数据元素都有与其可能取值关联的"固定"含义。这些含义被编程进数据链系统的软件、显示和输入装置，而且在整个数据元素词典和格式化信息标准的稳定期是不能改变的。但是，也有少量数据元素兼有固定的和自适应的值，或者干脆就只有自适应值。

在数据元素词典中，数据元素的自适应值没有固定的含义。在网络规划阶段，网络规划人员必须标出每个有自适应值的数据元素应申报的固定值，以及这些固定值在随后的作战运用过程中所临时附加的含义。以美军数据链的国籍/同盟数据元素为例，其固定值 1～28 就是自适应值。网络规划人员可以在网络规划阶段申报其中的固定值 7 和 9，并且分别给它们临时附加"伊拉克"和"阿拉伯联合酋长国"的含义。数据元素自适应值的采用极大地增强了数据链系统中报告内容的灵活性，有利于满足特殊战术任务和战术环境对应的战术需求。

通信协议的选择与网络结构和通信内容有着直接的关系。对于点对点结构来说，可以选择点对点通信协议；对于点对多点的星形结构来说，可以选择集中控制式的点名呼叫、寻址呼叫和广播通信协议；对于多点对多点结构来说，可以选择时分多址或码分多址的通信协议。

通信内容对通信协议的选择也有很大的影响。对于目标信息来说，强调的是信息传输的实时性。数据链系统力求提高数据传输的速率，缩短目标信息的更新周期，以便及时地显示出目标的轨迹。利用数字融合技术对目标进行相关平滑处理，作战指挥单元可以自动剔除目标轨迹中的奇异点。因此，并不一定要求数据传输的绝对无误。对于报文和传真这类要求无误传输的信息，所选用的通信协议需要在纠错编码的基础上，进一步采用 CRC 校验技术和 ARQ 自动反馈重发技术，确保这类信息的无误接收。

四、特殊点参数

数据链系统的一个基本任务就是为参与系统的战术单元提供一张清晰一致的战术图。在这张战术图中，各类目标的位置和航迹是构成图的核心要素之一，是系统中各战术单元实施战场管理、作战协同，无线电静默攻击、超视距目标瞄准、远程扩截控制等任务的重要依据。我们知道，在一个系统中，任何位置信息和运动信息只有放在统一的坐标环境中才会变得有意义。为此，网络规划人员必须在网络规划阶段随机选择用于确定坐标环境的特殊点参数。随机选择特殊点参数的目的在于提高信息传输的安全性。

在随后的作战运用阶段,作战指挥人员或者系统管理人员可以通过保密的数据链路发布新的特殊点参数,以动态调整位置和运动信息的坐标环境,进一步增强这些信息的安全性。

五、应急处理方案

数据链系统的一部分或全部功能损失的可能性在实际的战斗中总是存在的。因此,在网络规划阶段,网络规划人员应该拟定相应的应急处理方案。在应急处理方案中,网络规划人员应该按重要性对预定传输的战术和非战术数据信息划分保障等级。数据信息越重要,对应的保障等级就越高。在发生系统功能损失的背景下,系统总是通过链路替代、信道转换或传输速率调整等措施来尽可能满足保障等级高的数据信息的通信要求。

在应急处理方案中,还应该考虑非数字形式的数据交换应急方法。这些方法应该为保障等级高的数据信息提供语音报告的能力。在利用语音线路报告重要数据时,应该注意避免语音报告的数据量超过接听语音报告的操作人员的处理能力,防止相关操作人员出现注意力饱和。另外,通过语音线路报告目标位置、航迹等重要数据时,相关操作人员必须十分小心,防止出现两个或两个以上战术单元报告相同航迹的双重指定错误。

在数据链系统中,实现短波远程数据链和超短波、微波视距数据链的合理搭配组合是提高数据链系统战场生存和应急处理能力的另一重要途径。尽管,短波通信使用变参信道,同超短波和微波通信相比,具有带宽低,抗干扰能力差的特点。但短波通信也是唯一一种不依赖于转发或中继设备的远程通信手段,在恶劣的战场通信环境中,有着不可替代的作用。

六、信息管理方案

在信息管理方案中,需要考虑的典型信息包括航迹、情报、电子战、反潜战等信息。这些信息是否完备、正确,是否满足战术任务的实时性要求,直接影响到参与数据链系统的战术单元是否能够获得清晰、正确、一致的战场态势,影响到作战指挥人员的指挥控制决策的时效性和正确性。

1.航迹信息管理

在系统运行过程中,由于接收不良、数据定位误差、通信业务繁忙、数据过滤器的误用,以及航迹的自然合并和分离等原因,系统的航迹报告中可能出现双重标志和重复标志问题。这些问题破坏了目标和航迹号之间的一一对应关系,造成了系统中战术图像的混淆。

航迹信息可能面临的另两类问题就是环境冲突、身份差异等问题。每条航迹都有其存在的航迹环境。航迹环境可分为空中、水面、水下、陆地和太空五大类。在系统中,任何一个具有相应航迹报告责任的战术单元都可以根据自己的传感器数据来判定一个航迹的航迹环境和身份。只要有两个或更多个战术单元认为同一条航迹处在不同的环境中,就会出现环境冲突;而只要有两个或更多个战术单元对同一条航迹的航迹身份有不同的认识,就会出现身份差异问题。环境冲突和身份差异问题主要是由于错误的传感器数据或操作员操作差错产生的。

在系统作战运用过程中,遇到这些航迹问题的战术单元可以通过数据链或语音网络来协商解决。但是在协商无法达成一致的情况下,就需要具有强制权利的作战指挥人员、系统管理人员或者某个战术单元的操作人员来强制统一。这些具有强制权利的人员需要网络规划人员在信息管理方案中预先确定。

在随后的作战运用中,航迹报告应该受到的航迹报告责任规则的约束。航迹报告责任规则确保每个目标只有一个战术单元来启动对它的航迹报告。这种航迹报告责任规则和前面介绍的航迹号块分配方式结合起来,可以在管理层面上,避免出现一个以上目标共用同一个航迹号的重复标志错误。

2.情报信息管理

情报是关于某条航迹的加强信息。情报信息没有报告责任的约束。在一个数据链系统中,任何战术单元都可以发布它所搜集到的情报信息。在网络规划阶段,网络规划人员需要在信息管理方案中确定情报源可靠性评估方法,以及解决情报环境和航迹环境可能出现的不一致的方法。

3.反潜作战信息管理

所谓的反潜战就是对敌潜艇的探测、跟踪和定位。声纳监视是几百码外实施反潜战唯一有效的技术手段。声纳探测到的潜艇位置和运动信息可用"水下航迹"来描述。同陆上和空中航迹不同,为了提高水下目标探测结果的可靠度,水下航迹也没有报告责任的约束,而且不排斥"双重标志"。由于大多数时间只有一个或很少几个战术单元能够同时探测到相同的潜艇目标,同一目标的多重航迹报告不太可能造成系统内的战术图像出现不可接受的混乱局面。

在信息管理方案中,网络规划人员需要确定反潜战信息的管理人员。通常情况下,由反潜战指挥官来承担管理反潜战信息的责任。反潜战信息管理人员在遇到战术图像过于混乱的状况时,应该考虑以下措施:

(1)通过"数据互联"减少可显示的航迹。

(2)通过语音指示一个或多个设备丢弃相应的航迹报告。

(3)将某些目标的航迹初始化。

(4)电子战信息管理。

电子战是现代战争中的关键因素,可被分为电子支援、电子攻击和电子防护 3 种基本类型。其中,电子支援是一种侦听敌方通信,从而获得相应的通信情报和电子情报的行动。在信息管理方案中,作战指挥人员或网络规划人员根据电子战的战术任务确定承担电子战的战术单元及其战场布局。每个具有电子支援能力的战术单元都可以利用电子战报告向数据链系统发布所侦听到的原始数据。具有电子战数据融合能力的战术单元负责将这些原始数据变换为电子战战术数据。这些战术数据包括概率区、定位点、被动航迹,甚至方位线。同样,电子战报告没有报告责任的限定。

在信息管理方案中,作战指挥人员或网络规划人员也需要确定电子战信息的管理人员。通常情况下,由电子战指挥官来承担管理电子战信息的责任。电子战信息管理员可以通过某些电子战命令来限制电子战报告。如果可能的话,还可以使用数据过滤器和电子战数据转发器来限制电子战报告在战场中的传播区域。另外,在电子战战术数据出现环境和身份等方面的差异时,通常需要电子战信息管理员来做出最终的评估结论。

在作战运用中,电子战原始数据和战术数据应该分开报告。这样"分隔"的好处在于可以使指挥、武器协调和监视人员只查看战术数据,而电子战操作人员则可以专心于大量的原始数据。

2.4.3 运行管理基本原则

运行管理具体包括初始化和运行两个阶段。在运行管理中面临的主要任务及其完成任务的主要途径和方法分述如下。

1. 初始化阶段

系统初始化阶段，应该采取以系统设计总体方案为蓝本，按先分后总的原则来分步实施。具体内容如下：

(1)完成系统设计总体方案中所选数据链装备的检查和安装，然后启动每个装备对应的初始化进程，并将指派责任、特殊点参数、密钥材料、应急处理方案、系统管理方案、信息管理方案等系统信息输入对应的数据链装备。

(2)完成不同数据链的独立组网络工程师。

(3)启动数据转发设备和数据过滤器，实现多个数据链的互联，从而最终完成数据链系统的构建。

2. 运行阶段

一个数据链系统理想状态下的战斗力是由数据链系统的总体设计方案决定的。但在实际的战术环境中，这份战斗力能够发挥到多大程度，则是由作战运用过程中采取的系统管理、信息管理和保障措施来决定的。

作战运用过程中的系统和信息管理要以系统总体设计方案包含的系统管理和信息管理方案为依据，采用事件驱动的方法，来调整系统配置，启动应急处理，或者各类冲突解决方案，以实现系统动态优化配置，确保在恶劣的战场环境下，最大限度地完成战术任务，达到战术目标。

虽然数据通信是数据链系统进行信息交换的主要手段，但是人工的语音通信(语音保障网)对数据通信仍然起着必要的补充、协调作用，是数据链系统作战运用的重要保障措施。人工的语音通信尽管有着反应慢，信息量、控制规模和控制范围小等弱点，但由于人工的语音通信能够在通话各方面更可信地传递小数据量的关键信息，所以非常适合在数据链系统组织运用过程中，传递一些系统管理、信息管理和武器控制协调信息，以提高系统管理、信息管理和武器控制协调的可靠性。语音通信还有一个重要的作用是在数据链系统的构建过程中，协调不同类型数据链的初始化建立进程。

习 题

1. 数据链有哪几种基本工作方式？并简述其基本原理。
2. 简述数据链的基本组成。
3. 简述数据链的基本结构。
4. 简述数据链的互连方式。
5. 简述数据链的基本工作过程。
6. 简述数据链组织运用的基本流程和任务重点。

第3章　数据链信息传输

如前所述,数据链是一种按照统一的数据格式和通信协议,以无线信道为主对信息进行实时、准确、自动、保密传输的数据通信系统,并将指挥机构、作战部队、武器平台连为一体,通过信息处理、交换、分发系统来完成战场信息共享和控制功能。要完成这些艰巨任务,数据链必须在数据通信、数据编码、调制解调、信道复用、数字复接、天线技术等诸多方面获得技术支撑,只有这样,才能为指挥员迅速、正确地进行指挥决策提供及时、准确的战场态势和实现全军的情报资源共享。本章将逐一介绍这些技术。

3.1　通信传输技术

数据链技术是采用无线网络通信技术和应用协议,实现机载、陆基和舰载战术数据系统之间的数据信息交换,是一种信息处理、交换和分发系统。实质上它是一种包含通信协议和消息标准的数据通信网络。该系统能根据需要以不同的数据速率及不同的信道传输作战指挥系统的战术信息。

本节主要从无线数据传输的角度来分析数据链中的信息传输过程。

3.1.1　电磁波波段

一、信道与载波

任何传输系统所传输的信息都是以信号为载体的,信号一般是指直接由消息(如语言、文字、图形、图像等)所转换来的可以在通信中传输的电信号或光信号。信息则是指消息中包含的有意义的内容。因此,要实现信息的有效传输,就必须选择有效的信号传输方式,首先必须选择与信号传输相匹配的传输信道。

信道通常是指以传输媒质为基础的信号通路。按照传输媒质区分,信道可以分为无线信道和有线信道两种。无线信道利用电磁波在空间的传播来实现信号的传输,有线信道则需要利用人造的传输线路(如明线、电缆、光缆等)来传输信号。实际应用中,一般用信道的频率(或频段)来描述信道。比如微波信道,指的是信道可以传输的信号频率在微波波段。

与消息直接对应的信号一般频率较低,称为基带信号,比如语音频率一般取在 $0.3\sim3.4\mathrm{kHz}$ 频带内,如果要采用微波信道传输语音信号,首先必须对在微波波段之外的语音信号进行频谱处理,使其变换到微波信道范围之内,把基带信号变换到信道传输频段的这个处理过程称为调制。

调制所采用的方法有很多种,最常用的就是利用信道内的某一个频率(即单频信号)作为载体,将所要传送的基带信号信息完全携带于该载体的某一参量之中传送出去。这个作为载体的频率信号称为载波,携带了基带信号的载波信号称为已调信号。经过调制,已调信号的频谱就达到了信道所能传输信号的要求。

信道也经常用载波的频率进行描述,有时候称为信道的频点或工作频率。比如标明一个信道为 36.667MHz,实际上指的是信号的发送载波为 36.667MHz。同时,也可以看出这是一个超短波信道。

二、电磁波波段的划分及其常见传播方式

在无线通信中,无论采用何种通信信道,信息都是以电磁波的形式进行传输的。

(一)电磁波波段的划分

电磁波包括无线电波、红外线、可见光、紫外线、X射线、γ射线等。表 3-1 列出了电磁波波段的划分和各波段(频段)的波长(频率)范围。

表 3-1 电磁波波段的划分

波段		频率范围	波长范围
无线电波	极长波(BLF,极低频)	$3\sim30$ Hz	$10^5\sim10^4$ km
	超长波(SLF,超低频)	$30\sim300$ Hz	$10^4\sim10^3$ km
	特长波(ULF,特低频)	$300\sim3\,000$ Hz	$10^3\sim10^2$ km
	甚长波(VLF,甚低频)	$3\sim30$ kHz	$10^2\sim10$ km
	长波(LF,低频)	$30\sim300$ kHz	$10\sim1$ km
	中波(MF,中频)	$300\sim3000$ kHz	$10^3\sim10^2$ m
	短波(HF,高频)	$3\sim30$ MHz	$10^2\sim10$ m
	米波(VHF,甚高频)	$30\sim300$ MHz	$10\sim1$ m
	微波 分米波(UHF,特高频)	$300\sim3\,000$ MHz	$10^2\sim10$ cm
	厘米波(SHF,超高频)	$3\sim30$ GHz	$10\sim1$ cm
	毫米波(EHF,极高频)	$30\sim300$ GHz	$10\sim1$ mm
	丝米波(至高频)	$300\sim3\,000$ GHz	$1\sim0.1$ mm
红外线		$300\sim3.84\times10^5$ GHz	$10^3\sim0.78\,\mu m$
可见光		$3.84\times10^5\sim7.7\times10^5$ GHz	$0.78\sim0.39\,\mu m$
紫外线		$7.7\times10^5\sim3\times10^7$ GHz	$0.39\sim0.01\,\mu m$
X射线		$3\times10^7\sim3\times10^{10}$ GHz	$0.01\sim10^{-5}\,\mu m$
γ射线		$3\times10^{10}\sim3\times10^{14}$ GHz	$10^{-5}\sim10^{-9}\,\mu m$

其中,无线电波段主要用于无线通信,红外线、可见光、紫外线主要用于光通信。在通信和雷达工程中,为了应用方便,微波波段又常细分为用拉丁字母代表的若干子波段,见表 3-2。

电磁波的划分在频率上没有完全统一的标准,但差别不大,表 3-1 和 3-2 的划分方法只是其中一种。

频谱中的 $950\sim1\,150$ MHz,又称为 Lx 波段。JTIDS 的运行频率就属于该波段,民用与军用空中导航系统也工作在这个频段内,如民用测距设备(DME)和军用战术空中导航(TACAN)设备。

表 3 - 2　微波波段的代号及对应的频率范围

波　段	频率范围/GHz	波　段	频率范围/GHz
UHF	0.3~1.12	Ka	26.5~40.0
L	1.12~1.7	Q	33.0~50.0
LS	1.7~2.6	U	40.0~60.0
S	2.6~3.95	M	50.0~75.0
C	3.95~5.85	E	60.0~90.0
XC	5.85~8.2	F	90.0~140.0
X	8.2~12.4	G	140.0~220.0
Ku	12.4~18.0	R	220.0~325.0
K	18.0~26.5		

(二)电磁波的常见传播方式

1. 地波(地表面波)传播

沿大地与空气的分界面传播的电波叫地表面波,简称地波。其传播途径主要取决于地面的电特性。地波在传播过程中,由于能量逐渐被大地吸收,很快减弱(波长越短,减弱越快),因而传播距离不远。但地波不受气候影响,可靠性高。超长波、长波、中波无线电信号,都是利用地波传播的。短波近距离通信也利用地波传播。

2. 直射波传播(视距传播)

直射波又称为空间波,是由发射点从空间直线传播到接收点的无线电波。直射波传播距离一般限于视距范围(10~50 km)。在传播过程中,它的强度衰减较慢,超短波和微波通信就是利用直射波传播的。

在地面进行直射波通信,其接收点的场强主要由两路组成:一路由发射天线直达接收天线;另一路由地面反射后到达接收天线。如果天线高度和方向架设不当,就容易造成相互干扰。

限制直射波通信距离的因素主要是地球表面弧度和山地、楼房等障碍物,因此超短波和微波天线要求尽量高架。

3. 天波传播

天波是由天线向高空辐射的电磁波遇到大气电离层折射后返回地面的无线电波。电离层只对短波波段的电磁波产生反射作用,因此天波传播主要用于短波远距离通信。电离层的特性在很大程度上决定着天波传输的特性。电离层是地球大气层的一部分,处于平流层的上部,离地球表面从 50 km 一直伸展到 1 000 km 的高度。处于这种高度的大气,其对流作用甚小,在太阳的辐射作用以及宇宙射线的影响下产生电离,形成相当多的离子和自由电子。电离层的变化随每日时间不同和季节不同而不同,而且与太阳的辐射作用密切相关。

4. 散射传播

散射传播是由天线辐射出去的电磁波投射到低空大气层或电离层中不均匀介质时产生散射,其中一部分到达接收点。散射传播距离远,但是效率低,不易操作,主要用于军事保密通信。

3.1.2　典型数据链信息传输信道及其传输特点

一、典型数据链的信息传输频段

表 3-3 给出了几种典型数据链的信息传输频段，由表中可以看出，数据链信息传输所使用的信道主要包括有线信道、短波信道、超短波信道和微波信道（主要集中在 UHF 波段）。

表 3-3　几种典型数据链的信息传输频段

典型数据链	信息传输频段	信道类型
Link11	2～30 MHz 225～400 MHz	短波信道（HF） 微波信道（在 UHF 波段）
Link11B	有线 VHF UHF	有线信道 超短波信道 微波信道
Link4	UHF	微波信道
Link16	UHF（美军） SHF（英军）	微波信道
ATDL-1	有线 HFU HF	有线信道 短波信道 微波信道
Link22	2～30MHz 225～400MHz	短波信道（HF） 超短信道段（VHF） 微波信道（在 UHF 波段）
JTIDS	第一代（1 类）：960～1 215 MHz 第二代（2 类）：JTIDS：969～12.6 MHz 　　　　　　TACAN：962～1 213 MHz 第三代（MIDS）： MIDS-LVT(1)：960～1 215 MHz MIDS-LVT(2)：960～1 215 MHz MIDS-LVT(3)：960～1 215 MHz	微波信道：（包含 UHF 和 Lx 波段）

二、信道的传输特点

(一)有线信道的传输特点

有线信道具有传输可靠性和有效性高的优点，但是由于通信建立的时间较长（需要在作战区域预先建立有线通信信道，如果采用野战被覆线或野战光缆通信，需实时架设或敷设线路），灵活机动性远不如无线通信传输方式，而且抗摧毁性较差，有线通信方式并未作为数据链信息传输的主要手段。因此，本书不将其作为重点，本书重点讲述有关无线通信传输方式在数据链中的应用方法。

(二)短波信道的传输特点

短波通信是指利用波长为 100～10 m(频率为 2～30 MHz)的电磁波进行的无线电通信,也称高频无线电通信。由于它具有抗毁性强、灵活方便、设备简单、造价低廉、通信距离远等特点,通常作为军事指挥最重要的通信手段之一,并且广泛地用于政府、外交、气象、商业等部门,用来传送语音、文字、图像、数据等信息。

1. 短波通信的发展历程

短波通信是依靠电离层反射进行通信的,因此短波电台能够以较小的功率实现远距离通信。但由于电离层的性能随时间、空间及电波频率而变化,从而引起信号的幅度衰落、相位起伏等现象,严重地影响了短波通信的质量。另外,短波波段还存在许多干扰,如电台间的相互干扰,以及天电干扰、工业干扰等,因此必须采用相应的抗干扰措施才能保证短波通信的质量。

卫星通信出现并迅速发展以后,短波通信性能不稳定、通信质量差的缺点愈显突出,人们甚至认为信道稳定、可靠性高、容量大的卫星通信将取代短波通信,短波通信的地位大大降低,投资与研究急剧减少,短波通信的生命似乎已告结束。连美军 1976 年制订的综合战术通信计划中,仅把短波通信列为补充和备用手段。但是,从 20 世纪 80 年代初开始,短波通信又重新受到重视,许多国家加速对短波通信的研究与开发,推出了一些性能优良的设备和系统,使短波通信进入了新的发展时期。美国重新把短波信道作为战略的和战术主干线和二级线路。在我国,短波通信网是战略通信网之一,是战时作战指挥通信中的"杀手锏"之一,是和平时期防暴乱、抢险救灾的应急通信手段。短波通信有时甚至是唯一的通信手段。

短波通信的重新崛起,主要原因在于以下几个方面:

(1)短波通信抗毁性强,适用于军事通信。在当今高技术的军事通信中,卫星易被敌方摧毁,地面中继系统易发生故障;而短波通信具有不易"摧毁"的"中继系统"——电离层。因此,许多国家在重要的 C^4I(指挥、控制、通信、计算机与情报)系统中都配置了短波信道,把它视为保障 C^4I 系统在战争中顽存性的有力手段。在科索沃战争和伊拉克战争中,美、法、英等国军队大量使用短波通信,取得了突出的效果。

(2)机动灵活,能满足战争条件下的通信需要。当今,高技术条件下的军事通信对军用通信装备的要求是体积小,质量轻,机动灵活,性能优良,可靠性高,互通性、抗干扰性和保密性好,操作简单,易于维修。而短波电台以其灵活性和抗毁性高被许多国家列为适应高技术战争条件下的通信装备。

(3)随着微电子技术、微电脑技术和数字信号处理技术的发展及应用,通过采用自适应和抗干扰等技术,短波通信的稳定性、可靠性、通信质量、传输速率都已经提高到一个新的水平,完全可以提供高质量、低成本的远距离通信线路,满足军事通信条件下对通信装备的要求。

2. 电离层的作用

短波通信是依靠电离层反射进行通信的,而电离层是指从距地面 60～2 000 km 处于电离状态的高空大气层。上疏下密的高空大气层,在太阳紫外线、太阳日冕的软 X 射线和太阳表面喷出的微粒流作用下,大气气体分子或原子中的电子分裂出来,形成离子和自由电子,这个过程叫电离。产生电离的大气层称为电离层。

电离层的浓度对工作频率的影响很大,浓度高时反射的频率高,浓度低时反射的频率低。电离的浓度以单位体积的自由电子数(即电密度)来表示。电离层的高度和浓度随地区、季节、时间、太阳黑子活动等因素的变化而变化,这决定了短波通信的频率也必须随之改变。

3. 短波传播途径

短波的基本传播途径有两个：一个是地波，另一个是天波。

地波沿地球表面传播，其传播距离取决于地表介质特性。海面介质的电导特性对于电波传播最为有利，短波地波信号可以沿海面传播 1 000 千米左右；陆地表面介质电导特性差，对电波衰耗大，而且不同的陆地表面介质对电波的衰耗程度不一样（潮湿土壤地面衰耗小，干燥沙石地面衰耗大）。短波信号沿地面最多只能传播几十千米。地波传播不需要经常改变工作频率，但要考虑障碍物的阻挡，这与天波传播是不同的。

而短波的最主要的传播途径是天波。短波信号由天线发出后，经电离层反射回地面，又由地面反射回电离层，可以反射多次，因而传播距离很远，而且不受地面障碍物阻挡。但天波是很不稳定的。在天波传播过程中，路径衰耗、时间延迟、大气噪声、多径效应、电离层衰落等因素，都会造成信号的弱化和畸变，影响短波通信的效果。

4. 短波通信新技术

为了克服短波通信的缺点，近十几年发展起来了许多短波通信新技术，主要有以下几个方面：

(1) 短波自适应通信技术。短波自适应技术是指短波通信系统能实时地或接近实时地选用最佳工作频率，以适应电离层的种种变化，同时克服多径衰落的影响并回避邻台干扰和其他干扰的作用，使通信质量达到最佳。自适应技术中最重要的是频率自适应，即收/发线路能够自动、实时地选用最佳工作频率以达到最佳的通信效果；此外，自适应还包括功率自适应、速率自适应和自适应调制解调等技术。但在很多场合所说的短波自适应通信或短波自适应技术，实际上就是指短波频率自适应通信或短波频率自适应技术。可见，短波自适应通信技术是为了提高短波通信的可靠性和有效性而发展起来的。

(2) 短波数据传输技术。在传统的短波数据传输系统中，由于信道存在着严重的衰落和码间串扰，其传输速率和通信质量都受到了限制。将短波通信系统发送设备数字化，既可以增加发射机的平均功率，又避免了信号中继时干扰累加的问题；将接收设备数字化，不仅较好地解决了长期困扰模拟处理中信号失真的问题，而且使设备的灵活性和兼容性大大提高。

为了进一步提高短波数据传输系统的有效性和可靠性，近年来主要的技术进展包括从多音并行传输体制到单音串行传输体制的转变，以及采用频率自适应技术、均衡技术、性能良好的调制解调技术、差错控制技术、分集接收技术等。特别是单路串行短波高速调制解调器的出现更引人注目。可以说，随着短波自适应技术和单路串行短波高速调制解调器的发展，迄今为止，影响短波通信主要难题已基本得到解决。

(3) 短波通信抗干扰技术。短波通信中的干扰包括两个方面：一是短波信道本身固有的干扰，特别是多径效应造成的乘性干扰；二是敌方的恶意干扰，包括抗敌方测向、截获、侦听等通信电子对抗的内容。短波通信抗干扰技术包括频率自适应技术、跳频和自适应跳频、直接序列扩频等其他扩展频谱技术、分集接收与自适应分集技术、差错控制与自适应差错控制技术、猝发通信（也称瞬间通信或突发通信）技术、自适应天线技术、加密技术等。

5. 短波通信的发展趋势

随着短波通信新技术的发展，短波通信具有以下发展趋势：

(1) 电台小型化。小型化是电子技术最新成果在电台整机中应用的具体体现。电台大量采用微小型元器件、贴片元件、大规模集成电路和混合集成电路，采用新材料、新工艺，使电台的功能增加,更适于灵活机动,扩大了电台的运用领域和范围。具体而言,小型化是指短波电台的质量和体积均以几十倍、几百倍的数量下降。

(2)设备综合化。设备综合化主要体现在全频段和多功能两个方面。全频段是指电台的工作频段不能只是单一频段,而应是全频段。有了全频段电台,电磁兼容问题和三军互通问题便迎刃而解。多功能则要求电台集通话、通报、传真、图像、数据于一身,调幅、调频、单边带、数据、保密化于一体。只有这样,才能满足未来战争所需的庞大信息量的要求。

(3)直扩与跳频相结合。直接序列扩频和调频技术相结合,可充分发挥两者的优点,可提高频谱利用率,能获得更好的通信隐蔽性,信号更易产生,也更易实现数字加密,此外,抗多径干扰的能力也得以提高。

(4)跳频高速化。提高跳频速率,主要可提高通信的可靠性和安全性,比如快跳可避免瞄准式干扰。

(5)智能化。高技术条件下的未来战争要求通信必须实现快速反应,而通信的快速反应则要求通信工作实现智能化、自动化。诸如,电台的开设、置频、调谐、接续、转移、拆收和恢复等均能高效率运转。如遇到干扰或不利情况,也可自动选择最佳工作状态,即使出现故障,均可自动检测、显示,乃至自动排除。智能化还促进操作"傻瓜化",使操作简单易行。

(三)超短波信道的传输特点

超短波信道利用 $1 \sim 10$ m 波长的电磁波进行视距传输。超短波波段相当于 $30 \sim 300 MHz$ 的甚高频段,所以超短波通信也叫甚高频通信。视距传输是指在视距范围内直射波的传播。当通信距离超过视距时,则利用中继站进行接力通信。

超短波通信主要用于短距离小容量通信,由于通信天线较微波天线轻便、体积较小,主要用于较小区域组网使用;超短波相对于微波而言,频段较低,因此通信容量比微波通信小。

超短波的传播方式主要为视距波和地面反射波,并有一定程度的地面波。视距波以直线方式传播,要求收/发天线间没有障碍物阻隔。反射波受地面起伏影响,将产生扩散反射,从而削弱场强。地面波受地表土质电参数影响,衰减很大,只能传播几千米或几十千米。因此,当建立超短波无线电通信时,收/发天线间应保持"通视",远离林区或架高天线使之露出林梢。

1. 超短波通信系统构成

超短波通信系统由终端站和中继站组成。终端站装有发射机、接收机、载波终端机和天线。中继站则仅有通达两个方向的发射机和接收机,以及相应的天线。

(1)发射机。发射机一般采用间接调频法,即利用调相获得调频的方法。这样可用频率稳定度较高的晶体振荡器作主振器,而不必用复杂的频率控制系统。但为了减弱寄生调幅和非线性失真,调制系数不能太大(一般小于 0.5 rad)。因此,在这种发射机中要用多级倍频器,以获取所需的频偏,从而提高发射频率的边带功率。发射机的末级使用丙类功率放大器,效率较高。在超短波频段尚可用集中参数元件构成调谐回路,其高频端可用微带部件。

(2)接收机。接收机一般是典型的调频式超外差接收机,主要由高频放大、本地振荡、变频(一次或二次)、中频放大、限幅、鉴频及基带放大等部件组成。超短波段外来干扰较多,须在接收机输入端加螺旋式滤波器,在中放级加输入带通滤波器以抑制干扰。中放后的调频信号,通过限幅器,可削去混杂进来的脉冲干扰或寄生调幅波,以改善信噪比,然后用鉴频器把原来的基带信号恢复出来,加以放大,再由载波终端机分路输出给用户。

(3)载波终端机。将超短波发射机和超短波接收机的旧线基带信号分路还原合并为多路二线语音信号,接通用户或接至市话交换机的设备。载波终端机只装在超短波终端站。

(4)天线。由于超短波波长较短,一般采用结构简单、增益较高、方向性较好的三单元或五单元八木天线。在接近微波段的高频端,也可采用角形反射面天线等。

2. 超短波通信主要特点

(1)超短波通信利用视距传播方式,比短波天波传播方式稳定性高,受季节和昼夜变化的影响小。

(2)天线可用尺寸小、结构简单、增益较高的定向天线。这样,可用功率较小的发射机。

(3)频率较高,频带较宽,能用于多路通信。

(4)调制方式通常用调频制,可以得到较高的信噪比。通信质量比短波好。

3. 超短波通信的发展方向

超短波通信的发展方向主要有以下几个方面:

(1)设备全固态化,更多地采用集成电路。

(2)采用太阳能电池等新能源。

(3)提高抗干扰性能,压缩频带。

(4)研制无人中继设备。

(四)微波信道的传输特点

微波波段是在第二次世界大战后期开始使用的一段无线电通信频段,已经获得广泛的应用。微波频段的波长为 1m~1mm,频率范围为 300MHz~300GHz。

微波通信系统是指利用微波进行通信的通信系统。在微波频段,由于频率很高,电波的绕射能力弱,所以信号的传输主要是利用微波在视线距离内的直线传播,又称视距传播。视距传播方式与短波相比虽然具有传播较稳定、受外界干扰小等优点,但在电波的传播过程中,却难免受到地形、地物及气候状况的影响而引起反射、折射、散射和吸收现象,产生传播衰落和传播失真。

微波通信包括微波接力通信、散射通信、卫星通信、毫米波通信及波导通信等技术。微波通信可实施点对点、一点对多点或广播等形式的通信联络。它是现代通信网的主要传输方式之一,也是空间通信的主要方式。在军事上,微波通信广泛用作战略通信网和地域通信网的干线,也用于战术通信。

按微波信号形式的不同,可分为模拟微波通信和数字微波通信。模拟微波通信主要用于传输多路载波电话、载波电报及电视等,其调制方式一般为调频。数字微波通信主要用于传输多路数字电话、高速数据、可视电话及数字电视等,调制方式一般为移频键控和移相键控。在高速率大容量系统中,采用多元正交移幅键控。

1. 微波通信特点

(1)微波接力通信容量较大。由于微波接力通信工作在微波波段,占用频带较宽(约为300GHz),因而通信容量较大,一套微波接力设备可以容纳几千甚至上万条话路同时工作,或传输视频图像信号等宽频带信号。

(2)通信稳定可靠。在微波波段,工业干扰、天电干扰及太阳黑子活动、电离层变化对微波频段通信的影响小,因此,微波通信的传输质量和稳定性比较好。

(3)架设开通方便,灵活性大。微波通信线路能够跨越江河、湖泊、沼泽等地理条件恶劣的地带实现传输,还可进行车载移动通信。通信的建立、撤收及转移都较为容易。对于军事通信来说,微波中继通信可以迅速架设开通,可以用于机动通信,也可以进行应急通信。

(4)天线方向性强。微波天线把电磁波聚集成很窄的波束,使微波天线具有很强的方向性,减少通信中的相互干扰,也增强了通信的保密性。

2.数字微波中继通信系统与设备

从 20 世纪 60 年代中期开始,世界各国对数字通信日益重视。通信技术的发展主要是在数字通信方面。在传输系统上,突出地反映在两个方面:一是研究新型的数字传输系统,数字微波中继通信便是其中之一;二是研究新型的数字调制、解调方式,把原来的模拟传输系统改造成数字传输系统或实现数模兼容。这两种研究均具有重要的意义。同时,人们也开始采用数字信号处理、数字复接和数字交换等技术。这些新的技术,促使数字微波通信系统得到了广泛的应用。

(1)数字微波中继通信线路。如图 3-1 所示是一条数字微波中继通信线路的示意图。其主干线可长达几千千米,另有两条支线电路,除了线路两端的终端站外,还有大量的中继站和分路站,构成一条数字微波中继通信线路。

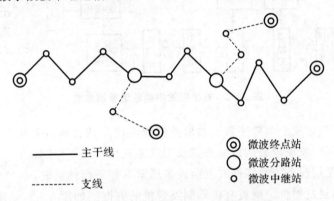

　　———— 主干线　　　　◎ 微波终点站
　　------- 支线　　　　　○ 微波分路站
　　　　　　　　　　　　　◦ 微波中继站

图 3-1　数字微波中继通信线路示意图

组成此通信线路的设备连接方框图如图 3-2 所示。它分以下几大部分:

1)用户终端。用户终端指直接为用户所使用的终端设备,如自动电话机、电传机、计算机、调度电话机等。

2)交换机。交换机是用于功能单位、信道或电路的暂时组合以保证所需通信工作的设备。用户可通过交换机进行呼叫连接,建立暂时的通信信道或电路。这种交换可以是模拟交换,也可以是数字交换。

3)数字电话终端复用设备(即数字终端机)。其基本功能是把来自交换机的多路音频模拟信号变换成时分多路数字信号,送往数字微波传输信道,然后将数字微波传输信道收到的时分多路数字信号反变换成多路模拟信号,送到交换机。

数字电话终端复用设备可以采用增量调制数字电话终端机,也可以采用脉冲编码调制数字电话终端机,它还包括二次群和高次群复接器、保密机及其他数字接口设备。按工作性质不同,可以组成数字终端机或数字分路终端机。

4)微波站。其基本功能是传输数字信息。按工作性质不同,可分成数字微波终端站、数字微波中继站和数字微波分路站三类。微波站的主要设备为数字微波发信设备、数字微波收信设备、天线、馈线、铁塔,以及为保障线路正常运行和无人维护所需的监测控制设备、电源设备等。

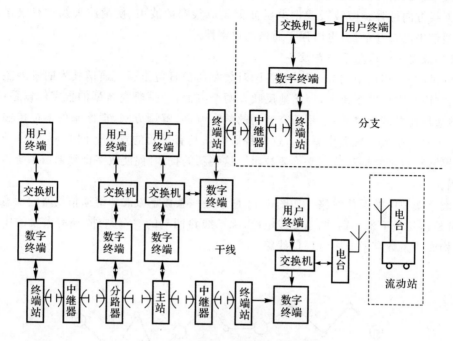

图 3 - 2　数字微波中继通信系统组成

由图 3 - 2 可知,建立一个数字微波通信系统所需使用的技术设备很多,下面仅对设置在微波站的数字微波收/发信设备的组成方案及中继方式作一简要介绍。

(2)数字微波发信设备。数字微波发信设备通常有如下两种组成:

1)微波直接调制发射机。微波直接调制发射机的方框图如图 3 - 3(a)所示。来自数字终端机的数字信码经过码型变换后直接对微波载频进行调制。然后,经过微波功率放大和微波滤波器馈送到天线振子,由天线发射出去。这种方案的发射机结构简单,但当发射频率处在较高频率时,其关键设备为微波功放设备,比中频调制发射机的中频功放设备的制作难度大,而且在一个系列产品多种设备的场合下,这种发射机的通用性差。

2)中频调制发射机。中频调制发射机的方框图如图 3 - 3(b)所示。来自数字终端的信码经过码型变换后,在中频调制器中对中频载频(中频频率一般取 70MHz 或 140MHz)进行调制,获得中频调制信号,然后经过功率中放,把这个已调信号放大到上变频器要求的功率电平,上变频器把它变换成微波调制信号,再经微波功率放大器,放大到所需的输出功率电平,最后经微波滤波器输出馈送到天线振子,由发送天线将此信号送出。可见,中频调制发射机的构成的方案与一般调频的模拟微波相似,只要更换调制、解调单元,就能以现有的模拟微波传输数字信息。因此,当多波道传输时,这种方案容易实现数字/模拟系统的兼容。在不同容量的数字微波中继设备系列中,更改传输容量一般只需要更换中频调制单元,微波发送单元可以保持通用。因此,在研制和生产不同容量的设备系列时,这种方案有较好的通用性。

(3)数字微波收信设备。数字微波收信设备的组成一般都采用超外差接收方式。其组成方框图如图 3 - 4 所示。它由射频系统、中频系统和解调系统三大部分组成。来自接收天线的微弱的微波信号经过馈线、微波滤波器、微波低噪声放大器和本振信号进行混频,就形成中频信号,再经过中频放大器放大,滤波后送解调单元实现信码解调和再生。

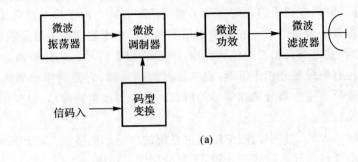

(a)

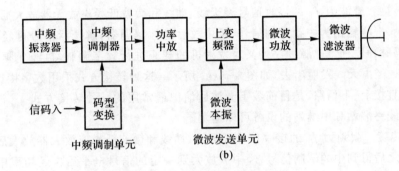

中频调制单元   微波发送单元

(b)

图 3 - 3 数字调制发射机方框图

(a) 微波直接调制发射机方框图;(b) 中频调制发射机方框图

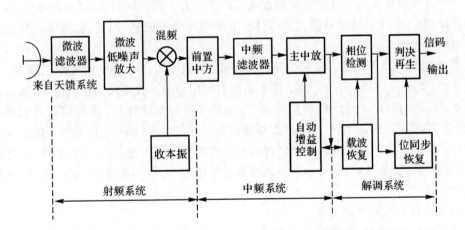

图 3 - 4 数字微波收信设备的组成方框图

    射频系统可以用微波低噪声放大器,也可以不用微波低噪声放大器而采用直接混频方式。前者具有较高的接收灵敏度,而后者的电路较为简单。天线馈线系统输出端的微波滤波器是用来选择工作波道的频率,并抑制邻近信道的干扰。

    中频系统承担了接收机大部分的放大量,并具有自动增益控制的功能,以保证到达解调系统的信号电平比较稳定。此外,中频系统对整个接收信道的通频带和频率响应也起着决定性的作用。目前,数字微波中继通信的中频系统大多采用宽频带放大器和集中滤波器的组成方案。由前置中放和主中放完成放大功能,由中频滤波器完成滤波的功能。这种方案的设计、制造与调整都比较方便,而且容易实现集成化。

数字调制信号的解调有相干解调与非相干解调两种方式。由于相干解调具有较好的抗误码性能,故在数字微波中继通信中一般都采用相干解调。相干解调的关键是载波提取,即要求在接收端产生一个和发送端调相波的载频同频、同相的相干信号。这种解调方式又叫做相干同步解调。另外,还有一种差分相干解调,也叫延迟解调电路,它是利用相邻两个码元载波的相位进行解调的,故只适用于差分调相信号的解调。这种方法电路简单,但与相干同步解调相比较,其抗误码性能较差。

(4)中继站的转接方式。数字微波中继通信系统的中继站的转接方式和模拟微波相似,可以分为再生转接、中频转接和微波转接3种,下面分别予以说明。

1)再生转接。载波为 f_1 的接收信号经天线、馈线和微波低噪声放大器放大后与接收机的本振信号混频,混频输出为中频调制信号,经中放后送往解调器,解调后信号再经判决再生电路还原出信码脉冲序列。此脉冲序列又对发射机的载频进行数字调制,再经变频和功率放大后以 f_1 的载频经由天线发射出去,如图3-5(a)所示。这种转接方式采用数字接口,可消除噪声积累,也可直接上、下话路,是目前数字微波通信中最常用的一种转接方式。当采用这种转接方式时,微波终端站和中继站的设备可以通用。

2)中频转接。载频为 f_1 的接收信号经天线、馈线和微波低噪声放大器放大后,与收信本振信号混频,之后得到中频调制信号,经中放放大到一定的信号电平后再经功率中放,放大到上变频器所需要的功率电平,然后和发信本振信号经上变频得到频率为 f_1 的微波调制信号,再经微波功率放大器放大后经天线发射出去,如图3-5(b)所示。中频转接采用中频接口,是模拟微波中继通信常用的一种中继转接方式。由于省去了调制解调器,因而设备比较简单,电源功率消耗较少,但中频转接不能上、下话路,不能消除噪声积累,因此,它实际上只起到增加通信距离的作用。

3)微波转接。这种转接方式和中频转接很相似,只不过一个在微波频率上放大,一个在中频上放大,如图3-5(c)所示。为了使本站发射的信号不干扰本站的接收信号,需要有一移频振荡器,将接收信号为 f_1 的频率变换为 f_1' 的信号频率发射出去。移频振荡器的频率即等于 f_1 与 f_1' 两频率之差。此外,为了克服传播衰落引起的电平波动,还需要在微波放大器上采取自动增益控制措施。这些电路技术实现起来比在中频上要困难些,但是总的来说,微波转接的方案较为简单,设备的体积小,中继站的电源消耗也较小,当不需要上、下话路时,也是一种较实用的方案。

3. 数字微波通信的发展趋势

数字微波中继通信目前发展的主要方向是提高通信容量和改善传输质量,主要有以下几点:

(1)扩展新的工作频段。随着数字微波中继通信的广泛使用以及电磁环境的日趋复杂,数字微波中继通信除了采用目前传播条件较好的2GHz,4GHz,6GHz,7GHz,8GHz,11GHz的工作频段外,还将向上扩展到13GHz,15GHz,18GHz,23GHz。工作频段向上扩展后,通信容量也相应增加。

(2)进一步提高频率利用率。为了提高频率的利用率,扩展通信容量,主要是采用各种先进的频段再用技术和一些新的调制技术。

(3)采用扩展频谱技术,以增加其抗干扰能力。

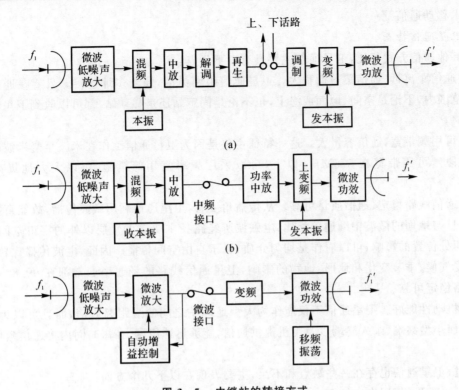

图 3-5　中继站的转接方式

(a) 再生转接；(b) 中频转接；(c) 微波转接

（4）采用各种先进的自适应抗多径衰落措施。采用一些新的调制技术可以提高频谱利用率，但同时也带来一个问题，即这种调制方式对于多径效应引起衰落比较敏感，为此，发展有效的分集技术、无损伤切换技术，以及自适应均衡技术，以使得未来的数字微波中继通信系统更趋完善。

（5）进一步降低单路语音编码率。随着语音编码技术的发展，低速率质量的语音编码技术不断涌现。目前，16kb/s 和 8kb/s 的增量调制语音编码器的语音质量基本可以满足军事战术通信的要求，而 2.4kb/s 和 4.8kb/s 参量编码器的语音质量也可以达到战术通信的要求。把这些技术用于数字微波中继通信中的数字终端复用设备，就可以成倍地提高通信容量。而降低单路语音编码速率，也是军用的中、小容量数字微波中继通信的一种发展趋势。

未来的数字微波中继通信不仅在技术上采用上述的一些高新技术，而在工艺上更加广泛采用专用或通用的、大规模和超大规模集成电路，如单片微波集成电路，现场可编程门阵列电路等，并逐步实现单元分系统的集成化。这将为未来的数字微波中继通信系统，特别是军用的、高可靠的、灵活机动的数字微波中继通信系统提供有利条件。

(五)卫星信道的传输特点

卫星通信系统是指利用人造地球卫星作为中继站转发无线电信号的通信系统。通过通信卫星中继，可以实现地面固定站、车载移动站、机载移动站、舰载移动站等多个站址之间的通信。由于通信卫星所处位置较高，覆盖面较大，所以一般用于广域通信。

卫星通信采用微波波段工作。军用卫星通信常采用 C 波段与 X 波段，而 UHF 波段主要用于战术移动通信。

1. 卫星通信特点

与其他通信方式相比,卫星通信主要具有以下优点:

(1)通信距离远,通信覆盖面积大。卫星通信组网灵活,便于多址连接。只要在通信卫星的覆盖范围内,不论是空间、地面或海上,也不论是固定站还是移动站,都可以收到卫星转发的信号。

(2)可用频带宽,通信容量大。这一特征主要是因为卫星通信工作在米波至毫米波范围内(微波波段),可用带宽在575MHz以上,可以采用频率复用等措施,可以大大地提高通信容量。

(3)通信线路稳定、通信质量可靠。从传播角度看,卫星通信利用微波传播,故能直接穿透大气层,且与地面的微波中继通信相比,电磁波所经路径主要在大气层以外的宇宙空间,不受地球站所处位置的影响,可以看作是均匀介质,属于自由空间传播。因此,电波传播比较稳定,几乎不受气候、季节变化和地形、地物的影响,卫星通信线路的畅通率通常都在99.8%以上,传输通路稳定可靠。

(4)机动性能好。卫星通信不仅能作为大型地球站之间的远距离通信,而且可以为车载、船载、地面小型终端、个人终端以及飞机提供通信,能够迅速组网,在短时间内将通信延伸至新的区域。

不过,卫星通信也存在一些缺点和不足,主要表现在以下几个方面:

(1)通信卫星使用寿命较短。一颗通信卫星都由几十台设备和几万个零部件组成,每个关键零部件的失灵,都会导致整个卫星的失效。由于静止轨道上的恶劣环境容易诱发故障,一旦发生故障,就难以修复。再加上卫星能够携带的推进剂有限,一旦用完,卫星就会成为"太空垃圾",因此,通信卫星的使用寿命一般仅几年,目前正在向十几年努力。

(2)卫星通信的技术比较复杂。

(3)抗打击性能差。卫星的位置容易被发现,很容易被敌方摧毁。

(4)抗干扰性能差。任何一个地面站,发射功率的强度和信息质量,都可能造成对其他地球站的影响。人为因素可以使转发器功率达到饱和而中断通信。

(5)保密性能差。由于卫星通信具有广播性,凡是在通信卫星天线波束覆盖区内设站,均可能接收到卫星所转发的信号,因而不利于通信保密。

2. 卫星通信系统的组成

不同的卫星通信系统其组成有所不同,但是差别不大,这里以静止卫星通信系统为例来讲解卫星通信系统的组成。

一个静止通信卫星系统是由空间分系统(空间的一颗或多颗通信卫星)、地球站分系统、地面跟踪遥测及指令分系统和地面监控管理分系统四大部分组成。

(1)空间分系统(通信卫星)。通信卫星主要是起无线电中继站的作用,通信卫星的主体是通信装置,一个卫星的通信装置可以包括一个或多个转发器,每个转发器能同时接收和转发多个地球站的信号。其保障部分则有星上遥测指令分系统、控制系统和能源(包括太阳能电池和蓄电池)等装置。

(2)地面跟踪遥测及指令分系统。它的主要任务是卫星进行跟踪测量,控制通信卫星准确地进入静止轨道上的指定位置,待卫星正常运行后,则定期对卫星进行轨道修正,以保证其在确定的轨道和正常位置上运行。

（3）地面监控管理分系统。该系统的任务是对定点的卫星在业务开通前后进行通信性能的测试和控制。例如对卫星转发器功率、卫星天线增益以及各地球站发射功率、射频频率和带宽等基本通信参数进行监控，以保证正常通信。

（4）地球站分系统。卫星通信地球站是微波无线电收、发信台（站），用户通过它接入卫星线路，进行通信。

3.2　调制解调技术

调制的实质是频谱变换，实现频率搬移，使已调波携带有信息，适合于信道传输。同时选择适当的调制解调技术可以实现信道的频率分配、信道的多路复用、减少信道中各种噪声和干扰的影响。

本节就各种常见的调制解调技术的原理和性能进行简单的阐述，并针对在各种典型数据链中所应用的调制解调技术的性能进行分析。由于在频带通信中，即无论数字频带通信还是模拟频带通信都不可避免地用到了模拟调制技术，因此在分析数字调制技术之前，首先对模拟调制进行简单的阐述。

3.2.1　模拟调制技术

调制信号（即基带信号）为模拟信号的调制称为模拟调制。常见的模拟调制方式主要包括双边带调制（DSB）、振幅调制（AM）、单边带调制（USB 和 LSB）、频率调制（FM）和相位调制（PM）等。

1. 振幅调制

调制信号 $x(t)$ 改变载波信号 $c(t)$ 振幅参数的调制称为振幅调制。

其中调制信号为

$$x(t) = A_0 + x_1(t), \quad |x_1(t)| < A_0$$

调制信号 $x(t)$ 中含有直流分量 A_0。

其中载波信号为

$$c(t) = A_c \cos(\omega_c t + \theta_0)$$

则已调信号 $x_c(t)$ 表示为

$$x_c(t) = [A_0 + x_1(t)] A_c \cos(\omega_c t + \theta_0) = A(t) \cos(\omega_c t + \theta_0)$$

可见，已调信号的振幅 $x_c(t)$ 中包含调制信号 $x(t)$ 的信息。

由图 3-6 可见，调制后的信号 $x_c(t)$ 的包络（即振幅）随调制信号 $x(t)$ 的变化规律而变化，$x_c(t)$ 的振荡频率与载波 $c(t)$ 的频率一致。

AM 调制的频谱示意图如图 3-7 所示，已调信号的频谱中包含载波频率和原调制信号的相对于载波频移后的频谱两部分，其中第二部分只是原调制信号频谱的线性搬移。可见，采用 AM 调制发射的信号中发射载波信号，这是不必要的。从图中也可看出，已调信号的带宽是原调制信号的两倍。

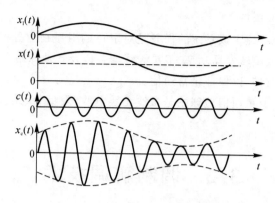

图 3-6 AM 调制时域波形示意

AM 调制的解调方法包括两种：同步解调法和包络解调法（检波）。同步解调法又称为相干解调法，需要恢复本地载波，要求恢复的本地载波与发送端载波同频同相；包络解调法电路简单，不需本地同步的载波。因此 AM 调制基本上都采用包络检波法进行解调。

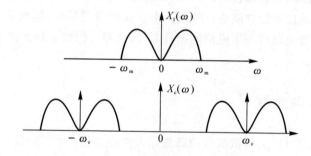

图 3-7 AM 调制的频谱示意图

2. 双边带调制

双边带调制是一种与 AM 不同的振幅调制。与 AM 不同的是，调制信号中不包含直流分量，其时域波形中已调信号存在过零点，已调信号频谱中没有载波分量。即信号发送时不再发送无用的载波分量，提高了发射机的功率利用率。其带宽也是原调制信号的两倍。DSB 信号的波形和频谱如图 3-8 所示。

由于 DSB 的时域波形中已调信号存在过零点，因此解调时不能用包络检波法解调，只能采用相干解调法解调。

3. 单边带调制

分析 DSB 和 AM 信号频谱可以发现，在载波频率分量的上边和下边对称地分布着两个完全相同的频谱分量，分别称为上边带（USB）和下边带（LSB）。这两个边带包含的信息完全相同，且这两个边带都占有发射功率，既发送信号功率及传输带宽都不够节约。

由此产生了单边带调制，即在 DSB 调制的基础上添加边带滤波器，通过边带滤波器滤除掉其中的一个边带，只传输一个边带信号的调制方式。其信号带宽与原调制信号的带宽相等，既节省了发送的带宽，又节省了发送的功率。

SSB 采用相干解调。其调制、解调的工作原理是非常简单的，但实际制作却相当困难。因为调制时需要一个频率特性非常陡峭的边带滤波器。为了克服这一缺点，又产生了残留边带调制(VSB),VSB 将一个边带的大部分抑制掉,传输另一个边带的大部分。只要残留边带滤波器的截止特性在载频处具有一定的特性,那么,采用同步解调法解调残留边带信号就能够准确地恢复所需的基带信号。

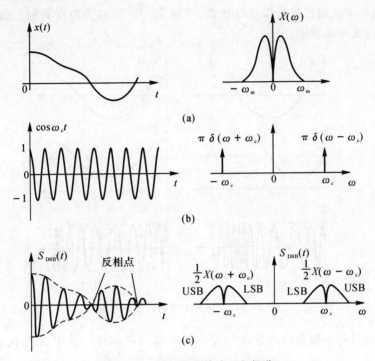

图 3 - 8　DSB 信号的波形和频谱

(a) 调制信号;(b) 载波信号;(c) 已调波信号

如图 3 - 9 所示为调制信号和 DSB,SSB,VSB 信号频谱结构比较特性。

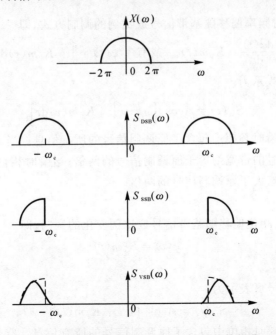

图 3 - 9　调制信号和 DSB,SSB,VSB 信号的频谱

4. 频率调制

频率调制属于非线性调制。非线性调制也要完成频谱的搬移,但它所形成的信号频谱不再保持原来基带频谱的结构。非线性调制是通过改变载波的频率和相位来达到的,即载波振幅不变,载波的频率或相位随基带信号变化。FM 和 PM 统称为角度调制。如图 3 - 10 所示是 FM 和 PM 的波形示意图。

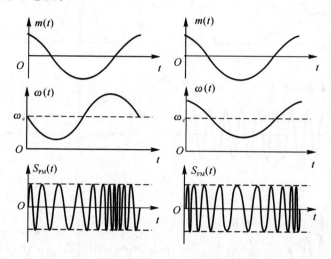

图 3 - 10 FM 和 PM 的波形示意图

角度调制信号的一般表示式为 $S_m(t) = A\cos\,[\omega_c t + \varphi(t)]$,其中 A 是载波的恒定振幅,$\omega_c t + \varphi(t)$ 是信号的瞬时相位,$\varphi(t)$ 称为瞬时相位的偏移。$\dfrac{\mathrm{d}\,[\omega_c t + \varphi(t)]}{\mathrm{d}t}$ 是信号的瞬时角频率。$\dfrac{\mathrm{d}\varphi(t)}{\mathrm{d}t}$ 是瞬时角频率偏移,即相对于 ω_c 的瞬时频率偏移。

频率调制是指瞬时频率偏移随基带信号成比例的调制方式,即

$$\frac{\mathrm{d}\varphi(t)}{\mathrm{d}t} = K_p m(t) \quad 或有 \quad \varphi(t) = \int_{-\infty}^{t} K_p m(\tau)\mathrm{d}\tau$$

于是,频率调制信号可表示为

$$S_m(t) = A\cos\,\left[\omega_c t + \int_{-\infty}^{t} K_p m(\tau)\mathrm{d}\tau\right]$$

可见,已调信号的瞬时频率中包含了原调制信号的所有信息。当瞬时相位远小于 $\pi/6$ 时,称为窄带调频,已调信号的带宽约等于原调制信号的两倍;当瞬时相位大于 $\pi/6$ 时,称为宽带调频,已调信号的带宽略大于原调制信号的两倍。

5. 相位调制

相位调制是指瞬时相位偏移随基带信号成比例变化的调制,即

$$\varphi(t) = K_p m(t)$$

式中,K_p 为比例常数。

于是,相位调制信号可表示为

$$S_m(t) = A\cos\,[\omega_c t + K_p m(t)]$$

可见,已调信号的瞬时相位中包含了原调制信号的所有信息。窄带调制时已调信号的带

宽约等于原调制信号的两倍,宽带调制时还与最大相移有关。

角度调制可以采用非相干解调(检频器、检相器),宽带调制也可以采用相干解调。

由于角度调制信号的振幅并不包含调制信息,因此尽管接收信号的振幅因传输而随机起伏,但信号中的信息不会受到损失。因此其抗干扰能力较强,特别适合在衰落信道中传输。

3.2.2　数字调制技术

调制信号(即基带信号)为数字信号的调制称为数字调制。数字调制与模拟调制相似,原理上没有什么区别。模拟调制是对载波信号的参量进行连续调制,在接收端对载波信号的已调参量连续的进行估值;数字调制用载波参量的某些离散状态来表征所传送的信息,在接收端也只要对载波信号的调制参量的有限个离散值进行判决,以恢复出调制信号。数字调制的一般实现方法是用数字信号的离散取值键控载波来实现。常见的数字调制方式(这里主要讲正弦波调制)主要包括振幅键控(ASK)、频率键控(FSK)和相位键控(PSK)。

在数字调制中,所选择参量可能变化状态数应与信息元数相对应。数字信息有二进制和多进制之分,因此,数字调制可分为二进制调制和多进制调制两种。

在二进制调制中,载波信号的已调参量只有两种取值。鉴于数据链信息传输的特点,此处只介绍二进制数字调制解调技术。

图 3-11 所示列出了所要调制的基带数据 1100110011 以及经过调制的各种已调波波形示意图。

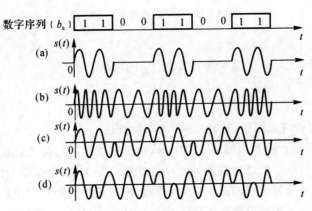

图 3-11　各种二进制调制的波形图
(a) 2ASK;(b) 2FSK;(c) 2PSK;(d) 2DPSK

一、二进制振幅键控

ASK 也称开关键控,记为 OOK(On-Off Keying)。ASK 是利用代表数字信息"0""1"的基带矩形脉冲去键控一个连续的载波,使载波时断时续地输出。

1. 实现方法

实现振幅调制的一般原理方框图如图 3-12 所示。

图 3-12 中,基带信号形成器把数字序列 $\{a_n\}$ 转换成所需的单极性基带矫形脉冲序列

$s(t),s(t)$ 与载波相乘后即把 $s(t)$ 频谱搬移到 $\pm f_c$ 附近,实现了 2ASK。带通滤波器滤出所需的已调信号,防止带外辐射影响邻台。

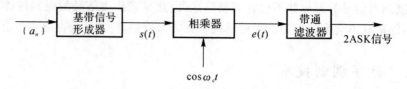

图 3 - 12　数字线性调制方框图

2ASK 信号之所以称为 OOK 信号,是因为振幅键控的实现可以用开关电路来完成。开关电路以数字基带信号为门脉冲来选通载波信号,从而在开关电路输出端得到 2ASK 信号,实现 2ASK 信号的模型框图及波形,如图 3 - 13 所示。

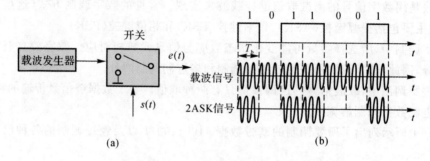

图 3 - 13　2ASK 信号的模型框图

2. 带宽

2ASK 信号的带宽 B_{2ASK} 是基带脉冲带宽 B_g 的两倍:

$$B_g = 1/T_b, \quad B_{2ASK} = 2B_g = 2/T_b, \quad R_b = 1/T_b$$

3. 解调方式

2ASK 信号的解调可采用包络检波法和相干解调法。

包络解调法的原理方框图如图 3 - 14 所示,带通滤波器恰好使 2ASK 信号完整地通过,经包络检测后,输出其包络。低通滤波器的作用是滤除高频杂波,使基带包络信号通过。抽样判决器包括抽样、判决及码元形成,有时又称译码器,定时抽样脉冲是很窄的脉冲,通常位于每个码元的中央位置,其重复周期等于码元的宽度。不计噪声影响时,带通滤波器输出为 2ASK 信号,即 $y(t)=s(t)\cos\omega_c t$,包络检波器输出为 $s(t)$,经抽样、判决后将码元再生,即可恢复数字序列 $\{a_n\}$。

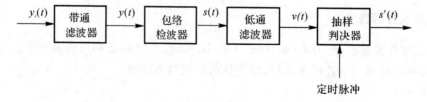

图 3 - 14　2ASK 信号的包络解调

相干解调原理方框图如图 3-15 所示。相干解调就是同步解调,同步解调时,接收机要产生一个与发送载波同频同相的本地载波信号,称其为同步载波或相干载波,利用此载波与收到的已调波相乘,相乘器输出为

$$z(t) = y(t)\cos \omega_c t = s(t)\cos^2 \omega_c t =$$
$$s(t)\frac{1}{2}[1 + \cos 2\omega_c t] = \frac{1}{2}s(t) + \frac{1}{2}s(t)\cos 2\omega_c t$$

式中,第一项是基带信号,第二项是以 $2\omega_c$ 为载波的成分,两者频谱相差很远。经低通滤波后,即可输出 $s(t)/2$ 信号。低通滤波器截止频率取值与基带数字信号的最高频率相等。由于噪声影响及传输特性的不理想,低通滤波器输出波形有失真,经抽样判决、整形后再产生数字基带脉冲。

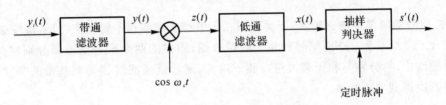

图 3-15　2ASK 信号的相干解调

2ASK 信号的优点是易于实现,但存在抗干扰能力差的缺点,因此一般用于低速数据传输。相同的大信噪比情况下,同步检测时 Pe 低于包络检波,但两者的误码性能相差并不大。然而,包络检波法不需要稳定的本地相干载波信号,故在电路上简单。

将 2ASK 信号包络非相干解调与相干解调相比较,可以得出以下几点:

(1)相干解调比非相干解调容易设置最佳判决门限电平。因为相干解调时最佳判决门限仅是信号幅度的函数,而非相干解调时最佳判决门限是信号和噪声的函数。

(2)最佳判决门限时,在信噪比一定的情况下,相干解调的误码率小于非信号的信噪比。由此可见,相干解调 2ASK 系统的抗噪声性能优于非相干解调系统。这是由于相干解调利用了相干载波与信号的相关性,起了增强信号抑制噪声作用。

(3)相干解调需要插入相干载波,而非相干解调不需要。可见,相干解调,设备要复杂一些,而非相干解调设备要简单一些。一般而言,对 2ASK 系统,大信噪比条件下使用包络检测,即非相干解调,而小信噪比条件下使用相干解调。

二、二进制振幅键控

FSK 用载波的频率来传送数字信息,即用所传送的数字信息控制载波的频率。如图 3-16(b)所示,输入"1"输出载波 f_{c1},输入"0"输出载波 f_{c2}。其输入数据与已调波波形如图 3-16(c)所示。

二进制振幅键控(2FSK)实现方法较为复杂,这里只介绍如图 3-16(b)所示的键控法。

传输 2FSK 信号的所需带宽约为

$$B_{2FSK} = |f_1 - f_2| + 2B_g = (2 + h)B_g = 2(f_D + f_b)$$

其中,$h = |f_1 - f_2|/f_b$,称为频移率(调制指数)。

当码元速率 f_b 一定时,2FSK 信号的带宽比 2ASK 信号的带宽要宽 $2f_D = |f_1 - f_2|$。通

常为方便接收端检测,又使带宽不致过宽,可取 $f_\mathrm{D} = f_\mathrm{b}$,此时

$$B_{\mathrm{DP2FSK}} = 4f_\mathrm{b} = 2B_{\mathrm{2ASK}}$$

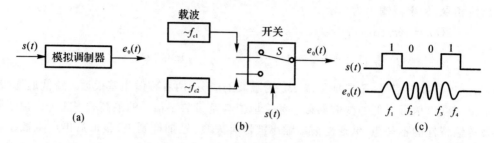

图 3-16　2FSK 信号的产生及波形

2FSK 信号的解调方法比较多,下面介绍相干解调法和非相干解调法(包络检波法)。

如图 3-17 所示为 2FSK 信号的相干解调框图,图中的两个窄带滤波器分别将两个频率的信号单独滤出,再分别与相干载波进行相干运算,通过低通滤波器得到基带的"0""1"信息,两路抽样判决得到判决结果。

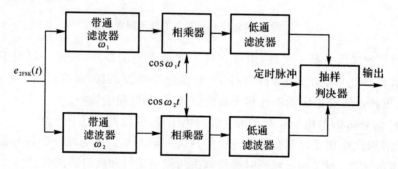

图 3-17　2FSK 信号的相干解调法

如图 3-18 所示为 2FSK 信号的包络解调框图,图中的两个窄带滤波器分别将两个频率的信号单独滤出,滤出的信号相当于两路 ASK 信号,包络检波法相当于对两路 ASK 信号进行单独的包络检波。

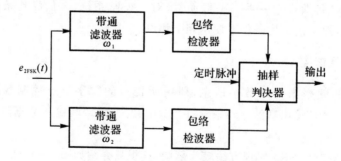

图 3-18　2FSK 信号的包络解调法

与 2ASK 系统相仿,相干解调能提供较好的接收性能,但是要求接收机提供准确的本地载波(同频同相),增加了设备的复杂性。通常,大信噪比时常用包络检波法;小信噪比时才用相干解调法。

2FSK 信号的解调方法还包括鉴频法、差分检测法、过零点检测法等,这里不再赘述,只介绍过零点检测法的基本原理。

过零检测法的基本思想:数字调频波的过零点数随不同载频而异,故检测出过零点数可以得到关于频率的差异。

三、二进制相位键控

PSK 是利用载波振荡相位的变化来传送数字信息的。通常又把它们分为绝对相移(PSK)和相对相移(DPSK)两种。绝对相移是利用载波的相位偏移(指某一码元所对应的已调波与参考载波的初相差)直接表示数据信号的相移方式。如图 3 - 11(c)所示为已调载波与未调载波同相表示数字信号"0",与未调载波反相表示数字信号"1"。如图 3 - 19 所示为 2PSK 调制框图。首先将单极性信号"0""1"变换为双极性信号"+1""-1",该双极性信号与载波直接相乘,则发"+1"时与载波同向,发"-1"时与载波反向。

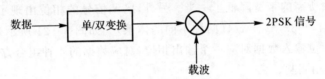

图 3 - 19　2PSK 调制框图

相对相位是指本码元初相与前一码元末相的相位差(即向量偏移)。如图 3 - 11(d)所示为本码元相位与前一码元相位同相表示数据"0",否则表示数据"1"。

绝对移相的主要缺点是容易产生相位模糊,造成反向工作。2PSK 信号是以一个固定初相的未调载波为参考的。因此,解调时,必须有与此同频同相的同步载波。如果同步不完善,存在相位偏差,就容易造成错误判决,称为相位模糊。如果本地参考载波倒相,则判决器输出的数字信号就会全错,与发送数码完全相反,这种情况称为反向工作。而相对相移解调时,即使出现本地参考载波倒相的情况,也因为其前、后码元间的相对信息没有改变而不会出现反相工作的状况。

信号带宽:
$$B_{2PSK,2DPSK} = 2B_b = 2f_b$$

PSK 的解调采取相干解调方法。DPSK 解调可以采取极性比较-码变换法、相位比较法(差分检测法、差分相干法)。

总的来讲,2DPSK 系统的抗噪声性能不及 2PSK 系统。2PSK 系统存在"反向工作"问题,而 2DPSK 系统不存在。在实际应用中,真正作为传输用的数字调相信号几乎都是 DPSK 信号。

四、正交调制技术

下面简要介绍正交相移键控(QPSK)和差分正交相移键控(OQPSK)、最小频移键控(MSK)。

1. 正交相移键控

QPSK 为正交相移键控。这里的 Q 表示正交,即载波是两个频率相同,但相位相差 90° 的信号。QPSK 调制的实现框图如图 3 - 20 所示,是由两路 2PSK 叠加而成的,两路 2PSK 调制的载波相互正交,所以两个 2PSK 支路分别称为同相支路和正交支路。

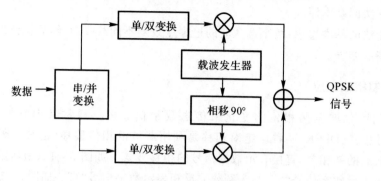

图 3-20 QPSK 调制框图

由于信号进入各支路之前进行了串/并变换,因此数据宽度展宽了一倍,而数据速率减小了一半,即信号传输所需的带宽降低了一半。另外,已调信号的相位出现了 4 种可能:$0,\pi/2$, $\pi,3\pi/2$ 或 $\pi/4,3\pi/4,-3\pi/4,-\pi/4$(两种不同的体系)。如图 3-21 所示列出了 QPSK 调制的星座图,可见每两位输入数据对应一个输出相位,对应数据的 4 种组合方式,共有 4 种相位。因此 QPSK 属于四相调制。

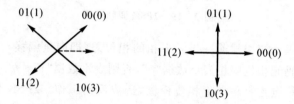

图 3-21 QPSK 调制星座图

由于输入的数据是随机的,因此输出的信号相位也是随机的。这样 QPSK 信号的相位突跳就有 4 种可能:$0,\pi/2,\pi,3\pi/2$。

可见,QPSK 相对于 2PSK 而言,带宽降低了一倍,即调制效率高于 2PSK,在较窄的带宽范围内实现了信号的有效传输。另外,由于相位突跳从 2PSK 的 0 和 π 减小到了 $0,\pi/2,\pi$, $3\pi/2$,因此改善了信道的相位-幅度交调特性,从而得到广泛的应用。在卫星信道中传送数字电视信号时采用的就是 QPSK 调制方式。

2. 差分正交相移键控

前面已经了讨论 QPSK 信号,如果在正交调制时,将正交通路基带信号延时一个信号间隔(T_b),则可减少数据变化的随机性。这种将正交(或同相)支路延时一段时间的调制方法称为差分四相相移键控或偏移四相相移键控,记作 OQPSK,又称参差四相相移键控(SQPSK),如图 3-22 所示。

经过这样的处理,每次输入的两位数据变化的随机性减弱了,如图 3-23 所示。由于有一路信号相对于另一路信号变化慢了一个码元持续时间,每两位输入数据每次只有一位发生变化,对应于图 3-22,对角线两端数据不可能互相转换,也就是说,已调信号的相位相对于 QPSK 消除了 π 的相位突跳,只有 $0,\pm\pi/2$ 的突跳。

因此,OQPSK 除了具有 QPSK 的优点之外,相位突跳进一步得到了改善。

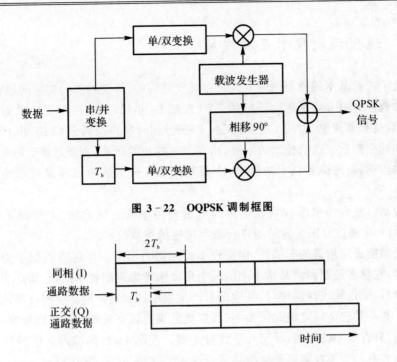

图 3‑22　OQPSK 调制框图

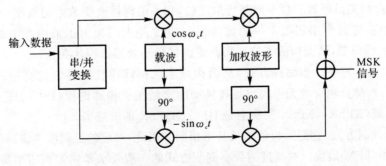

图 3‑23　OQPSK 同相路与正交路数据参差示意图

五、最小频移键控

最小频移键控是一种连续相位的数字调制方式（CPM）。

最小频移键控追求信号相位路径的连续性，是二进制连续相位 FSK（CPFSK）的一种。MSK 又称快速频移键控（FFSK），"快速"二字指的是这种调制方式对于给定的频带，它能比 2PSK 传输更高速的数据；而最小频移键控中的"最小"二字指的是这种调制方式能以最小的调制指数（$h=0.5$）获得正交的调制信号。下面对 MSK 信号做简要分析。

如图 3‑24 所示给出了 MSK 的实现框图。从图中可见，MSK 的实现与 QPSK 和 OQPSK 类似，只是在两个互相正交的支路中添加了加权波形。经过这样处理的调制，可以得到连续的相位变化特性。把相位的变化路径称为相位路径，MSK 的相位路径为线性且相位变化连续，没有突跳。因此其性能优于 QPSK 和 OQPSK。

图 3‑24　MSK 调制框图

3.2.3　现代调制技术及其发展

前面讨论了 3 种基本的数字调制方式。在现代通信中,需要解决的实际问题很多,仅使用这 3 种基本的数字调制方式是远远不够的。20 世纪 60 年代以来,在对流层散射通信和短波通信中,为了对抗衰落现象,出现了时频调制(TFSK)和时频相位调制(TFPSK)等调制方式。随着大容量和远距离数字通信技术的发展,出现了一些新的问题,主要是信道的带限和非线性对传统信号的影响,新的调制技术的研究,主要是围绕充分节省频谱和高效率地利用频带展开的。

多进制调制以及多参量联合调制是提高频谱利用率的有效方法,多进制正交振幅调制(MQAM)就是一个通过有限带宽信道进行数字传输的重要技术。

恒包络调制能适应信道的非线性,保持较小的频谱占用率。恒包络调制是指已调波的包络保持为恒定,它与多进制调制是从不同的两个角度来考虑调制技术的,它所产生的调制信号经过发端限带后,通过非线性部件时,其输出只产生很小的频谱扩展。这种已调波具有两个最主要的特点。其一是包络恒定或起伏很小;其二是已调波具有快速高频滚降特性,或者说已调波除主瓣以外,只有很小的旁瓣,甚至几乎没有旁瓣。实际上,已调波的频谱特性与其相位路径有着紧密的关系。为了控制已调波的频谱特性,必须控制它的相位路径。

20 世纪 50 年代末出现了二相相移键控,之后,为了提高信道频带利用率,又提出四相相移键控。这两种调制方式所产生的已调波在码元转换时刻(点)上都可能产生 180° 的相位跳变,使得频谱高频滚降缓慢,带外辐射大。为了消除相位突跳,20 世纪 60 年代末又在 QPSK 基础上提出了交错正交相移键控。它虽然克服了 180° 相位突跳的问题,但是,在码元转换点上仍可能有 90° 的相位突跳,同样使得频谱中高频成分不能很快地滚降。为了彻底解决相位突跳的问题,人们很自然地会想到,相邻码元之间的相位变化不应该有瞬时突变,而应该在一个码元时间内逐渐累积来完成,从而保持码元转换点上相位连续。其相位累积规律首先出现的是直线型,这就是 70 年代初所提出的最小频移键控。1975 年又提出升余弦型,称之为正弦频移键控(SFSK),相继出现的还有串行 MSK,以及频移交错正交调制(FSOQ),它们都是 MSK 的改进型。

上述几种 MSK 方式,其相位特性仅局限于一个码元内,这就限制了选择不同相位路径的可能性。因此,有必要把相位特性的研究扩展到几个码元进行。1977 年人们提出了受控调频(TFM),它是由相关编码器和频率调制所组成的,相关编码器改变数据的概率分布,从而改变基带信号的频谱,它的作用相当于一个滤波器。1979 年人们提出了采用高斯滤波器来代替 TFM 中的相关编码器,从而构成了调制高斯滤波的最小频移键控(GMSK)。

1979 年出现了另外一些编码方式,从而构成了无码间串扰和抖动的交错正交相移键控(IJF – OQPSK)、部分响应的无码间串扰和抖动的交错正交相移键控(PR – IJF – OQPSK)以及互相关相移键(XPSK),XPSK 实质上是 IJF – OQPSK 的改进型。

上述几种调制方式,它们的相位路径各不相同。因此,对应的已调波频谱高频滚降的速率也不相同,其中 TFM 最快。对改进的数字调制方式的一般要求是频带利用率高;功率利用率高;恒定包络;功率谱集中,频带外功率小。

3.3　多路通信技术

在实际通信中,信道上往往允许多路信号同时传输。解决多路信号的传输问题就是信道复用和复接问题。

3.3.1　信道复用

从理论上讲,只要各路信号分量相互正交,就能实现信道的复用。常用的复用方式有频分复用(FDM)和时分复用(TDM)等。

一、频分复用

频分多路复用是指将多路信号按频率的不同进行复接并传输的方法,多用于模拟通信中。在频分多路复用中,信道的带宽被分成若干个相互不重叠的频段,每路信号占用其中一个频段,因而在接收端可采用适当的带通滤波器将多路信号分开,从而恢复出所需要的原始信号,这个过程就是多路信号复接和分接的过程。

设有 N 路相似的消息信号 $f_1(t)$, $f_2(t)$, $\cdots$, $f_N(t)$,各消息的频谱范围为 W_m。在系统的输入端,首先要将各消息复接,各路输入信号先通过低通滤波器,以消除信号中的高频成分,使之变为带限信号,然后将这一带限信号分别对不同频率的载波进行调制。N 路载波 ω_{c1} , ω_{c2} , $\cdots$, ω_{cN} 称为副载波。若输入信号是模拟信号,则调制方式可以是 DSB - SC,AM,SSB,VSB 或 FM,其中 SSB 方式频带利用率最高。若输入信号是数字信号,则调制方式可以是 ASK,FSK,PSK 等各种数字调制。调制后的带通滤波器将各个已调波频带限制在规定的范围内,系统通过叠加(也就是复接) 把各个带通滤波器的输出合并而形成总信号。

在某些信道中,总信号 $f_S(t)$ 可以直接在信道中传输,这时所需的最小带宽为

$$W_{SSB} = NW_m + (N-1)W_g = W_m + (N-1)W_s$$

在无线信道中,如采用微波频分复用线路,总信号 $f_S(t)$ 还必须经过二次调制,这时所使用的主载波 ω_c 要比副载波 ω_{cN} 高得多。最后,系统把载波为 ω_c 的已调波信号送入信道发送出去。

在接收端,基本处理过程恰好相反。如果总信号是通过特定信道无主载波调制的,则直接经各路带通滤波器 BPF 滤出相应的支路信号,然后通过副载波解调,送低通滤波器得到各路原始消息信号;如果总信号是经过主载波调制而送到信道的,则先要用主解调器把包括各路信号在内的总信号从载波 ω_c 上解调下来,然后就像上述无主载波调制信号一样将总信号送入各路带通滤波器,完成原始信号的恢复。

频分多路复用就是利用各路信号在频率域上互不重叠来区分的,复用路数的多少主要取决于允许的带宽和费用,传输的路数越多,则信号传输的有效性越高。

频分复用的优点是复用路数多,分路方便;多路信号可同时在信道中传输,节省功率,当 N 路语音信号进行复用时,总功率不是单个消息所需功率的 N 倍,而是 $\sqrt{N}$ 倍。频分复用多用于模拟通信系统中,特别是在有线和微波通信系统中应用广泛。

频分复用的缺点是设备庞大、复杂，路间不可避免地会出现干扰，这是系统中非线性因素所引起的。

二、时分复用

时分多路复用通信，是各路信号在同一信道上占有不同时间间隙进行通信的。时分多路复用用于数字通信，例如 PCM 通信。

1. 时分复用基本原理

由抽样理论可知，抽样的一个重要作用，是将时间上连续的信号变成时间上离散的信号。其在信道上占用时间的有限性，就为多路信号沿同一信道传输提供了条件。具体说，就是把时间分成一些均匀的时间间隙，将各路信号的传输时间分配在不同的时间间隙，以达到互相分开、互不干扰的目的。

如图 3-25 所示为时分多路复用示意图。各路信号经低通滤波器将频带限制在 3 400 Hz 以下，然后加到快速电子旋转开关（称分配器），开关不断重复地作匀速旋转，每旋转一周的时间等于一个抽样周期 T，这样就做到对每一路信号每隔周期 T 时间抽样一次。由此可见，发端分配器不仅起到抽样的作用，同时还起到复用合路的作用。合路后的抽样信号送到 PCM 编码器进行量化和编码，然后将数字信码送往信道。在接收端将这些从发送端送来的各路信码依次解码，还原后的 PAM 信号，由接收端分配器旋转开关 K_2 依次接通每一路信号，再经低通平滑，重建成语音信号。由此可见，接收端的分配器起到时分复用的分路作用，所以接收端分配器又叫分路门。

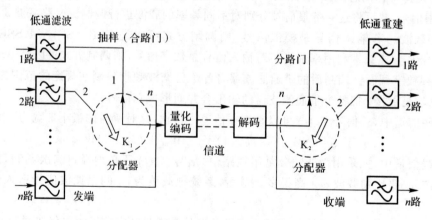

图 3-25　时分多路复用模型

当采用单片集成 PCM 编解码器时，其时分复用方式是先将各路信号分别抽样、编码，再经时分复用分配器合路后送入信道，接收端先分路，然后各路分别解码和重建信号。

要注意的是，为保证正常通信，收、发端旋转开关必须同频同相。同频是指旋转速度要完全相同，同相指的是发端旋转开关连接第一路信号时，收端旋转开关也必须连接第一路，否则接收端将收不到本路信号，为此要求收、发双方必须保持严格的同步。

完成数字通信全过程，除对各个话路进行编、解码外，还必须有定时、同步等措施。在数字系统中，各种信号（包括加入的定时、同步等信号）都是严格按时间关系进行的。在数字通信中把这种严格的时间关系称为帧结构。

现以 PCM30/32 路系统为例,说明时分复用的帧结构,这样形成的 PCM 信号称为 PCM 一次群信号。

2.PCM30/32 路系统的帧结构

在讨论时分多路复用原理时曾指出,时分多路复用是用时隙来分割的,每一路信号分配一个时隙叫路时隙,帧同步码和信令码也各分配一个路时隙。PCM30/32 系统共分为 32 个路时隙,其中 30 个路时隙分别用来传送 30 路语音信号,一个路时隙用来传送帧同步码,另一个路时隙用来传送信令码。如图 3-26 所示是原 CCITT 建议 G.732 规定的帧结构。

从图中可看出,PCM30/32 路系统中一个复帧包含 16 帧,编号为 $F_0,F_1,\cdots,F_{15}$ 帧,一复帧的时间为 2 ms。每一帧(每帧的时间为 125 μs)又包含 32 个路时隙,其编号为 $TS_0,TS_1,TS_2,\cdots,TS_{31}$ 每个路时隙的时间为3.9μs。每一路时隙包含8个位时隙,其编号为$D_1,D_2,D_3,\cdots,D_8$,每个位时隙的时间为 0.488 μs。

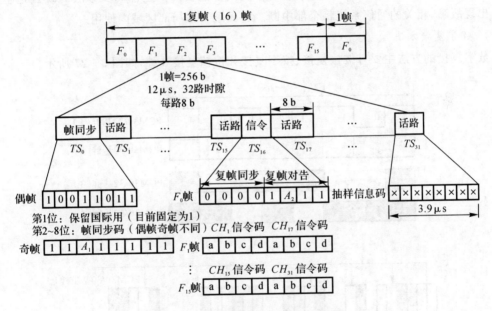

图 3-26　PCM30/32 路系统的帧结构

路时隙 $TS_1 \sim TS_{15}$ 分别传送第 $1\sim5$ 路的信码,路时隙 $TS_{17} \sim TS_{31}$ 分别传送第 $16\sim30$ 路的信码。偶帧时隙传送帧同步码,其码型为{× 0 0 1 1 0 1 1}。奇帧时隙码型为{× 1 A_1 S S S S},其中 A_1 是对端告警码,$A_1=0$ 时表示帧同步,$A_1=1$ 时表示帧失步;S 为备用比特,可用来传送业务码;× 为国际备用比特或传送循环冗余校验码(CRC 码),它可用于监视误码。F_0 帧 TS_{16} 时隙前 4 位码为复帧同步码,其码型为0000,A_2 为复帧失步对端告警码。$F_1 \sim F_5$ 帧的 TS_{16} 时隙用来传送 30 个话路的信令码。F_1 帧 TS_{16} 时隙前 4 位码用来传送第 1 路信号的信令码,后 4 位码用来传送第 17 路信号的信令码,直到 F_{15} 帧 TS_{16} 时隙前、后各 4 位码分别传送第 15 路、第 31 路信号的信令码,这样一个复帧中各个话路分别轮流传送信令码一次。按图 3-26 所示的帧结构,并根据抽样理论,每帧频率应为 8 000 帧/s,帧周期为 125μs,所以 PCM30/32 路系统的总数码率是

$$8\ 000(帧/s)\times32(路时隙/帧)\times8(b/路时隙)=2\ 048\ kb/s=2.048\ Mb/s$$

3.3.2 数字复接技术

数字复接技术就是在多路复用的基础上把若干个小容量低速数字流合并成一个大容量的高速数字流,再通过高速信道传输,传到接收端后再分开,完成这个数字大容量传输的过程,就是数字复接。将多路信号在发送端合并后通过信道进行传输,然后在接收端分开并恢复为原始各路信号的过程称为复接和分接。

数字复接技术包括同步复接(SDH)和异步复接(PDH)。异步复接是各低次群使用各自的时钟。这样,各低次群的时钟速率就不一定相等,因而先要进行码速调整,使各低次群同步后再复接。同步复接是用一个高稳定的主时钟来控制被复接的几个低次群,使这几个低次群的码速统一在主时钟的频率上,这样就达到系统同步的目的。这种同步方法的缺点是主时钟一旦出现故障,相关的通信系统将全部中断。它只限于在局部区域内使用。

1. 数字复接方法

数字复接的方法主要有按位复接、按字复接和按帧复接 3 种,如图 3 - 27 所示。

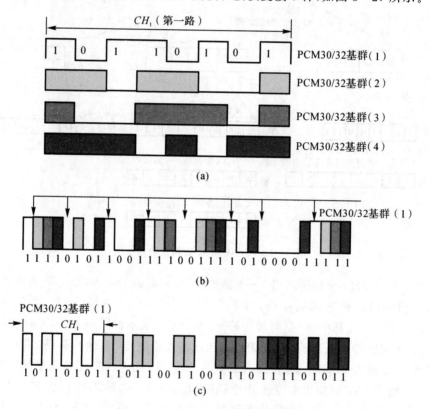

图 3 - 27 按位复接与按字复接示意图

(a) 一次群(基群);(b) 按位复接;(c) 按字复接

按位复接又叫比特复接,即复接时每支路依照被复接支路的顺序,每次只取一个支路的一位码进行复接。如图 3 - 27(a)所示是 4 个 PCM30/32 系统 TS_1 时隙(CH_1 话路)的码字情况。

如图 3 - 27(b)所示是按位复接后的二次群中各支路数字码排列情况。按位复接方法简单易行,设备也简单,存储器容量小,目前被广泛采用,其缺点是对信号交换不利。

按字复接是每次复接一个支路的一个码字。如图 3 - 27(c)所示是按字复接。对 PCM30/32系统来说,一个码字有 8 位码,它是将 8 位码先存储起来,在规定时间 4 个支路轮流复接,这种方法有利于数字电话交换,但要求有较大的存储容量。

按帧复接是每次复接一个支路的一个帧(一帧含有 256 b),这种方法的优点是复接时不破坏原来的帧结构,有利于交换,但要求更大的存储容量。

2. 异步复接

当几个低次群数字信号复接成一个高次群数字信号时,如果各个低次群(例如 PCM30/32 系统)的时钟是各自产生的,即使它们的标称数码率相同,都是 2 048 kb/s,但它们的瞬时数码率也可能是不同的。因为各个支路的晶体振荡器的振荡频率不可能完全相同(原 CCITT 规定 PCM30/32 系统的瞬时数码率在 2 048 kb/s±100 kb/s 之间),几个低次群复接后的数码就会产生重叠或错位,如图 3-28 所示。这样复接后合成的数字信号流,在接收端是无法分接恢复成原来的低次群信号的。因此,数码率不同的低次群信号是不能直接复接的。为此,在复接前要使各低次群的数码率同步,同时使复接后的数码率符合高次群帧结构的要求。由此可见,将几个低次群复接成高次群时,必须采取适当的措施,以调整各低次群系统的数码率使其同步,称为码速调整。

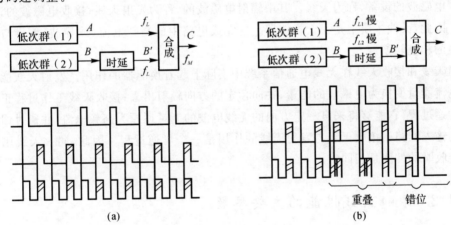

图 3 - 28 不同支路数码复接

(a) 数码率相同的支路复接;(b) 数码率不同的支路复接造成重叠与错位

原 CCITTT 规定以 2 048 kb/s 为一次群的,PCM 二次群的数码率为 8 448 kb/s。按理说,PCM 二次群的数码率是 4×2 048 kb/s=8 192 kb/s。但考虑到 4 个 PCM 一次群在复接时插入了帧同步码、告警码、插入码和插入标志码等码元,这些码元的插入,使每个群的数码率由 2 048 kb/s 调整到 2 112 kb/s,这样 4×2 112 kb/s = 8 448 kb/s。码速调整后的速率高于调整前的速率,称正码速调整。

每一个参与复接的数码流都必须经过一个码速调整装置,将瞬时数码率不同的数码流调整到相同的、较高的数码率,然后再进行复接。

3.4 天 线 技 术

战术数据链通信系统的传输媒质是无线空间,因此,发射系统的电信号最终要被转换成电磁波辐射出去,载有信息的电磁波经空中传播后,到达接收点,接收系统还必须能够将电磁波转换成电信号,通过对电信号的处理得到有用的信息,完成通信任务。天线在战术数据链通信系统中正是承担着电信号转换电磁波、电磁波转换成电信号的任务。天线的一个重要的特性,就是它辐射或接收能量是具有一定的方向性的,根据不同的战术任务,战术数据链通信系统的天线一般都同时配备定向天线和全向天线两种。

3.4.1 天线的作用

当今已进入信息社会,随时随地、快速方便地进行信息交换,已成为社会生活的一大需求。利用无线方式即空间电磁波传送信息(语音、图像、数据等),已为人们广泛接受。而要进行这种传送,发送方必须有一个把包含传送信息的高频信号变换为空间电磁波辐射出去的设备,接收方则要有一个接收空间电磁波并把它变换成电路中的高频电信号的设备。这种能有效地辐射或接收电磁波的设备,称为天线。其中辐射电磁波的,称为发射天线;接收电磁波的,称为接收天线。因此,天线本质上是一个换能器。它完成电路中的高频电流(或导波)能量与空间电磁波能量的相互转换。

发射天线和接收天线在无线电通信系统中实际上起着换能器的作用。发射天线能够将高频已调电流能量变换为电磁波的能量,并向预定的方向辐射出去;接收天线工作过程正好是发射天线的逆过程,它能够将来自一定方向的无线电波的能量还原为高频电流,并通过馈线送入接收机的输入回路。接收天线与发射天线的作用是一个可逆过程。因此,同一天线用作发射和用作接收时的性能是相同的。

3.4.2 表征天线性能的主要参数

表征天线性能的主要参数有方向图、增益、输入阻抗、驻波比、极化方式等。

1. 天线的输入阻抗

天线的输入阻抗是天线馈电端输入电压与输入电流的比值。天线与馈线的连接,最佳情形是天线输入阻抗是纯电阻且等于馈线的特性阻抗,这时馈线终端没有功率反射,馈线上没有驻波,天线的输入阻抗随频率的变化比较平缓。天线的匹配工作就是消除天线输入阻抗中的电抗分量,使电阻分量尽可能地接近馈线的特性阻抗。匹配的优劣一般用 4 个参数来衡量,即反射系数、行波系数、驻波比和回波损耗,4 个参数之间有固定的数值关系,使用哪一个纯出于习惯。在日常维护中,用得较多的是驻波比和回波损耗。一般移动通信天线的输入阻抗为 50Ω。

驻波比:它是行波系数的倒数,其值在 1 到无穷大之间。驻波比为 1,表示完全匹配;驻波比为无穷大表示全反射,完全失配。在移动通信系统中,一般要求驻波比小于 1.5,但实际应用中,VSWR 应小于 1.2。过大的驻波比会减小基站的覆盖并造成系统内干扰加大,影响基站的服务性能。其表达式为

$$VSWR = \frac{\sqrt{发射功率} + \sqrt{反射功率}}{\sqrt{发射功率} - \sqrt{反射功率}}$$

回波损耗:它是反射系数绝对值的倒数,以分贝值表示。回波损耗的值在 0dB 到无穷大之间,回波损耗越大表示匹配越差,回波损耗越小表示匹配越好。0 表示全反射,无穷大表示完全匹配。在移动通信系统中,一般要求回波损耗大于 14dB。

2. 天线的极化方式

所谓天线的极化,就是指天线辐射时形成的电场强度方向。当电场强度方向垂直于地面时,此电波就称为垂直极化波;当电场强度方向平行于地面时,此电波就称为水平极化波。由于电波的特性,决定了水平极化传播的信号在贴近地面时会在大地表面产生极化电流,极化电流因受大地阻抗影响产生热能而使电场信号迅速衰减,而垂直极化方式则不易产生极化电流,从而避免了能量的大幅衰减,保证了信号的有效传播。

因此,在移动通信系统中,一般均采用垂直极化的传播方式。另外,随着新技术的发展,最近又出现了一种双极化天线。就其设计思路而言,一般分为垂直与水平极化和 ±45° 极化两种方式,性能上一般后者优于前者,因此目前大部分采用的是 ±45° 极化方式。双极化天线组合了 +45° 和 -45° 两副极化方向相互正交的天线,并同时工作在收/发双工模式下,大大节省了每个小区的天线数量;同时由于 ±45° 为正交极化,有效保证了分集接收的良好效果(其极化分集增益约为 5dB,比单极化天线提高约 2dB)。

3. 天线的增益

天线增益是用来衡量天线朝一个特定方向收/发信号的能力,它是选择基站天线最重要的参数之一。

一般来说,增益的提高主要依靠减小垂直面向辐射的波瓣宽度,而在水平面上保持全向的辐射性能。天线增益对移动通信系统的运行质量极为重要,因为它决定蜂窝边缘的信号电平。增加增益就可以在一确定方向上增大网络的覆盖范围,或者在确定范围内增大增益余量。任何蜂窝系统都是一个双向过程,增加天线的增益能同时减少双向系统增益预算余量。另外,表征天线增益的参数有 dBd 和 dBi。dBi 是相对于点源天线的增益,在各方向的辐射是均匀的;dBd 相对于对称阵子天线的增益 dBi = dBd + 2.15。在相同的条件下,增益越高,电波传播的距离越远。一般地,GSM 定向基站的天线增益为 18dBi,全向的为 11dBi。

4. 天线的波瓣宽度

波瓣宽度是定向天线常用的一个很重要的参数,它是指天线的辐射图中低于峰值 3dB 处所成夹角的宽度(天线的辐射图是度量天线各个方向收/发信号能力的一个指标,通常以图形方式表示为功率强度与夹角的关系)。

天线垂直的波瓣宽度一般与该天线所对应方向上的覆盖半径有关。因此,在一定范围内通过对天线垂直度(俯仰角)的调节,可以达到改善小区覆盖质量的目的,这也是在网络优化中经常采用的一种手段。其主要涉及两个方面:水平波瓣宽度和垂直平面波瓣宽度。

水平平面的半功率角(H - Plane Half Power Beam Width)(45°,60°,90°等):定义了天线水平平面的波束宽度。角度越大,在扇区交界处的覆盖越好,但当提高天线倾角时,也越容易发生波束畸变,形成越区覆盖。角度越小,在扇区交界处覆盖越差。提高天线倾角可以在移动程度上改善扇区交界处的覆盖,而且相对而言,不容易产生对其他小区的越区覆盖。在市中心基站,由于站距小,天线倾角大,应当采用水平平面的半功率角小的天线,郊区选用水平平面的半功率角大的天线。

垂直平面的半功率角(V - Plane Half Power Beam Width)(48°,33°,15°,8°):定义了天线垂直平面的波束宽度。垂直平面的半功率角越小,偏离主波束方向时,信号衰减越快,越容易通过调整天线倾角准确控制覆盖范围。

5. 前后比(Front - Back Ratio)

前后比表明了天线对后瓣抑制的好坏。选用前后比低的天线,天线的后瓣有可能产生越区覆盖,导致切换关系混乱,产生掉话。一般在 25～30dB 之间,应优先选用前后比为 30 的天线。

3.4.3 天线的分类

天线实际上就是通以交变电流的导体,但并不是任意结构的通电导体都可以有效地辐射电磁波。如果把天线在相同距离不同方向辐射的强度用从原点出发的矢量长短来表示,则连接全部矢量端点所形成的包围面,就是天线的方向图。它显示天线在相等距离下,不同方向辐射场强的相对大小。这种方向图是一个三维的立体图形。

天线要有效地向外辐射电磁波,除了具有开放式的结构外,它的电信号的频率还必须具备变化快速的特性。因为变化快而强的电场产生变化快而强的交变磁场;同样变化快而强的磁场产生变化快而强的交变电场。因此在无线电通信中为了有效地把电磁波辐射出去,其工作频率通常要在 10kHz 以上。如 Link11 的通信频段为 2～30MHz 和 225～400MHz。Link16 的频段是 960～1 215MHz。频率越高,天线辐射的效率就越高。

1. 全向天线

全向天线,即在水平方向图上表现为 360°都均匀辐射,也就是平常所说的无方向性,在垂直方向图上表现为有一定宽度的波束,一般情况下,波瓣宽度越小,增益越大。全向天线在移动通信系统中一般应用于郊县大区制的站型,覆盖范围大。

2. 定向天线

定向天线,在水平方向图上表现为一定角度范围辐射,也就是平常所说的有方向性,在垂直方向图上表现为有一定宽度的波束,同全向天线一样,波瓣宽度越小,增益越大。定向天线在移动通信系统中一般应用于城区小区制的站型,覆盖范围小,用户密度大,频率利用率高。

根据组网的要求建立不同类型的基站,而不同类型的基站可根据需要选择不同类型的天线。选择的依据就是上述技术参数。比如全向站就是采用了各个水平方向增益基本相同的全向型天线,而定向站就是采用了水平方向增益有明显变化的定向型天线。一般在市区选择水

平波束宽度 B 为 65°的天线,在郊区可选择水平波束宽度 B 为 65°,90°或 120°的天线(按照站型配置和当地地理环境而定),而在乡村选择能够实现大范围覆盖的全向天线,则是最为经济的。

3. 机械天线

所谓机械天线,即指使用机械调整下倾角度的移动天线。

机械天线与地面垂直安装好以后,如果因网络优化的要求,需要调整天线背面支架的位置改变天线的倾角来实现。在调整过程中,虽然天线主瓣方向的覆盖距离明显变化,但天线垂直分量和水平分量的幅值不变,所以天线方向图容易变形。

实践证明:机械天线的最佳下倾角度为 1°～5°;当下倾角度在 5°～10°变化时,其天线方向图稍有变形但变化不大;当下倾角度在 10°～15°变化时,其天线方向图变化较大;机械天线下倾 15°后,天线方向图形状改变很大,从没有下倾时的鸭梨形变为纺锤形,这时虽然主瓣方向覆盖距离明显缩短,但是整个天线方向图不是都在本基站扇区内,在相邻基站扇区内也会收到该基站的信号,从而造成严重的系统内干扰。

另外,在日常维护中,如果要调整机械天线下倾角度,整个系统要关机,不能在调整天线倾角的同时进行监测;机械天线调整天线下倾角度非常麻烦,一般需要维护人员爬到天线安放处进行调整;机械天线的下倾角度是通过计算机模拟分析软件计算的理论值,同实际最佳下倾角度有一定的偏差;机械天线调整倾角的步进度数为 1°,三阶互调指标为 -120dBc。

4. 电调天线

所谓电调天线,即指使用电子调整下倾角度的移动天线。

电子下倾的原理是通过改变共线阵天线振子的相位,改变垂直分量和水平分量的幅值大小,改变合成分量场强强度,从而使天线的垂直方向图下倾。由于天线各方向的场强强度同时增大和减小,保证在改变倾角后天线方向图变化不大,使主瓣方向覆盖距离缩短,同时又使整个方向图在服务小区扇区内减小覆盖面积但又不产生干扰。实践证明,电调天线下倾角度在 1°～5°变化时,其天线方向图与机械天线的大致相同;当下倾角度在 5°～10°变化时,其天线方向图较机械天线的稍有改善;当下倾角度在 10°～15°变化时,其天线方向图较机械天线的变化较大;机械天线下倾 15°后,其天线方向图较机械天线的明显不同,这时天线方向图形状改变不大,主瓣方向覆盖距离明显缩短,整个天线方向图都在本基站扇区内,增加下倾角度,可以使扇区覆盖面积缩小,但不产生干扰,这样的方向图是我们需要的,因此采用电调天线能够降低呼损,减小干扰。

另外,电调天线允许系统在不停机的情况下对垂直方向图下倾角进行调整,实时监测调整的效果,调整倾角的步进精度也较高(为 0.1°),因此可以对网络实现精细调整;电调天线的三阶互调指标为 -150dBc,较机械天线相差 30dBc,有利于消除邻频干扰和杂散干扰。

5. 双极化天线

双极化天线是一种新型天线技术,组合了 +45°和 -45°两副极化方向相互正交的天线并同时工作在收/发双工模式下,因此其最突出的优点是节省单个定向基站的天线数量;一般 GSM 数字移动通信网的定向基站(三扇区)要使用 9 根天线,每个扇形使用 3 根天线(空间分集,一发两收),如果使用双极化天线,每个扇形只需要 1 根天线;同时由于在双极化天线中,±45°的极化正交性可以保证+45°和-45°两副天线之间的隔离度满足互调对天线间隔离度的要求(≥30dB),因此双极化天线之间的空间间隔仅需 20~30cm;另外,双极化天线具有电调天线的优点,在移动通信网中使用双极化天线同电调天线一样,可以降低呼损,减小干扰,提高全网的服务质量。如果使用双极化天线,由于双极化天线对架设安装要求不高,不需要征地建塔,只需要架一根直径 20cm 的铁柱,将双极化天线按相应覆盖方向固定在铁柱上即可,从而节省基建投资,同时使基站布局更加合理,基站站址的选定更加容易。

3.5 数据链波形通信原理及工作流程

根据波形的定义,数据链属于一种比较复杂的波形,如美军的 Link16 波形、Link11 波形、Link4A 波形等。下面以美军的 Link16 波形为例,来说明数据链波形的工作流程。

Link16 工作于 969~1 206 MHz 频率范围,采用 TDMA 信道访问协议。Link16 把每 24 h 分割为 112.5 个信号周期。每个信号周期持续时间为 12.8 min。一个信号周期可进一步分为 98 304 个时隙,每个时隙持续时间为 7.812 5 ms。时隙是 Link16 通信网络中最基本的通信时间单位。将这些单位分配给每个通信终端以实现特定的功能。在每个时隙内,通信终端既可被设定为发送状态,也可被设定为接收状态。

在一个信号周期中,时隙被依次编入 3 个时隙组,即 A 组、B 组和 C 组。每组共包含 32 768 个时隙,编号从 0~32767。通常,一个信号周期的时隙按交替方式进行编号。

每个时隙都传输一定格式的报文。报文格式既可以是规范的固定格式(如符合 TADIL J 规范),也可以是用户定义的格式。用这些固定或自定义格式的报文,数据链波形提供数字数据、数字语音等业务的传输,并组成一个由多个节点参与的联合信息分发网络。为了实现同步传输,网络要求具有严格同步的网络时间,为此必须进行往返计时的询问和应答。

在每个时隙内,多个带有信息加密的射频脉冲被发射出去,多台设备可以在同一时隙内进行发射。Link16 采用循环码频移键控(CCSK)方式进行码元编码,并采用连续相移调制(CPSM)方式进行载波调制。

CCSK 用 32b 序列来表示 5b 的码元。这 32b 序列是通过对一个初始序列进行移位来获得的。由于 5b 码元可取值为 0~31,因此有 32 种唯一的等效码序列。这些序列与 32b 伪随机序列码进行异或运算,最后得出传输码元。

射频信号通过 5MHz 的载波频率进行 CPSM 调制,传输 1b 需花费 200 ns 的时间。这样,传输 32b 的码元共需 6.4 μs。每个射频脉冲的时间周期为 13 μs 或 26 μs,其中可以包含一个或两个 6.4 μs 的调制信号,其余时间保持静默。射频信号采用跳频方式传送,每个射频脉冲都在 51 个频率上进行跳变,频率间隔为 3 MHz。可见,跳频速率高达 33 000 跳/s,最高可达 79 600 跳/s。

数据链波形的收发工作流程如图 3-29 所示。

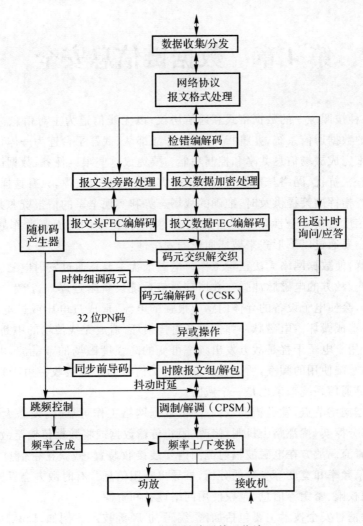

图 3－29　数据链波形的工作流

习　　题

1. 典型数据链的信息传输频段有哪些？
2. 短波、超短波、微波和卫星信道作为数据链信息传输信道各有什么特点？
3. 简述模拟调制的主要方式和原理。
4. 简述数字调制的主要方式和原理。
5. 数据链信道复用有哪几种关键技术？
6. 简述数据链数字复接的工作原理。
7. 数据链系统对天线有什么特殊要求？

第4章　数据链信息安全

数据链是一种按照统一的数据格式和通信协议,以无线信道为主对信息进行实时、准确、自动、保密传输的数据通信系统,并将指挥机构、作战部队、武器平台连为一体,通过信息处理、交换、分发系统来完成战场信息共享和控制功能。要完成这些艰巨任务,数据链必须在数据通信、数据编码、加密、抗扰、网络与数据管理等诸多方面获得技术支撑,只有这样,才能为指挥员迅速、正确地进行指挥决策提供及时、准确的战场态势和实现全军的情报资源共享。在现代战争中,数据链通信质量及安全性除了受自然信道的影响,更多的是面临着作战对手的故意干扰、破坏。敌方主要通过以下形式来破坏通信的安全性:

(1)电磁干扰,使数据网络无法正常工作。电磁干扰主要是通过发射电磁脉冲弹和电子干扰来进行破坏的。敌方的电磁脉冲弹在数据链通信系统设备附近爆炸,产生一个磁场强度非常高的突变磁场,会使电子设备的导体内感应很强的电流,形成过电压或过电流,从而对电气绝缘或电子设备造成毁坏。电磁脉冲弹使设备直接损坏,造成无线传输的中断,数据链通信系统将无法发挥作用。电子干扰是敌方发出频率可变的高强度磁场的紊乱波,由于它的带宽覆盖了数据链通信系统使用的频率,所以会严重地干扰信号的正常接收。由于它持续不停地干扰,所以对数据链通信系统来说也是一个威胁。

(2)侵入数据网络节点,发送错误数据,降低数据网络工作可靠性;发送大量垃圾信息,使数据网络系统部分瘫痪;扰乱路由机制,修改、阻止传输数据或将数据传输至敌方。

(3)截收和冒充。敌方在电磁波辐射范围内安装接收装置,截获秘密信息,或通过对信息流量和流向、通信频率和宽度等参数的分析,推导出有用信息。有时敌方会冒充网络控制程序套取或修改使用权限、密钥等信息,越权使用网络设备和资源。

数据链中的信息安全技术主要包括加密、编码、扩频等技术。例如,Link16 终端使用了两种扩频技术:直接序列扩频和跳频。其中,Link16 终端的脉冲信号都能在 77 000 跳/s 的速率上跳频传送数据,Link16 通信网络使用预定义好的跳频图案、跳频图案是一个用于传输加密(TRANSEC)的伪随机序列,由终端的密钥发生器产生。敌方无线电频率侦测系统无法捕获到准确通信频率来进行电子干扰和截获,即使敌方使用了最先进的电子对抗(ECM)设备也最多只能定位而无法截获网络中任何一个终端的电子信号。

数据链信息安全中常用的加密技术、编码技术、扩频技术等,下面分别进行介绍。

4.1　加　密　技　术

无论战时还是和平时期,信息战中数据信息的保密性都涉及整个国家的安全。数据链通信中大量的数据需要收集、处理、传输,用于通过指挥系统合理准确打击更广阔范围的目标,以取得军事优势。由于数据链的通信主要在无线网络内,因此任意节点都能接收或发出特定的信号,会暴露出更多的、易受攻击的"脆弱点",信息可能被篡改、截取、植入病毒、被敌方冒充等,威胁十分严重。

因此,保护数据的完整性和保密性是数据链通信中极为重要的一环。没有数据的保密传输,就没有数据链成功应用的可能。数据链路通信系统必须在保证己方信息数据安全的同时,还应具有能够发射欺骗性数据信息以扰乱敌方信息数据链路工作,阻击、拦截敌方破坏性信息入侵的功能。

4.1.1　密码学的理论基础

密码学是研究编制密码和破译密码的技术科学。研究密码变化的客观规律,应用于编制密码以保守通信秘密的,称为编码学,应用于破译密码以获取通信情报的,称为破译学,总称密码学。

密码是通信双方按约定的法则进行信息特殊变换的一种重要保密手段。依照这些法则,变明文为密文,称为加密变换;变密文为明文,称为脱密变换。密码在早期仅对文字或数码进行加、脱密变换,随着通信技术的发展,对语音、图像、数据等都可实施加、脱密变换。

密码学是在编码与破译的斗争实践中逐步发展起来的,并随着先进科学技术的应用,已成为一门综合性的尖端技术科学。它与语言学、数学、电子学、声学、信息论、计算机科学等有着广泛而密切的联系。

1. 密码体制

进行明密变换的法则,称为密码的体制。指示这种变换的参数,称为密钥。它们是密码编制的重要组成部分。

密码体制的基本类型可以分为 4 种:

错乱——按照规定的图形和线路,改变明文字母或数码等的位置成为密文;

代替——用一个或多个代替表将明文字母或数码等代替为密文;

密本——用预先编定的字母或数字密码组,代替一定的词组、单词等,变明文为密文;

加乱——用有限元素组成的一串序列作为乱数,按规定的算法,同明文序列相结合变成密文。以上 4 种密码体制,既可单独使用,也可混合使用,以编制出各种复杂度很高的实用密码。

现代信息加密主要使用的是加乱的方法。下面简单介绍对称密码体制和非对称密码体制。

2. 对称密码体制

对称密码体制是一种传统密码体制,也称为私钥密码体制。在对称加密系统中,加密和解密采用相同的密钥。因为加、解密密钥相同,需要通信的双方必须选择和保存它们共同的密钥,各方必须信任对方不会将密钥泄密出去,这样就可以实现数据的机密性和完整性。对于具有 n 个用户的网络,需要 $n(n-1)/2$ 个密钥,在用户群不是很大的情况下,对称加密系统是有效的。但是对于大型网络,当用户群很大、分布很广时,密钥的分配和保存就成了问题。

比较典型的算法有数据加密标准(Data Encryption Standard,DES)算法及其变形三重 DES(Triple DES)和广义 DES(GDES)、欧洲的 IDEA、日本的 FEALN、RC5 等。DES 标准由美国国家标准局提出,主要应用于银行业的电子资金转账(EFT)领域。DES 的密钥长度为 56b。Triple DES 使用两个独立的 56b 密钥对交换的信息进行 3 次加密,从而使其有效长度达到 112b。RC2 和 RC4 方法是 RSA 数据安全公司的对称加密专利算法,它们采用可变密钥长度的算法,通过规定不同的密钥长度,RC2 和 RC4 能够提高或降低安全的程度。对称密码算法的优点是计算开销小、加密速度快,是目前用于信息加密的主要算法。它的局限性在于它存在着通信双方之间确保密钥安全交换的问题。另外,由于对称加密系统仅能用于对数据进行加、解密处理,提供数据的机密性,不能用于数字签名。因而人们迫切需要寻找新的密码体制。

根据密码算法对明文信息的加密方式,可分为分组密码体制和序列密码体制。如果经过加密所得到的密文仅与给定的密码算法和密钥有关,与被处理的明文数据段在整个明文(或密文)中所处的位置无关,就叫做分组密码体制;如果密文不仅与最初给定的密码算法和密钥有关,同时也是被处理的数据段在明文(或密文)中所处的位置的函数,就叫做序列密码体制。这两种体制之间还有许多中间类型。

3. 非对称密码体制

为了保证密码算法的抗破译能力,密码设计者都假定他设计的密码算法是众所周知的,而全部保密性仅寓于密钥之中,这就是传统密码体制或者单钥密码体制的一种设计思想。在这种体制中,发方和收方必须使用相同的密钥,而且这种密钥必须保密。

非对称密码体制也叫公钥加密技术,该技术就是针对私钥密码体制的缺陷被提出来的。在公开密钥密码体制中,即使公布了加密算法、加密密钥及解密算法,要导出它的解密密钥是不可能的,或者至少在计算上是不可行的。有了公开密钥密码体制,就可以为每个用户分配一个加密密钥,这个加密密钥是可以公开的。

在公钥加密系统中,加密和解密是相对独立的,加密和解密会使用两把不同的密钥,加密密钥(公开密钥)向公众公开,谁都可以使用,解密密钥(秘密密钥)只有解密人自己知道,非法使用者根据公开的加密密钥无法推算出解密密钥,故其可称为公钥密码体制。如果一个人选择并公布了他的公钥,另外任何人都可以用这一公钥来加密传送给那个人的消息。私钥是秘密保存的,只有私钥的所有者才能利用私钥对密文进行解密。公钥密码体制的算法中最著名的代表是 RSA 系统,此外还有背包密码、McEliece 密码、Diffe_Hellman、Rabin、零知识证明、椭圆曲线、EIGamal 算法等。公钥密钥的密钥管理比较简单,并且可以方便地实现数字签名和验证,但算法复杂,加密数据的速率较低。公钥加密系统不存在对称加密系统中密钥的分配和保存问题,对于具有 n 个用户的网络,仅需要 $2n$ 个密钥。公钥加密系统除了用于数据加密外,还可用于数字签名。

公钥加密系统可提供以下功能,能够满足信息安全的所有主要目标。

(1)机密性(confidentiality):保证非授权人员不能非法获取信息,通过数据加密来实现。

(2)确认(authentication):保证对方属于所声称的实体,通过数字签名来实现。

(3)数据完整性(data integrity):保证信息内容不被篡改,入侵者不可能用假消息代替合法消息,通过数字签名来实现。

(4)不可抵赖性(nonrepudiation):发送者不可能事后否认他发送过消息,消息的接收者可以向中立的第三方证实所指的发送者确实发出了消息,通过数字签名来实现。

4.1.2　加密方法

加密技术是一种主动的信息安全防范措施,其原理是利用一定的加密算法,将明文转换成为无意义的密文,阻止非法用户获取和理解原始数据,从而确保数据的保密性。明文变成密文的过程称为加密,由密文还原成明文的过程称为解密,加、解密过程中使用的加、解密可变参数叫做密钥。

Link11 采用的是序列密码体制,序列密码体制是对称密码体制的一种。在对称加密系统中,加密和解密采用相同的密钥。因为加、解密密钥相同,需要通信的双方必须选择和保存他们共用的密钥,各方必须信任对方不会将密钥泄密出去,这样就可以实现数据的机密性和完整性。对于具有 n 个用户的网络,需要 $n(n-1)/2$ 个密钥。对于像 Link11 这样的用户群不是很大的情况下,对称加密系统是有效的。

序列密码体制是以明文的比特为单位,用某一伪随机序列作为加密密钥,与明文进行模 2 加运算,获得相应的密文序列。信息接收者在收到密文序列后,用同一伪随机序列作为解密密钥,与密文序列再进行模 2 加运算,得到的便是原来的明文信息。

例如:

某报文明文编码为 1010 0011

加密密钥的相应比特为 0100 1101

模 2 加运算得到相应密文为 1110 1110

解密密钥与加密密钥相同,为 0100 1101

再进行模 2 加,便得到原始明文为 1010 0011

伪随机序列作为密钥序列,其破译性完全在于密钥的随机性及序列周期是否足够长。

序列密码体制的优点是计算开销小,加密速度快;另外,它的每一位数据的加密都与其他的码元无关,如果某一码元发生错误,不致影响其他码元。

4.1.3　密钥的管理

密钥管理是数据加密技术中的重要一环,密钥管理的目的是确保密钥的安全性,密码强度在一定程度上也依赖于密钥的管理。密钥管理是指对所用密钥生命周期的全过程(产生、存储、分配、使用、废除、归档、销毁)实施的安全保密管理。

1. 密钥的产生

密钥的产生必须在安全的受物理保护的地方进行。生成的密钥不仅要难以被窃取而且即使在一定条件下被窃取了也没有用,因为密钥有使用范围和时间的限制。

JTIDS 的信息加密和跳、扩频控制加密都是针对时隙进行实施的,所采用的密钥都是与系统时间具有紧密链接的。同一天内的各个时隙段上,时元、时帧和时隙号参数互不相同,所输出的密码流也是完全不同的。这就使得密钥具有一定的时效性。

2. 密钥的注入

密钥的注入应在一个封闭的环境由可靠人员用密钥注入设备注入。在注入过程中不许存在任何残留信息,并且具有自毁的功能,即一旦窃取者试图读出注入的密钥,密钥能自行销毁。

3. 密钥的分级

密钥的分级就是将密钥分为高低多级,每级均有相应的算法,由高级密钥产生并保护低一级密钥。最上级的密钥称为主密钥,是整个密钥管理系统的核心,其他各级密钥动态产生并经常更换。多级密钥体制大大加强了密码系统的可靠性,因为用得最多的工作密钥常常更换,而高层密钥用的较少,使得破译者的难度增大。

4. 密钥的分配

密钥的分配是指产生并使网络成员获得一个密钥的过程。JTIDS 的主密钥由人工方式分配,加密数据的密钥用自动方式在无线网络上进行分配。密钥的无线分发需要根据通信保密程序,网管管理器负责管理、协调和分发其网络内每个用户的唯一密钥。保密机使用唯一密钥解密和处理更换密钥管理及更换密钥消息。

5. 密钥的保存

对密钥存储的保护,除了加密存储外,通常还采取一些必要的措施:密钥的操作口令由密码人员掌握;加密设备有物理保护措施;采用软件加密形式,有软件保护措施;对于非法使用加密设备有审计手段;对当前使用的密钥有密钥的合法性验证措施,以防止篡改。

4.1.4　通信网络加密

通信网络加密是指对通信过程中传输的数据加密,实现网络数据的安全性。

1. 通信网络加密方式

通信网络加密方式主要有节点加密、链路加密和端对端加密方式。节点加密是相邻节点之间对传输的数据进行加密。节点加密的原理是,在数据传输的整个过程中,传输链路上任意两个相邻的节点,一个是信源,一个是信宿。除传输链路上的头节点外,每个相对信源节点都先对接收到的密文进行解密,把密文转变成明文,然后用本节点设置的密钥对明文进行加密,并发出密文,相对信宿节点接到密文后重复信源的工作,直到数据达到目的终端节点。在节点加密方式中,如果传输链路上存在 n 个节点,包括信息发出源节点和终止节点,则传输路径上最多存在$(n-1)$ 种不同的密钥。链路加密是在通信链路上对传输的数据进行加密,这种加密方法,主要是通过硬件来实现的。其加密原理是明文每次从某一个发送节点发出,经过通信站时,利用通信站进行加密形成密文,然后再进入通信链路进行传输;当密文经线路传输到达某一个相邻中继节点或目的节点时,先经过通信站对密文进行解密,然后节点接收明文。端对端加密方式是在报文传输初始节点上实现的,在数据传输整个过程中,报文都是以密文方式传输,直到报文到达目的节点时才进行解密。一般在多数场合中使用端对端加密方式较经济和实用。而在需防止信息流量分析的场合,可考虑采用链路加密和端对端加密相结合的方式。在这种综合加密方式中,可用链路加密方式对报文的报头进行加密,而用端对端加密方式对传输的正文进行加密。

线路加密方式只对有、无线传输信道进行加密保护,线路加密对通信线路的信息进行整体加密,线路加密既可提供信息保密,又可提供信息流量保密和信息流向保密。线路加密的缺点是信息在终端或交换设备之前是明的。端对端加密方式只对用户信息加密。在网络传输中,报文信息都以密文的形式存在,不足之处是在通信网中路由控制信息始终是明的。因此,通常采用线路加密与端对端加密相结合的二重保密。

2. 安全保密协议

安全保密协议包括用户鉴别协议、密钥分配管理协议、加密解密协议、密码同步协议等。

3. 安全管理

安全管理是通信安全保密网络化的要素之一,也是充分发挥安全保密设备效能的重要手段。安全管理主要对全网的安全保密设备进行状态配置管理、故障管理、注册登录、实体鉴别、审计追踪等工作。

4. 数据链信息网络加密技术

数据链信息加密技术主要包括外部加密、嵌入式加密、传输和线路加密技术。例如，Link16 终端系统使用了美国国家安全局认可的通信加密、传输加密集成电路 DS101 混合加密模块，能存储 64 个独立密钥，允许为多重网络预载入数天的密钥，并支持通过无线电进行密钥初始化和更换密钥。

4.1.5　加密技术在数据链中的应用

下面以美军的 JTIDS 为例，简要介绍一下其加密体制。

JTIDS 系统的加密物理部件是数据保密单元，数据保密单元由密钥管理、存储、销毁等部分组成。它的作用是保证战术数据不被敌方截获，并且防止敌方的非法数据混入指控系统的情报处理计算机。

对于数据链通信系统，现行的保密系统基本都是采用流密码，其运算速度快，且无差错传播。数据链网络中每一个 NPG 上都有消息加密、传输加密（TSEC）的可变密码赋值系统，用于消息加密和传输加密，以保证数据信息及传输安全。

消息加密是对所有从终端传输的信息进行加密，只有使用正确的密码密钥的用户才能进行存取。消息加密是根据规定的可变密码，通过 JTIDS 网络控制台的安全数据设备和每个 JTIDS 终端设备内的嵌入式密码模块来进行加密的。

消息是按一定报文打包格式发送的，在打包格式的起始部分总是有 20 个双脉冲构成的同步段，同步段并不包含信息，但它是解调、解码、精密测距的关键信号段。因此，敌方若能截收到同步段信号，并对其跟踪，也就意味着敌方有可能得到该时隙的信息，并对其测距定位。因此，JTIDS 对同步段信号也实施了加密。

传输加密是利用可变密码参数来决定伪随机跳频图案、跳时和扩频图案，从而控制 JTIDS 的传输波形。传输波形的变化提高了 JTIDS 的抗干扰、抗截获的能力。

4.2　编码技术

数据链的消息标准，直接关系到链路系统的信息安全，故各国战术数据链的消息标准都是保密的。所公开的只是一个梗概，不涉及具体的细节。狭义地说，它是战术系统之间交换信息所应遵循的格式，属于信源编码。

信源编码的消息标准是按系统应用分类的，接口协议的消息标准是按交换方式分类的。这种"分类"，使一种链路的消息标准构成了一个"序列"（系列）信源编码，又称有效编码、压缩编码，因此它的基本作用是压缩冗余，它包括文本、语音、图形、图像等的信源编码。在文本型信源编码中，代码编码是常见的一种方式，语音编码（参数编码、波形编码等）、图像编码（变换编码、预测编码等）在新型数据链中也将得到广泛应用。

数据链中传输的信号主要包含语音和数据。对于所要传输的语音信号，首先要进行 A/D

变换转换为数字信号,这就涉及信源编码问题。另外,数字信号在信道中传输必然会受到多种噪声和干扰的影响,为了提高信息传输的可靠性,必须对数据进行差错控制编码,即进行信道编码。

4.2.1 信息编码技术基础

以下首先讲述衡量编码技术时常用的信息量的概念和两个性能指标,即可靠性指标和有效性指标。

1. 信息量

信息是消息中包含的有意义的内容。消息可以有各种各样的形式,但消息的内容可统一用信息来表述,传输信息的多少可直观地使用"信息量"进行衡量。传递的消息都有其量值的概念。在一切有意义的通信中,虽然消息的传递意味着信息的传递,但对接收者而言,某些消息比另外一些消息的传递具有更多的信息。而且,可以看出,对接收者来说,事件越不可能发生,越会使人感到意外和惊奇,则信息量就越大。正如已经指出的,消息是多种多样的,因此,度量消息中所含的信息量值,必须能够用来估计任何消息的信息量,而与消息种类无关。另外,消息中所含信息的多少也应和消息的重要程度无关。

由概率论可知,事件的不确定程度可用事件出现的概率来描述。基于这种认识,我们得到:消息中的信息量与消息发生的概率紧密相关。消息出现的概率越小,则消息中包含的信息量就越大。

2. 数字通信的两个主要性能指标

有效性:通信系统传输消息的速率快慢。

可靠性:通信系统传输消息的质量好坏。

通信系统的有效性和可靠性是一对矛盾。一般情况下,要增加系统的有效性,就得降低可靠性,反之亦然。在实际中,常常依据系统要求采取相对折衷的办法,即在满足一定可靠性指标下,尽量提高系统的有效性;或者在维持一定有效性条件下,尽可能提高系统的可靠性。

对于数字通信系统而言,系统的有效性和可靠性可用传输速率和误码率来衡量。

数字通信系统的有效性具体可用传输速率来衡量,传输速率越高,则系统的有效性越好。常见的有两种表示传输速率的方法:码元传输速率 R_B 和信息传输速率 R_b。码元传输速率通常又可称为码元速率、数码率、传码率、码率、信号速率或波形速率,是指单位时间内传输码元的数目,单位为波特(baud),常用符号"B"表示。信息速率是指单位时间内传送的信息量,单位为 bit/s(或 b/s)。

例如,Link22 的数据率有 3 种:500~2 200b/s,1 493~4 053b/s,12.6kb/s。Link16 的数据率为 28.8~238kb/s。可见,Link16 的数据率比 Link22 的数据率快,意味着 Link16 的有效性比 Link22 的有效性好,即 Link16 的信息传输速率比 Link22 的信息传输速率快,传输的实时性高。

可靠性使用信号在传输过程中出错的概率,即差错率来表述。常见的有两种表示传输速率的方法,包括误码率 P_e 和误信率 P_{eb}。误码率 P_e 指码元在传输过程中被传错的概率,而误信率 P_{eb} 指接收错误的信息量在传送信息总量中所占的比例。

4.2.2　信源编码技术

信源编码也称有效编码、压缩编码。其目的是压缩数据串,去除信号中的冗余度,解决信息表示的效率问题,其评价标准是在一定条件下要求数据速率越低越好。信源编码要完成两大任务:第一是将信源输出的模拟信号转换成数字信号(模/数转换,模/数转换);第二是实现数据压缩。信源编码的分类方法较多,其中按照信源类型不同可以分为字符编码技术、语音编码技术、图像编码技术、信号编码技术、视频编码技术等。以下分别介绍字符代码编码技术、语音编码技术和图像压缩编码技术,最后对典型数据链中所使用的信源编码技术进行分析探讨。

一、字符代码编码

在数据通信中,所传输的信息一般都是由代表一定意义的字母(大、小写)、数字和符号组成,要使这些字符可以正确和有效地被收/发两端的机器设备所识别,并在通信线路上传输,则需先将每一个字母、数字和符号转换成二进制的编码。换句话说,就是把原始字符信息用适于传输、存储和处理的,且按一定编码规则排列的二进制数字信号来表示。

目前,在传输中常用的二进制字符代码有以下几种。

1. 国际 2 号电报码

国际 2 号电报码又称波多码(baudot),是一种 5 单位代码,所谓 5 单位是指一个字符可用 5 位二进制码表示,例如字母 A 用代码 11000 表示。该码采用最早,且目前仍广泛用于电报通信中的电传打字机和电传打印机中,此外,某些低速数据通信中也使用此代码。

2. 国际 5 号代码

国际 5 号代码是一种 7 单位代码。该码是 1963 年由美国标准协会最早提出的,故又称美国信息交换用标准代码,即 ASCII 码,后来被国际标准化组织(ISO)和国际电信联盟(ITU)组织所采用,修改并发展成为一种标准的国际通用信息交换用代码,其建议版本号为 ITU - TV.3。

国际 5 号码是当前数据通信中常用的一种代码。

3. 扩充的二-十进制码

该码又叫 EBCDIC 码,是一种 8 单位代码,其功能比国际 5 号码略强。EBCDIC 码一般不适于远距离传输,仅可作为计算机内部码使用,在美国 IBM 公司的产品中多见。

4. 国内通用代码

该代码是我国于 1980 年根据国际 5 号码制定出来的,也是一种 7 单位代码。

5. 汉字代码

汉字代码是汉字信息交换用的标准代码,适用于一般的汉字处理和汉字通信系统之间的信息交换,国标代号为 GB 2312—1980。自从 1838 年美国科学家莫尔斯发明了点划组合的莫尔斯电码,使电报信息传输进入了实用阶段以来,信息处理与交换代码的编码方法不断发展。但是,迄今为止,数据信息处理系统广泛使用的代码,不管是计算机内部码还是信息交换标准代码,大都基于拼音文字编码,以字母和数字为信息处理和交换的集本单位。其中最通用的是美国信息交换标准代码(ASCII 码)。国际 5 号代码与 ASCII 码大致相同。我国的 GB 2312—1980 国家标准采用了扩充编码的办法,使用两个字节(16 位)表示一个汉字的编码。除此之外,使用较多的还有 IBM 公司采用的内部码,扩展二–十进制代码。

二、语音编码技术

语音数字编码技术主要有波形编码、参数编码和混合编码 3 种方式,波形编码是指直接对语音信号波形的离散样值进行编码;参数编码是对从语音信号中提取的反映语音的特征值进行编码;混合编码是两种方法的混合使用。

(一)波形编码技术

波形编码技术包括时域和变换域编码技术。这里主要讲述时域波形编码技术,目前的时域波形编码技术主要有脉冲编码(Pulse Code Modulation,PCM)、简单增量编码(ΔM)以及各种改进的增量编码方式。

1. 脉冲编码

PCM 的 3 个基本步骤包括抽样、量化和编码,实现模拟信号到数字信号的转换。图4–1 所示是 PCM 方式信号传输方框图。图4–2 所示是 PCM 单路抽样、量化、编码波形图。

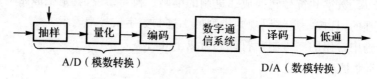

图 4–1　模数信号数字传输方框图

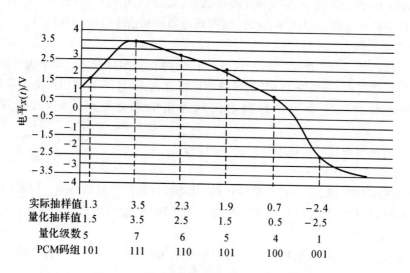

		实际抽样值	量化抽样值	量化级数	PCM码组

实际抽样值	1.3	3.5	2.3	1.9	0.7	−2.4
量化抽样值	1.5	3.5	2.5	1.5	0.5	−2.5
量化级数	5	7	6	5	4	1
PCM码组	101	111	110	101	100	001

图 4–2　PCM 单路抽样、量化、编码波形图

抽样是指在时间上对语音信号进行离散化。语音信号是模拟信号,它不仅在幅度取值上是连续的,而且在时间上也是连续的。所谓抽样就是每隔一定的时间间隔 T_s,抽取语音信号的一个瞬时幅度值(抽样值),抽样后所得出的一系列在时间上离散的抽样值称为样值序列,抽样后的样值序列在时间上是离散的。将频率 $f_s = 1/T_s$ 称为抽样频率,或抽样速率。可见,抽样速率越高,样值点数越多,抽样以后的信号越接近原始的模拟信号,反之,抽样速率越低,样值点数越少。当抽样速率太低时,从抽样以后的信号中就无法恢复原始的模拟信号了。

量化是指把抽样后的瞬时值进行幅度离散。抽样后样值的幅度仍然是连续的,难以用数码来表示。方法是预先规定好 Q 个量化电平,然后将抽样的样值幅度就近进行"舍零取整",用量化电平来表示样值幅度电平。相邻量化电平之间的间隔称为量化间隔,显然,量化间隔取得越小,量化后的幅度电平就越接近抽样值,量化误差相对就越小。

编码是指用二进制码组表示量化电平。抽样、量化后的信号还不是数字信号,需要把它转换成数字编码脉冲,这一过程称为编码。最简单的编码方式是二进制编码。具体说来,就是用 n 比特二进制码来表示已经量化了的样值,每个二进制数对应一个量化电平,然后把它们排列,得到由二值脉冲组成的数字信息流。其中,量化电平值与所编的二进制码组的对应关系称为编码码型。

在接收端,编码过程可以按所收到的信息重新组成原来的样值,再经过低通滤波器恢复原信号。

下面讨论 PCM 3 个基本步骤中需要注意的一些问题,主要是抽样速率、量化间隔和编码码型 3 个问题。

(1)抽样速率。抽样速率必须满足抽样定理。抽样定理是模拟信号数字化的理论基础。抽样定理的内容如下:

一个频带限制在 0 到 f_m 以内的低通信号 $x(t)$,如果以 $f_s \geqslant f_m$ 的抽样速率进行均匀抽样,则 $x(t)$ 可以由抽样后的信号 $x_s(t)$ 完全的确定。而最小抽样速率 $f_s = 2f_m$ 称为奈奎斯特速率。这个最大抽样间隔 $1/2f_m$ 称为奈奎斯特间隔。

在工程设计中,考虑到信号绝不会严格带限,以及实际滤波器特性的不理想,通常取抽样频率为 $(2 \sim 2.5)f_m$ 以避免失真。例如,语音信号带宽通常限制在 3 400 Hz 左右,其抽样频率通常选择 8 kHz。

(2)量化间隔。如图 4 - 2 所示表示的量化,其量化间隔是均匀的,这种量化称为均匀量化。

量化的性能好坏可以用量化信噪比来进行衡量。量化信噪比指的是量化以后的信号功率和量化前、后信号的误差(即量化误差)功率的比值。对于均匀量化而言,同样的量化间隔,信号越大,量化信噪比越好,当信号很小时,量化信噪比将变得很小,量化效果急剧恶化。对于语音信号来说,小信号出现的概率要大于大信号出现的概率,这就使平均信噪比下降。同时,为了满足一定的信噪比输出要求,输入信号应有一定范围(即动态范围),由于小信号信噪比明显下降,也使输入信号范围减小。

由于均匀量化存在小信号量化时信噪比过小的缺点,一般采用非均匀量化。

非均匀量化是一种在整个动态范围内量化间隔不相等的量化。当信号幅度小时,量化级间隔划分得小;当信号幅度大时,量化级间隔也划分得大,以提高小信号的信噪比。适当减少大信号信噪比,使平均信噪比提高,获得较好的小信号接收效果。

实现非均匀量化的方法之一是采用压缩扩张技术,如图 4 - 3 所示。它的基本思想是在均匀量化之前先让信号经过一次压缩处理,对大信号进行压缩而对小信号进行较大的放大(见图 4 - 3(b))。信号经过这种非线性压缩电路处理后,改变了大信号和小信号之间的比例关系,大信号的比例基本不变或变得较小,而小信号相应地按比例增大,即"压大补小"。这样,对经过压缩器处理的信号再进行均匀量化,量化的等效结果就是对原信号进行非均匀量化。接收端将收到的相应信号进行扩张,以恢复原始信号原来的相对关系。扩张特性与压缩特性相反,该电路称为扩张器。

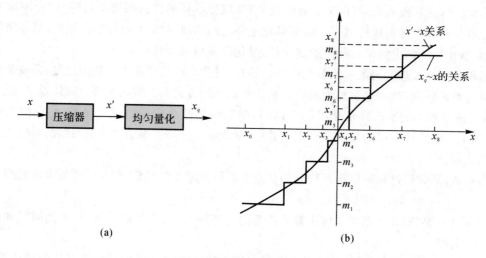

图 4-3 非均匀量化原理

在 PCM 技术的发展过程中,曾提出过许多压扩方法。国际电信联盟(ITU)制定了两种建议,即 A 压缩律和 μ 压缩律,以及相应的近似算法——13 折线法和 15 折线法。我国大陆、欧洲各国以及国际间互连时采用 A 压缩律及相应的 13 折线法,北美、日本和韩国等少数国家和地区采用 μ 压缩律及 15 折线法。

(3)编码码型。二进制码可以经受较高的噪声电平的干扰,并易于再生,因此 PCM 中一般采用二进制码。对于 Q 个量化电平,可以用几位二进制码来表示,称其中每一种组合为一个码字。在点对点之间通信或短距离通信中,采用 7 位基本能满足质量要求。而对于干线远程的全网通信,一般要经过多次转接,要有较高的质量要求,目前国际上多采用 8 位编码 PCM 设备。

码型指的是把量化后的所有量化级,按其量化电平的大小次序排列起来,并列出各对应的码字,这种对应关系的整体就称为码型。在 PCM 中常用的码型有自然二进制码、折叠二进制码和反射二进制码(又称格雷码)。如以 4 位二进制码字为例,则上述 3 种码型的码字见表 4-1。

折叠码是目前 A 压缩律 13 折线 PCM30/32 路设备所采用的码型。从表 4-1 中可以看出,折叠码的上半部分与自然二进制码完全相同,而下半部分的码字除第 1 位外,是以量化序号的一半为中线把上半部分的码字折叠下来所形成的,故称为折叠码。折叠码的第 1 位码代表信号的正、负极性,其余各位表示量化电平的绝对值,用来表示双极性信号的量化电平很方便。

比较表 4-1 中 3 种码,可以看出,对于自然二进制码来说,如果错了第 1 位,将产生满幅度误差。例如,0111 错为 1111,即由 7 错到 15,错了一个单极性的满幅度。对于折叠码和反射二进制码来说则不同,它的幅度误差与信号大小有关。例如错了第 1 位码时,如 1000 错为 0000,只有第 8 级错到第 7 级,仅错 1 级。由 1010 错为 0010,则由第 10 级错为第 5 级。由此可以看出,折叠码即使错了第 1 位码,由误码造成的幅度误差与信号大小成正比。由于小信号出现概率大,所以平均来看,折叠二进制码比自然二进制码造成的幅度误差小。码位越多,这些差别越明显。折叠码的缺点是在小信号或无信号时会出现长串连 0 码。由于小信号出现的概率大,这会使时钟提取发生困难。

表 4 - 1 3 种编码码型

量化级编号	自然二进制码	折叠二进制码	反射二进制码
0	0 0 0 0	0 1 1 1	0 0 0 0
1	0 0 0 1	0 1 1 0	0 0 0 1
2	0 0 1 0	0 1 0 1	0 0 1 1
3	0 0 1 1	0 1 0 0	0 0 1 0
4	0 1 0 0	0 0 1 1	0 1 1 0
5	0 1 0 1	0 0 1 0	0 1 1 1
6	0 1 1 0	0 0 0 1	0 1 0 1
7	0 1 1 1	0 0 0 0	0 1 0 0
8	1 0 0 0	1 0 0 0	1 1 0 0
9	1 0 0 1	1 0 0 1	1 1 0 1
10	1 0 1 0	1 0 1 0	1 1 1 1
11	1 0 1 1	1 0 1 1	1 1 1 0
12	1 1 0 0	1 1 0 0	1 0 1 0
13	1 1 0 1	1 1 0 1	1 0 1 1
14	1 1 1 0	1 1 1 0	1 0 0 1
15	1 1 1 1	1 1 1 1	1 0 0 0

反射二进制码的特点是任一量化级过渡到相邻的量化级时,对应码字中只有一个比特发生变化。这样,在编码时,信号电平值的微小变化只会造成码字的一位误码。在使用编码器进行编码时,大多采用这种码型。但采用电路进行编码时,由于实现这种码型的电路较复杂,所以一般都不采用。

2.增量编码

增量编码又称为差值脉冲编码,是对抽样信号当前样值的真值与估值的幅度差值进行量化编码调制。

常见的增量调制技术如下:

(1)增量调制(Delta Modulation,DM 或 ΔM)。

(2)差值脉冲编码调制(Differential Pulse Code Modulation,DPCM)。

(3)自适应差值编码调制(Adaptive Differential Pulse Code Modulation,ADPCM)。

根据分析,语音、图像等信号在时域有较大的相关性,因此,抽样后的相邻样值之间有明显的相关性,即前、后样值的幅度值间有较大的关联性。故在实际的差值编码系统中,对当前时刻的信号样值与过去样值为基础得到的估值信号样值之间的差值进行量化编码。差值编译码的原理框图如图 4 - 4 所示。

ΔM 编码原理:输入语音信号的当前样值与按前一时刻信号样值的编码经本地解码器得出的预测值之差,即对前一输入信号样值的增量(增加量或减少量)用一位二进码进行编码传输。

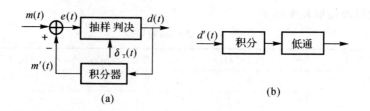

图 4-4　差值脉冲编译码的原理框图
(a)编码器;(b)译码器

DPCM 编码原理:DM 调制用一位二进码表示信号样值差,若将该差值量化、编码成 n 位二进码,则这种方式称为差值脉冲编码调制(DPCM)。如图 4-5 所示的就是差值脉冲编码的波形示意图。

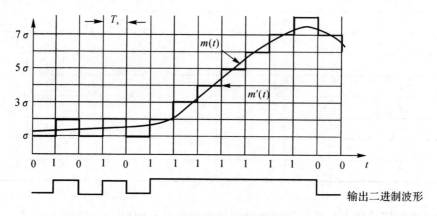

图 4-5　差值脉冲编码的波形示意图

ADPCM 编码原理:DPCM 利用差值编码可以降低信号传输速率,但其重建语音的质量却不如 PCM,这是因为 DPCM 中量化是均匀的,即量化阶是固定不变的;预测信号波形是阶梯波或近似阶梯波,与输入信号的逼近较差。因此,ADPCM 是在 DPCM 系统的基础上,根据差值的大小,随时调整量化阶的大小,使量化的效率最大(实际方法为自适应量化);提高预测信号的精确度,使输入信号与预测信号之间的差值最小,使编码精度提高(实现方法是自适应预测),则可提高语音传输质量。

其中,两个关键技术是自适应量化和自适应预测。自适应量化的基本思想是让量化阶距随输入信号的能量(方差)变化而变化。自适应预测的基本思想是使输入信号的预测值也能匹配于信号的变化,使差值动态范围更小,在一定的量化电平数条件下,可以更精确地描述差值。

各种改进的波形编码技术也都是从改进对量化阶距的控制方面着手的,主要包括非均匀量化技术和自适应技术两方面。

综上所述,波形编码是将时间域信号直接变换为数字代码,力图使重建语音波形保持原语音信号的波形形状。波形编码的方法简单,数码率较高,在 $64 \sim 32$ kb/s 之间音质优良;当数码率低于 32 kb/s 的时候音质明显降低;当数码率为 16 kb/s 时音质非常差。

(二)参数编码技术

与波形编码不同,参量编码又称为声源编码。信源编码器又称为声码器。对人发音生理机理的研究表明,语音信号可用一些描述语音特征的参数表征。分析提取语音的这些参数,对它们量化编码传输,收端解码后用这些参数去激励一定的发声模型即可重构发端语音。参数编码技术是将信源信号在频率域或其他正交变换域提取特征参量,并将其变换成数字代码进行传输。解码为其反过程,将收到的数字序列经变换恢复特征参量,再根据特征参量重建语音信号。

常见的参数编码方法有线性预测编码(Linear Predictive Coding,LPC)、多脉冲激励线性预测声码器(MPE-LPC)、规则脉冲激励声码器(RPE-LPC)、码激励线性预测声码器(CELP)及其衍生出的编码算法、多带激励声码器(MBE-LPC)、矢量和激励线性预测编码(VSELP)及代数码本激励线性预测编码(ACELP)等。

1. LPC 技术

LPC 语音编码的基础是语音产生模型,它模拟人的发声过程。如图 4-6 所示,在这个模型中,语音信号分为清音和浊音,在浊音时声道中产生对应音调周期的脉冲列,而在清音时,则产生白噪声序列,语音就是由这些激励信号激励一个自适应滤波器(即全极点滤波器)产生的。

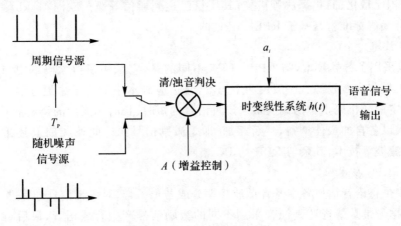

图 4-6 LPC 语音编码模型

LPC 声码器采用了二元激励的方法,即将激励信号分为两类:浊音和清音。浊音信号是用准周期的脉冲信号产生的,其周期为分析语音帧后得到的基因周期,清音则是用随机噪声(LPC-10 中用高斯白噪声)。在提取声道参数之前,用预加重滤波器加强语音谱中的高频共振峰,LPC 滤波器的参数 a_i 是通过线性预测的方法,即用若干过去的样值预测当前样值提取的,预测值与真值之间的误差满足最小均方误差准则。参数随时间逐帧更新,更新速率 $30 \sim 100$ 次/s,即帧移为 $10 \sim 33$ms。在每帧之间对参数进行内插以适应参数随时间缓慢变化。

因此,LPC 模型只需传输增益系数、浊音和清音的判决信息、浊音音调和全极点滤波器的参数 $\{a_i\}$($i=1,\cdots,p$),用超低比特率便可实现语音信号的传送。这种高压缩率可以大大降低语音识别中的存储量。

LPC 声码器的优点在于编码简单,数码率可以很低。缺点主要体现在以下几点:损失了语音的自然度,由于采用简单的二元激励,许多浊音/清音或清音/浊音的过渡都被忽略;鲁棒性差,在噪声环境下,不易准确提取基因周期和不能正确判断清、浊音,且不能有效地对抗信道干扰。

2. MPE-LPC 技术

MPE-LPC 是 Multi-Pulse Excited LPC 的缩写。这种算法在一帧语音中选择几十个典型脉冲作为激励信号。在 MPE-LPC 中,不进行提取基因周期和清音/浊音判决,用一帧中的有限个脉冲经过最优估值后作为激励信号源,用这些多脉冲来激励 LPC 合成滤波器,从而得到合成语音。

MPE-LPC 方法的优点是可懂度高,自然度比 LPC 声码器要好得多,数码率在 10～15 kb/s,其缺点如下:当低于 10 kb/s 时语音质量下降很快;在脉冲个数增加到一定的数目后,再增加就不能达到预期的质量的改善,这时平均信噪比就产生了饱和现象。

3. RPE-LPC 技术

RPE-LPC 技术是 Regular Pulse Excited-Linear Predictive Coding 的缩写。这种算法是 MPE-LPC 的改进算法,除了增加长时预测功能外,激励脉冲的位置具有一定的规律。

RPE-LPC 方法相对于 MPE-LPC 的优点是不用逐个地搜索脉冲的位置,由于这种方法也是用加权均方误差最小准则搜索出最佳脉冲幅度,因此同样有很好的自然度;通过采用长时预测、对数面积比量化、简化算法等措施,其质量已达到通信等级。欧洲 13 kb/s 数字移动通信系统的语音编码标准就是基于 RPE-LPC 的。

4. CELP 技术

CELP 也采用了分帧技术,与 RPE-LPC 不同的是,它采用了搜索码本中与原始语音畸变最小的码矢量作为激励源。一般用两个码本:自适应码本中的码子来逼近语音的长时周期性结构,用固定的随机码本中的码矢量来逼近语音的短时、长时预测后的余量信号。搜索出最佳码矢量后乘以各自的最佳增益,然后相加,即是激励信号源。此外,CELP 还采用了矢量量化的方法、后滤波等技术,其余与 RPE-LPC 相同。

5. MBE-LPC 技术

这种方案是将语音谱按各个基音谐波频率分成若干子带,对各带信号分别进行浊音/清音判决,然后根据各带是清音还是浊音采用不同的激励信号产生合成语音,最后将各带信号相加,形成全带合成语音。由于分带能更加细致地分辨谱的特征,因此在 2.4～4.8 kb/s 速率上能合成质量较传统声码器(如 LPC-10)好得多的语音,并且具有较好的自然度和坚韧性。

总的来讲,参量编码是通过对语音信号特征参数的提取和编码,力图使重建语音信号具有尽可能高的可靠性,即保持原语音的语意,但重建信号的波形同原语音信号的波形可能会有相当大的差别。这种编码技术可实现低速率语音编码,比特率可压缩到 2～4.8 kb/s,甚至更低,但语音质量只能达到中等,特别是自然度较低。声码器复杂度比较高,合成语音质量较差。尽管其音质较差,但因保密性能好,一般用于军事领域。

(三)混合编码技术

混合编码是将波形编码和信源编码的原理结合起来、数码率约在 4～16 kb/s 之间、音质比较好、性能较好的算法,所取得的音质甚至可与波形编码相当。该类算法复杂程度介于波形编码和信源编码之间。

三、图像编码技术

从信息论观点来看,图像作为一个信源,描述信源的数据是信息量(信源熵)和信息冗余量之和。信息冗余量有许多种,如空间冗余、时间冗余、结构冗余、知识冗余、视觉冗余等,图像压缩编码实质上是减少这些冗余量。可见,冗余量减少可以减少数据量而不减少信源的信息量。从数学上讲,图像可以看作一个多维函数,压缩描述这个函数的数据量实质是减少其相关性。另外在一些情况下,允许图像有一定的失真,而并不妨碍图像的实际应用。

图像压缩编码方法从压缩编码算法原理上可以分类如下:

(1)无损压缩编码:霍夫曼编码、算术编码、行程编码、Lempelzev 编码。

(2)有损压缩编码:预测编码(DPCM、运动补偿)、频率域方法(正交变换编码、子带编码)、空间域方法、模型方法、基于重要性编码。

(3)混合编码:JBIG、H261、JPEG、MPEG 等技术标准。

下面简要介绍几种基本的图像编码技术。

1. 差值脉冲编码

图像是由像素组成的。虽然每个像素的幅值各不相同,但像素内各样值的幅度是相近的或相同的,幅值跃变部分相应于像素的轮廓,只占整幅图像的很小一部分。帧间相同的概率就更大了,静止图像相邻帧间的相应位置的像素完全一样,这意味着前、后像素之差或前、后帧间相应位置像素之差为零,或差值小的概率大、差值大的概率小。差值编码的基本想法是发送端将当前样值和前一样值相减所得差值经量化后进行传输,接收端将收到的差值与前一个样值相加得到当前样值。

2. 预测编码

预测编码利用像素的相关性,可进一步减小差值。如果不仅利用前、后样值的相关性,同时也利用其他行、其他帧的像素的相关性,用更接近当前样值的预测值与当前样值相减,小幅度差值就会增加,总数码率就会减小,这就是预测编码的方法。如果再用上前一帧的像素会进一步降低数码率。只用到帧内像素的处理称为帧内编码(intraframe coding),用到前、后帧像素的处理称为帧间编码(interframe coding)。要得到较大的码率压缩就必须使用帧间编码。JPEG 是典型的帧内编码方案,而 MPEG 是帧间编码方法。前者大多用于静止图像处理,而后者主要用于对运动图像的处理。

3. 离散余弦变换

离散余弦变换(Discrete Cosine Transform,DCT)。DCT 是先将整体图像分成 N×N 像素块,然后对 N×N 像素块逐一进行 DCT 变换。由于大多数图像的高频分量较小,相应于图像高频成分的系数经常为零,加上人眼对高频成分的失真不太敏感,所以可用更粗的量化,因此传送变换系数所用的数码率要大大小于传送图像素所用的数码率。到达接收端后再通过反离散余弦变换回到样值,虽然会有一定的失真,但人眼是可以接受的。

4. 霍夫曼编码

霍夫曼编码是可变字长编码(VLC)的一种,该方法完全依据字符出现概率来构造平均长度最短的码字。

霍夫曼编码的具体方法如图 4-7 所示。先按信源出现的概率大小排队,把两个最小的概率相加,作为新的概率和剩余的概率重新排队,再把最小的两个概率相加,再重新排队,直到最后变成 1。每次相加时都将"0"和"1"赋与相加的两个概率,读出时由该符号开始一直走到最后的"1",将路线上所遇到的"0"和"1"按最低位到最高位的顺序排好,就是该符号的霍夫曼编码。

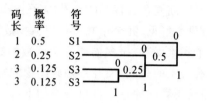

图 4 - 7 霍夫曼编码

4.2.3 信道编码技术

为了抑制信道噪声对信号的干扰,在数据通信中往往还需要对信号进行再编码,编成在接收端不易被噪声干扰出错的码字序列,这种编码称为信道编码,也称为信道纠错编码或差错编码。信道编码的原理基本上与信源编码相反,它是将良好结构的冗余信息(相关性),人为地注入到数字信号序列中去,使编码后的数字信号含有额外的冗余码元,这些码元使原来不相关的数字序列变为相关的序列,并构成码字,在接收端则根据某种相关规则,通过信道译码来校验识别,进而纠正信道传输所造成的差错。数字信号在信道上传输时,由于信道特征的不理想以及叠加性噪声和人为干扰的影响,系统输出的数字信息不可避免地会出现差错。因此,为了保证通信内容的可靠性和准确性,每一个数字通信系统对输出信息码的差错概率,即常说的误码率都有一定的要求。信道编码技术通常包括差错控制方式技术和差错控制编码技术。

从差错控制角度看,按加性干扰引起的误码分布规律不同,信道可分为 3 类:随机信道、突发信道和混合信道。

恒参信道是典型的随机信道,其差错随机出现,且统计独立。具有脉冲干扰的信道及有衰落现象的信道是典型的突发信道,错误是成串出现的,即在一些短促的时间区间内会出现大量错码,而在这些区间之间存在较长的无错码区间,称这种成串出现的错码为突发错码。短波信道和对流层散射信道是典型的混合信道,随机错误和突发错误都存在,且都不能忽略不计。对不同类型的信道,采取不同的差错控制方式。

一、差错控制方式

常用的差错控制方式有 3 种:前向纠错方式、检错重发方式和混合纠错方式。此外,还有其他差错控制方式,如信息反馈法、检错删除法等。

1. 前向纠错方式

前向纠错方式记作 FEC(Forword Error Correction)。发送端发送能够纠正错误的码,称为纠错码,接收端收到后自动地纠正传输中的错误。其特点是单向传输,实时性好,但编译码设备较复杂。

2. 检错重发方式

检错重发又称自动请求重传,记作 ARQ(Automatic Repeat re Quest)。接收端收到的信码中检测出错码时则设法通知发送端重发,直到正确收到为止。所谓检测出错码,是指在若干接收码元中知道有一个或多个是错的,但不一定知道该错码的具体位置。这种方法的特点是需要反馈信道,译码设备简单,对突发错误和信道干扰较严重时有效,但实时性差,主要用在计算机数据通信中。

3. 混合纠错方式

混合纠错方式记作 HEC(Hybrid Error - Correction),是 FEC 和 ARQ 方式的结合。发送端发送具有一定纠错和检错能力的码,接收端收到码后,检查差错情况,如果错码在纠错能力范围内,则自动纠错,如果超过了码的纠错能力,但能检测出来,则经过反馈信道请求发送端重发。这种方式具有 FEC 和 ARQ 的优点,可达到较低的误码率,因此,近年来得到广泛应用。

FEC 和 ARQ 都是在接收端识别有、无错码,识别方法是由发送端的信道编码器在信息码元序列中增加一些监督码元,这些监督码元与信息码之间有一定的关系,接收端利用这种关系由信道译码器来发现或纠正可能存在的错码。这种方法称差错控制编码,或纠错编码。信息码和监督码组合起来称码组或码字(code word)。

二、有关差错控制编码的几个基本概念

1. 信息码元与监督码元

信息码元又称信息序列或信息位,这是发送端由信源编码后得到的被传送的信息数据比特,通常以 k 表示。监督码元又称监督位或附加数据比特,这是为了检纠错码而在信道编码时加入的判断数据位,通常以 r 表示。编码之后的数据比特位 $n=k+r$ 经过分组编码后的码又称为 (n,k) 码,即表示总码长为 n 位,其中信息码长(码元数)为 k 位,监督码长(码元数)为 $r=n-k$。通常称其为长为 n 的码字(或码组、码矢)。

例如,8 位信息码元 11100101 经过差错控制编码之后变为 12 位 111001010101,则 $k=8$,$r=4$,$n=12$;8 位 11100101 称为信息码元,经差错控制编码在信息码元之后所加的 4 位 0101 称为监督码元,合起来 111001010101 称为一个码子,可称为 $(12,8)$ 码。

2. 许用码组与禁用码组

信道编码后的总码长为 n,总的码组种类数应为 2^n。其中被传送的信息码组种类有 2^k 个,通常称为许用码组;其余的码组种类共有 2^n-2^k 个不传送,称为禁用码组。发送端差错控制编码的任务正是寻求某种规则从总码组 $2n$ 中选出许用码组;而接收端译码的任务则是利用相应的规则来判断及校正收到的码字符合许用码组。通常又把信息码元数目 k 与编码后的总码元数目(码组长度) n 之比称为信道编码的编码效率或编码速率,表示为

$$R=k/n=k/(k+r)$$

这是衡量纠错码性能的一个重要指标。一般情况下,监督位越多(即 r 越大),检纠错能力越强,但相应的编码效率也随之降低了。

3. 码重、码距与纠错能力

在分组编码后,每个码组中码元为"1"的数目称为码的重量,简称码重。两个码组对应位置上取值不同(1 或 0)的位数,称为码组的距离,简称码距,又称汉明距离,各码组之间距离最小值称为最小码距。最小码距的大小与信道编码的检纠错能力密切相关。

三、几种常见的差错控制编码

1. 奇偶监督码

奇偶监督码是在原信息码后面附加一个监督元,使得码组中"1"的个数是奇数或偶数。或者说,它是含一个监督元、码重为奇数或偶数的 $(n, n-1)$ 系统分组码。奇偶监督码又分为奇监督码和偶监督码。

设码字 $A = [a_{n-1}, a_{n-2}, \cdots, a_1, a_0]$,对偶监督码有

$$a_{n-1} \oplus a_{n-2} \oplus \cdots \oplus a_0 = 0$$

式中,$a_{n-1}, a_{n-2}, \cdots, a_1$ 为信息元,a_0 为监督元。由于该码的每一个码字均按同一规则构成,故又称为一致监督码。当接收端译码时,将码组中的码元模二相加,若结果为"0",就认为无错;结果为"1",就可断定该码组经传输后有奇数个错误。

奇监督码情况相似,只是码组中"1"的数目为奇数,即满足条件

$$a_{n-1} \oplus a_{n-2} \oplus \cdots \oplus a_0 = 1$$

而检错能力与偶监督码相同。

奇偶监督码的编码效率 R 为

$$R = (n-1)/n$$

奇偶监督码是一种最简单的线性分组检错编码方式。奇校验和偶校验两者具有完全相同的工作原理和检错能力。这种奇偶校验编码只能检出单个或奇数个误码,而无法检知偶数个误码,对于连续多位的突发性误码也不能检测,故检错能力有限。另外,该编码后码组的最小码距为2,故没有纠错码能力。奇偶监督码常用于反馈纠错方式。

2. 恒比码

恒比码又称为定比码。在恒比码中,每个码组"1"和"0"都保持固定的比例。这种码在检测时,只要计算接收到的码组中"1"的数目是否正确就知道有无错误。例如在我国用电传机传输汉字时,只使用阿拉伯数字代表汉字。这时采用的所谓"保护电码"就是"3∶2"或称"5中取3"的恒比码,即每个码组的长度为5,其中"1"的个数总是3,而"0"的个数总是2。

目前,国际上通用的 ARQ 电报通信系统中,采用3∶4码,即"7中取3"的恒比码。恒比码适用于传输字母和符号。

3. 线性分组码

在 (n, k) 分组码中,若每一个监督元都是码组中某些信息元按模二和而得到的,即监督元是按线性关系相加而得到的,则称线性分组码。或者说,可用线性方程组表述码规律性的分组码称为线性分组码。线性分组码是一类重要的纠错码,应用很广泛。现以 $(7, 4)$ 分组码为例来说明线性分组码的特点。

设其码字为 $A = [a_6, a_5, a_4, a_3, a_2, a_1, a_0]$,其中,前4位是信息元,后3位是监督元,可用下列线性方程组来描述该分组码,产生监督元。

$$\begin{cases} a_2 = a_6 + a_5 + a_4 \\ a_1 = a_6 + a_5 \quad\quad + a_3 \\ a_0 = a_6 \quad\quad + a_4 + a_3 \end{cases}$$

显然,这3个方程是线性无关的。经计算可得 $(7, 4)$ 码的全部码字。

汉明码属于线性分组编码方式,是一种最小码距为3、能纠正一个错码的效率较高的线性

分组码。大多数分组码属于线性编码,其基本原理是,使信息码元与监督码元通过线性方程式联系起来。线性码建立在代数学群论的基础上,各许用码组的集合构成代数学中的群,故又称为群码。

当发送端编码时,信息码的值决定于输入信号,是随机的。而监督码"0"则应根据信息码的取值按监督关系式决定。已知信息码后,直接按上式可算出监督码。到接收端解码时接收端收到每个码组后,检验所收到的信息码元与监督码元的关系,看是否与发送端一致,否则认为有错,并且根据错误方式的不同可以纠正一位错码。这种码当 n 很大时,编码效率很高。

4. 循环码

循环码是一种重要的线性码,它有 3 个主要数学特征:循环码具有循环性,即循环码中任一码组循环一位(将最右端的码移至左端)以后,仍为该码中的一个码组;循环码组中任两个码组之和(模 2)必定为该码组集合中的一个码组;循环码每个码组中,各码元之间还存在一个循环依赖关系,即其中一个码元可以用另外某几个码元的模 2 加表示。如图 4-8 所示的是 (7,3) 循环码的循环关系。

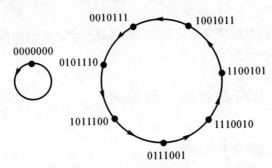

图 4-8　(7,3) 循环码的循环关系图

循环码的码字可以用码字多项式 $m(x)$ 表示,例如:0101110 可以表示为

$$m(x) = x^5 + x^3 + x^2 + x$$

所有的码字多项式 $m(x)$ 都可以被一个常数项不为零的 r 次多项式 $g(x)$ 整除,$g(x)$ 称为该循环码的生成多项式。例如前面(7,3) 循环码的生成多项式为 $g(x) = x^4 + x^2 + x + 1$。

因此当接收端机接收到一个码字时,可以通过将其码字多项式与生成多项式作除法来检验接收码组是否出错。如果可以整除则认为接收正确,否则认为接收错误。同样,也可以根据错误的方式不同进行一定范围的纠错。

5. 连环码(卷积码)

连环码是一种非分组码,通常它更适用于前向纠错法,因为其性能对于许多实际情况常优于分组码,而且设备简单。这种连环码在它的信码元中也有插入的监督码元,但并不实行分组监督,每一个监督码元都要对前、后的信息单元起监督作用,整个编解码过程也是一环扣一环,连锁地进行下去。这种码提出至今还不到 30 年,但是近十年的发展表明,连环码的纠错能力不亚于甚至优于分组码。这里只介绍最简单的连环码,以便了解连环码的基本概念。

连环码的结构是"信息码元、监督码元、信息码元、监督码元……"一组信息码与一组监督码组成一组,但每组中的监督码除了与本组信息码有关外,还跟上一组的信息码有关,或者用另一种说法,每组信息码除有本组监督码外,还有下一组的监督码与它有关。因此,这种编码就像一根链条,一环扣一环,连环码即由此得名。

在解码过程中,首先将接收到的信息码与监督码分离。由接收到的信息码再生监督码,这个过程与编码器相同,再将此再生监督码与接收到的监督码比较,判断有无差错。

6. 交织

交织法是这样进行数据传输的:在发送端,编码序列在送入信道传输之前先通过一个"交织寄存器矩阵",将输入序列逐行存入寄存器矩阵,存满以后,按列的次序取出,再送入传输信道。接收端收到后先将序列存到一个与发送端相同的交织寄存器矩阵,但按列的次序存入,存满以后按行的次序取出,然后送进解码器。由于收、发端存取的程序正好相反,因此,送进解码器的序列与编码器输出的序列次序完全相同。

假设交织矩阵每行的寄存器数目 N 正好等于分组码的码长,传输过程中产生的成群差错长度,亦正好等于交织矩阵每列寄存器的数目 M。那么由于交织措施,送入解码器的差错被分解开了,每组只分配到一个。因此,如果所采用的分组码能纠正一差错,那么长度为 M 的成群差错就可全部纠正。可见,交织法结合纠正离散差错的简单编码就可完成纠正群差错的任务。

一般情况下,实际应用时所采用的编码技术都是针对实际信道和信道误码特点,采用多级级联的方式进行检错或纠错的。

4.2.4　编码技术在数据链中的应用

一、信源编码技术在数据链中的应用

各种典型的数据链所传送的主要信息是数据,个别是语音。下面以 JTIDS 系统为例,介绍信源编码技术在数据链中的应用。

1. 连续可变斜率增量调制

增量调制量阶的大小直接关系到语音编码的质量。如果量阶设置过小,当语音信号斜率较大时,会发生过载,使得信号严重失真;而量阶如果过大,则会增大颗粒噪声。连续可变斜率增量调制在线性增量调制的基础上,能自适应地调整量阶。当编码输出连续出现"0"或"1"时,表明语音信号斜率较大,则适当增大量化的量阶;反之,则适当降低语音量化的量阶。因此,能在较大的动态范围内,始终使信号的量化信噪比接近于其最大值,有效地提高了语音编码的质量。连续可变斜率增量调制编码可以高精度地恢复小信号,不用以牺牲大幅度信号为代价。连续可变斜率增量调制常用于战术通信,如一些美国联邦标准中均采用该技术。

2. LPC - 10 声码器

LPC - 10 声码器在军事通信和保密通信中得到了广泛应用,主要用于电话线上的窄带语音保密通信。美国政府于 1981 年将 LPC - 10 声码器规定为美国政府标准。这种 LPC - 10 声码器在 2.4 kb/s 速率上能给出清晰、可懂的合成语音,但是在语音自然度、抗噪声性能方面还存在不少缺点。例如在 JTIDS 系统中其终端具有两个语音信道,每台舰载终端均有两台 16 kb/s 的声码器,其采用的技术就是 LPC - 10,将语音信号翻译成数据流并将其分成特定的时隙。在其接收时,数据流被重新综合并翻译成原来的音频信号。

二、信道编码技术在数据链中的应用

在实际应用中,每一种数据链都会应用到不同类型的信道编码,其大体应用情况见表4-2。

表 4-2　典型数据链信道编码技术

典型数据链	信道编码技术	典型数据链	信道编码技术
TADIL-A(Link11)	奇偶校验 汉明码	ATDL-1	奇偶校验
TADIL-B(Link11B)	奇校验	公共数据链(CDL)	差分编码 卷积编码 RS 编码 交织(中、高速方式的反向链路均未加)
TADIL-C(Link4A)	奇偶校验		
TADIL-J(Link16)	RS 编码 奇偶校验 交织		

Link4A 采用奇偶校验信道编码技术。Link4A 中的格式化控制报文,通过发送系统的战术计算机软件对报文数据中的奇偶位进行设定,数据终端设备不对这些奇偶位进行处理。当接收应答报文时,Link4A 数据链路终端设备并不修正所接收报文的位误差,而是将带有位误差的数据传送给海军战术数据系统计算机,由后者检测奇偶位并分析带有误差的报文。数据终端设备不仅需要识别海军战术数据系统计算机发出的专用测试报文,而且还要向战术计算机发送适量的应答报文。海军战术数据系统计算机根据这些应答报文对数据终端设备进行误差检测。如果对测试报文的应答正确,表明数据终端设备运行正常;如果对测试报文的应答有误,则表明数据终端设备或海军战术数据系统/数据终端设备的接口存在故障。哪怕是发生一起此类故障,也会导致数据终端设备关闭数据链路。

Link16 所采用的报文中不仅用到了奇偶校验方式、交织技术,还用到了里得-所罗门码编码技术。里得-所罗门编码是以字节为单位进行前向误码校正的线性纠错编码方法,具有很强的纠正随机误码和突发误码的能力。Link16 使用里得-所罗门编码技术,可保证即使一半数据在传输中丢失也能够恢复出原始数据字。每个 TADIL-J 消息字包含 15 个 5b 字符(70b加上 5b 奇偶校验位),经里得-所罗门编码被扩展为 31 个里得-所罗门码字符(155b)。如果一个单元接收到一半以上无差错的传输脉冲,则检错纠错机制能够恢复整个消息。

三、编码技术在数据链应用中的实效性

分析编码技术在数据链应用中的实效性,就是分析该技术对各种类型数据链的有效性和可靠性的影响,具体就是指对其数据传输速率和检错纠错能力的影响。下面就几种比较典型的数据链性能进行分析,见表 4-3。

通过表 4-3 可知,以数据传输速率为参考标准,按照从慢到快的顺序依次为 Link4A 数据链、Link11 数据链、Link11B 数据链、Link22 数据链、Link16 数据链、宽带数据链(如 CDL)。其中通用战术数据链中,Link16 的数据率明显高于其他几种数据链系统,仅次于 Link16 数据链的是 Link22 数据链,Link4A,Link11 和 Link11B 三种数据链传输速率相当。以有效性为参考标准,数据链系统有效性从低到高依次为宽带数据链、Link16 数据链、Link22 数据链、Link4A、Link11 和 Link11B 三种数据链有效性相当,都比较弱。以纠错性能为参考标准可以看出,Link4A 和 Link11B 两种数据链比较简单,只具有简单的检错能力而无纠错能力;Link11 数据链采用前向纠错编码为汉明码,只能纠正一个错码;Link22 数据链采用里得-所罗门编码,纠错能力比 Link11 数据链稍强;Link16 数据链采用了奇偶校验、数据交织、里得-所罗门编码,信道在受到脉冲噪声和突发干扰出现突发性错码,即连续多个错码时,其检错、纠错能力就远远优于其他几种典型的战术数据链系统。通过对通用战术数据链的检错、纠错能力进行比较,可以看出,通用数据链系统的可靠性能高低顺序依次为 Link16 数据链可靠性最好,Link22 和 Link11 两种数据链可靠性次之,Link4A 和 Link11B 两种数据链的可靠性最差。

表 4-3　典型数据链的有效性和可靠性分析

典型数据链	有效性	可靠性
TADIL-A(Link11)	1 364b/s 或 2 250b/s	可以纠正一位错码;可以检出奇数个错码
TADIL-B(Link11B)	600b/s,1 200b/s 或 2 400b/s	可以检出奇数个错码
TADTL-C(Link4A)	1 364b/s 或 2 250b/s	可以检出奇数个错码
TADIL-J(Link16)	28.8~238kb/s	可以纠正多位错码以及交织行数范围内的连续突发错码;可以检出奇数个错码
	MIDS-LVT(1): 　语音:2.4kb/s 或 16kb/s 　数据:115kb/s 或 1.2Mb/s MIDS-LVT(2): 　语音:2.4kb/s 或 16kb/s 　数据:1.2Mb/s MIDS-FDL: 　数据:238kb/s,可扩展到 2Mb/s	误码率小于 10^{-5}
TADIL-F(Link22)	HF:500~2 200b/s(跳频方式), 　1 493~4 053b/s(定频方式) UHF:12.6kb/s(定频方式)	具有前向纠错功能;可以检出奇数个错码
ATDL-1	600b/s,1 200b/s 或 2 400b/s	可以检出奇数个错码
公共数据链(CDL)	600b/s~14.5Mb/s	具有很强的前向纠错功能

4.3　扩频技术

　　扩频技术是将待传送的信息数据进行伪随机编码调制,实现频谱扩展后再传输。接收端则采用相同的编码进行解调及相关处理,恢复原始信息数据。

　　扩频通信技术是一种安全可靠、抗扰性好的信息传输方式,其信号所占有的频带宽度远大于所传信息必需的最小带宽。这种通信方式与常规的窄带通信方式是有区别的:一是信息的频谱扩展后形成宽带传输;二是相关处理后恢复成窄带信息数据。

扩频通信按工作方式可分为直接序列扩频(DS)、跳频(FH)、线性调频(Chirp)和跳时(TH)4 种基本方式。除上述基本方式外,还可把 4 种方式的两种或多种组合构成混合方式。各种方式中,直接序列扩频和跳频在通信中应用较为广泛。

4.3.1 扩频技术特点

扩频通信能大大扩展信号的频谱,发送端用扩频码序列进行扩频调制,以及在接收端用相关解调技术,使其具有许多窄带通信难以替代的优良性能。扩频通信主要有以下特点:

(1)易于重复使用频率,提高了无线频谱利用率。无线频谱十分宝贵,虽然从长波到微波都得到了开发利用,仍然满足不了社会的需求。在窄带通信中,主要依靠波道划分来防止信道之间发生干扰。为此,世界各国都设立了频率管理机构,用户只能使用申请获准的频率。扩频通信发送功率极低(1～650mW),采用了相关接收技术,且可工作在信道噪声和热噪声背景中,易于在同一地区重复使用同一频率,也可与现今各种窄道通信共享同一频率资源。因此,在美国及世界绝大多数国家,扩频通信不需申请频率,任何个人与单位可以无执照使用。

(2)抗干扰性强,误码率低,低截获率。扩频通信在空间传输时所占有的带宽相对较宽,而接收端又采用相关检测的办法来解扩,使有用宽带信息信号恢复成窄带信号,而把非所需信号扩展成宽带信号,然后通过窄带滤波技术提取有用的信号。如图 4 - 9 所示,信号在扩频后频带变宽,接收时信号又还原为窄带信号。

扩频通信能在干扰环境中,通过分散功率或跳频等方式完成信息传输,达到抗干扰的目的。这样,对于各种干扰信号,因其在接收端的非相关性,解扩后窄带信号中只有很微弱的成分,信噪比很高,因此抗干扰性强。

如图 4 - 9(c)所示,扩频信号在传输时加入了脉冲干扰和宽频带白噪声,而接收时由于非相关性,如图 4 - 9(d)所示,脉冲干扰被扩频处理了,对解扩后的信号影响很小;而白噪声由于非相关性,对信号也基本没有影响。

由于扩频系统这一优良性能,误码率很低,正常条件下可低到 10^{-10},最差条件下约 10^{-6}。直接序列扩频的射频信号功率分散、湮没在噪声中,跳频信号的频率在较宽的频带内跳变,不易被敌方截获。

(3)隐蔽性好,对各种窄带通信系统的干扰很小。由于扩频信号在相对较宽的频带上被扩展了,单位频带内的功率很小,信号湮没在噪声里,一般不容易被发现,而想进一步检测信号的参数(如伪随机编码序列)就更加困难,因此说其隐蔽性好。再者,由于扩频信号具有很低的功率谱密度,它对目前使用的各种窄带通信系统的干扰很小。

(4)可以实现码分多址。由于在扩频通信中存在扩频码序列的扩频调制,充分利用各种不同码型的扩频码序列之间优良的自相关特性和互相关特性,在接收端利用相关检测技术进行解扩,则在分配给不同用户码型的情况下可以区分不同用户的信号,实现码分多址。

(5)抗多径干扰。在扩频技术中,利用扩频码的自相关特性,在接收端从多径信号中提取和分离出最强的有用信号,或把多个路径来的同一码序列的波形相加合成,这相当于梳状滤波器的作用。另外,采用跳频扩频调制方式的扩频系统中,由于用多个频率的信号传送同一个信息,实际上起到了频率分集的作用。

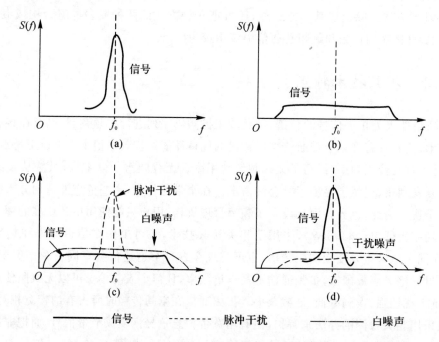

图 4-9 扩频过程和扩频过程中对脉冲干扰和白噪声的处理过程示意图

(a) 扩频前的信号频谱;(b) 扩频后的信号频谱;(c) 解扩频前的信号频谱;(d) 解扩频后的信号频谱

4.3.2 直接序列扩频

所谓直接序列(DS - Direct Scquency)扩频,就是直接用具有高码率的扩频码序列在发送端去扩展信号的频谱。而在接收端,用相同的扩频码序列去进行解扩,把展宽的扩频信号还原成原始的信息。

如图 4-10 所示,直接序列扩频通信系统的工作原理是,将待传输信息通过发信终端设备,转换成信码。在发信机中,信码对频率为 f_s 的载波进行相位调制,形成中心频率为 f_s、带宽为 $2B_m$ 的调相信号,其功率密度为 W_m。然后用速率远大于信码速率的伪随机码,在扩频电路中对调相信号进行频带扩展,使带宽从 $2B_m$ 扩展为 $2B_c$,B_c 远大于 B_m。扩频后的射频信号,即为扩频信号。频带扩展的倍数 $B_c/B_m = G_p$,称为直接序列扩频信号的处理增益。由于频带扩展了 G_p 倍,扩频信号的功率密度 W_c 相应地降低了 G_p 倍。在收信机中,由天线收到的扩频信号,与本地复制的伪随机码在解扩频电路中进行解扩。解扩后频带宽度从 $2B_c$ 压缩为 $2B_m$,再经过相位解调,恢复出信码。

直接序列扩频具有抑制干扰的优点,干扰信号的频带经解扩频电路中本地伪随机码的处理,被展宽到很宽的频带中,经窄带滤波,大部分功率被滤除。为了正确地恢复信码,收信机产生的本地伪随机码序列和发信机产生的伪随机码序列应一致,且两者同步。

直接序列扩频多用于卫星通信、移动通信、散射通信和高分辨率测距。

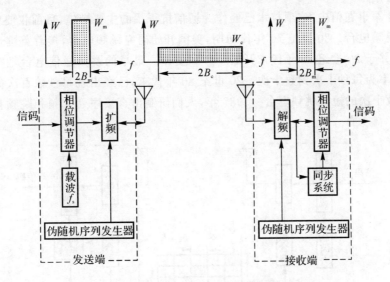

图 4 - 10 直接序列扩频示意图

4.3.3 跳频扩频

跳频通信(frequency - hop communication technology)是扩频通信技术的一种,是指利用与信号无关的伪随机序列控制用于信号调制的载波中心频率,使其在一组频率中随机跳动的通信技术。跳频通信的工作频率每秒钟可以跳变数十次、数百次甚至更多。一般根据频率跳变的快慢将跳频速率分为快和慢两种:跳频速率大于或等于信息速率,即一次发射信号期间有不止一个频率跳跃为快跳频;否则为慢跳频。

跳频通信系统工作原理如图 4 - 11 所示。在发送端将要发送的的信码送入频率调制器对载波 f_s 进行频率调制,得到带宽为 B_m 的窄带信号;并送入系统的变频器单元与由频合器产生的跳变的本振频率进行变频,变频器的本振频率由伪随机序列产生器产生的伪随机序列控制,这样经过变频器就产生了频率受预定的伪随机序列信号控制进行同步跳变的跳频信号,其带宽为 B_c。在接收端,变频器在接收到跳频信号以后,利用和发送端预定的同步伪随机序列信号控制的本振信号对其进行解调,再经频率解调器恢复出和发送端一致的信码。其中,伪随机序列发生器主要用来控制频率合成器产生按照伪随机序列跳变的工作频率,由伪随机序列控制的频率跳变顺序叫做跳频图案。另外,跳频信号的跳变范围和快慢与伪随机序列信号的周期有直接的关系;跳频通信的伪随机序列信号、跳变的周期、收/发双方的跳频图案必须一致,且收/发双方保持同步跳动时才能正常通信。

衡量跳频通信系统抗干扰能力的指标为处理增益和干扰容限。处理增益是指收信机输出信号噪声功率比和输入信号噪声功率比之间的比值,跳频通信的处理增益等于跳频频率数,它表示用跳频方式扩频后的信号在噪声环境中传输,经过收信机解扩,在输出端所获得的信噪比改善程度。干扰容限是收信机正常工作所允许的干扰界限,指在一定的误码率条件下系统输入端所能允许的最小信噪比,表示系统在干扰环境下的正常工作能力。

跳频通信技术的研究开始于 20 世纪 70 年代,是主要于 20 世纪 80 年代发展起来的扩频通信技术。在军事通信中,这项技术已经作为通信抗干扰的主要措施,目前主要应用于超短波和短波战术跳频电台。20世纪70年代初期,美国开始研究跳频电台,接着英国也对跳频电台进行了研制,并于20世纪70年代末开始生产和使用。最早的跳频通信电台是在超短波波段工作,跳频速率为每秒十次到数十次。20世纪80年代末,已经出现每秒数百次的超短波跳频电台和每秒数十次的短波跳频电台。1987年,人们研制出直接序列扩频和跳频相混合的抗干扰电台。

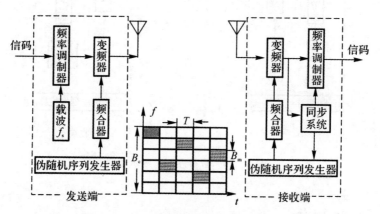

图 4-11 跳频通信系统示意图

跳频通信技术将采用与其他几种扩频技术相混合的方式,结合自适应通信技术、猝发通信技术等,与时分制、频分制一起构成多种体制的通信网。

跳频通信的优点:具有很强的抗干扰能力,由于跳频通信的通信频率是在一定范围内受伪随机序列控制而跳变的,只要是频率的跳变速度足够高、频率范围足够宽,就可以有效地对抗跟踪瞄准式频率干扰或宽频带阻拦式干扰;不易被敌方截获,由于跳频信号在较宽的频带内随机跳动,敌方难以跟踪并截获;具有一定的保密性。

4.3.4 跳时方式

与跳频相似,跳时是使发射信号在时间轴上跳变。首先把时间轴分成许多时片,在一帧内哪个时片发射信号由扩频码序列进行控制,可以把跳时理解为用一定码序列进行选择的多时片的时移键控。由于采用了窄得很多的时片去发送信号,相对说来,信号的频谱也就展宽了。

跳时也可以看成是一种时分系统,所不同的地方在于它不是在一帧中固定分配一定位置的时片,而是由扩频码序列控制的按一定规律跳变位置的时片。跳时系统的处理增益等于一帧中所分的时片数。

由于简单的跳时抗干扰性不强,很少单独使用。跳时通常都与其他方式结合使用,组成各种混合方式。

4.3.5 线性调频方式

线性调频(chirp modulation)系统是一种不需要用伪码序列调制的扩频调制技术,发射的射频脉冲信号在一个周期内,载波频率作线性变化。因为其频率在较宽的频带内变化,信号的频带也被展宽了。其特点是由于线性调频信号占用的频带宽度远大于信息带宽,从而也可获得很大的处理增益。线性调频主要用于雷达系统中,短波通信中也有应用。

4.3.6 混合扩频

上述几种方式都具有较强的抗干扰性能,但各自也有很多不足之处。单一的扩频方式很难满足实际需要,若将两种或多种扩频方式结合起来,扬长避短,就能达到任何单一扩频方式难以达到的指标,甚至还可能降低系统的复杂程度和成本,常用的混合扩频方式有跳频和直接序列扩频系统(FH/DS)、跳时和直接序列扩频系统(TH/DS)、跳频和跳时系统(FH/TH)等。从上述分析可以看出,直接序列扩频系统与跳频系统优、缺点在很大程度上是互补的。因此,跳频和直接序列扩频系统(FH/DS)具有很强的抗干扰能力,是用得最多的混合扩频技术,两者有机结合起来可以取长补短,大大改善系统性能,提高抗干扰能力。例如,Link16 数据链终端 JTIDS 系统就采用跳频和直接序列扩频系统方式。

4.3.7 扩频技术在数据链中的应用

下面以美军的 Link16 为例,简要介绍一下其跳频扩频机制。

Link16 消息同步段,系统采用的是双脉冲形式,每 $13\mu s$ 换一个脉冲发射频率。Link16 的数据段和同步段跳频方式是不一样的,数据段脉冲载频可以在 51 个跳频点上作伪随机跳变,而同步段脉冲载频只能在 8 个频率点上伪随机跳动。

JTIDS 的跳频扩频系统工作频率范围是 960~1 215MHz,而敌我识别信道及战术空中导航(TACAN)信道的工作频率也在此范围内。对于敌我识别信道采取排除了 1 030MHz 和 1 090MHz 的频率及保护区域以避免冲突,而就战术空中导航信道而言,用扩频调制后可产生具有低占空度和不同脉冲间隔的 JTIDS/MIDS 传输。

JTIDS 在可用频段范围内共有 51 个跳频点,由于 JTIDS 的数据流在直接序列扩频后每个脉冲的带宽为 2.5MHz,为了留有一定的频率保护段,这 51 个频点间隔为 3MHz,且均匀分布。表 4-4 表示了 JTIDS 系统的 51 个跳频的频率点。

在 JTIDS 数据传送期间,每一个脉冲被伪随机指定 51 个频率中的一个,每跳要隔开 9 个频点。频率的伪随机分配归诸于跳频图样,而跳频图样由网络参与组、网号和发射密钥决定,工作在不同的网络参与组有不同的密钥或不同的网内可以有不同的跳频图样,这样在视距范围内允许多个端机同时发射信号且互不干扰。理论上讲,只要没有明显的干扰发生(例如:跳到同一个频点上),最多可以有 20 个跳频图样同时工作。

由于 JTIDS 采取的是符号速率与跳频速率相等的方式,即载波频率在一个符号传输期间变化一次,而 JTIDS 的一个单脉冲的持续时间为 $13\ \mu s$,即载波的跳变的速率是每 $13\ \mu s$ 跳变一次,为 $1/13\ \mu s=76\ 923$ 跳/s。

由于 JTIDS 对于同步段脉冲也采取与数据段脉冲同样的方式进行跳频,使敌方的人为干扰策略变得更为复杂。

表 4 - 4 JTIDS 系统的 51 个跳频的频率点

频 率/MHz		频 率/MHz		频 率/MHz	
序号	数据	序号	数据	序号	数据
0	969	17	1 062	34	1 158
1	972	18	1 065	35	1 161
2	975	19	1 113	36	1 164
3	978	20	1 116	37	1 167
4	981	21	1 119	38	1 170
5	984	22	1 122	39	1 173
6	987	23	1 125	40	1 176
7	990	24	1 128	41	1 179
8	993	25	1 131	42	1 182
9	996	26	1 134	43	1 185
10	999	27	1 137	44	1 188
11	1 002	28	1 140	45	1 191
12	1 005	29	1 143	46	1 194
13	1 008	30	1 146	47	1 197
14	1 053	31	1 149	48	1 200
15	1 056	32	1 152	49	1 203
16	1 059	33	1 155	50	1 206

习　　题

1. 数据链面临的安全威胁主要有哪些？
2. 美军 JTIDS 的加密体制是什么？
3. 简述信源编码的原理。
4. 简述常见的差错控制编码。
5. 简述扩频通信的特点。
6. 扩频通信按工作方式可分为哪几类？

第 5 章　数据链网络管理

在过去几年里,在巴尔干、阿富汗和伊拉克地区进行的高机动军事行动已经使美军和英军越来越依靠互连的战术数据链网络,同时对提高网络管理能力的需求也在不断增加。从 2001 年 9 月阿富汗战争开始,美军和英军的数据链管理者就面临着需要协调不同的数据链网络,以使整个美军中心指挥部(CENTCOM)负责范围内都能实现信息共享的挑战。设立和运行复杂网络的网络管理人员或联合接口控制官员(JICO)目前自动计划和控制系统的能力很有限。英军和美军根据需要,发明了动态网络管理的概念。随着联合攻击技术(CEC)和其他自动武器攻击技术的产生,高效网络管理的重要性提到议事日程。

战术数据链网络采用的总线技术,即通信节点以某种特定的协议方式共享同一传输介质——总线,对于数据链网络来说,这个总线就是无线频道。由于无线频道的频率资源是有限的,通信只能在一个或数个频率点上进行,如果同时要发言的节点数多于数据链规定的频率点数,那么就会发生冲突。这类似于中波广播,体育频道与文艺频道是在不同的载频上,如果体育频道的主持人和文艺频道的主持人在同一载频上同时说话,那么听众就无法将两者的主持内容分辨开来。因此,数据链的通信协议主要解决问题就是节点如何利用共同的媒介进行互访而不发生冲突。

在总线网络中,有多种协议方式来实现访问共享介质而避免冲突,如轮询制、时分制、载波侦听冲突检测制、令牌循环制等。

数据链 Link11 的网络协议采用的是轮询制;而 Link16 采用的是时分制。

5.1　标准化的报文格式

所谓格式化数据是指具有预先约定的填充格式和处理方法的数据。用固定的数据格式来表示消息的优点是传输效率高,缺点是对传输差错更为敏感,格式化的消息适合表示那些用有限个参数就能表达清楚的消息,如航迹信息,对那些需要更多的详细描述的消息就无法表达清楚了。

5.1.1　标准化的报文格式是实现互联互通、互操作的前提

严格科学的信息标准是关乎战术数据链的性能、功能和效率的最关键的要素之一,它在数据链系统中的地位不容忽视,在一定程度上,它决定了系统的功能和发展。

美军现役的战术数据链多达十几种。美军针对不同种类数据链的特点、应用需求和互操作性需求都是采用与之相适应的标准化数据链报文及报文格式,并为这些报文格式的实现、收/发和转换制定了详细明确的操作规范。由于不同的数据链采用不同的报文标准,因此,不同的数据链之间不能直接互通信息。

只有采用标准的格式化报文才能确保"收/发"双方对信息理解的一致性,战术信息传输的实时性和信息传输及处理的自动化,从而使战术数据链能够满足现代战争多平台(包括同种和不同类型的平台)和多军种的无缝信息交换需求。

网络中心战要求指挥员能够快速处理来自多地域、不同种类的作战信息总和。而现有的几十种数据链,每种战术数据链都有各自相应的格式化报文,虽然它们在各自的领域内都能发挥着极其重要的作用,但信息标准不统一,严重限制了战时信息的互通能力,不利于信息与资源的统一分配管理,直接影响到信息共享与融合。另外,随着现代科技的高速发展,各类战术终端设备越来越小型化,平台空间的限制也不允许多个标准的数据链设备同时存在。因此,美军一直致力于构建能够互通、互连和互操作的一体化数据链体系,它的理想目标是实现用一种数据链满足所有的战术信息交换需求。

美军自 Link16 开始就非常重视数据链间的互操作性,其基本措施就是实现数据链间报文的互操作性,从定义报文格式开始就考虑到数据链间的互操作性。就目前的发展趋势来看,美军战术数据链报文未来的主要发展方向将是建立基于 J 系列报文的统一、互操作报文体系。

5.1.2　J 型报文标准信息类型

Link16 报文是应用领域最广、功能最多的战术数据链,采用了 J 系列信息标准,它是一种面向比特型报文,由美军标 MIL - STD - 6016C(北约对应的标准为 STANAG5516)定义。其报文格式要比其之前的战术数据链的报文格式更为灵活和高效,每条报文可传送的信息量也远远超过了在此之前的战术数据链,它几乎涵盖了其他所有信息标准的信息类型。它不仅定义了网内所有参与单元信息发送、接收规则,还同时提供信息交换和网络管理能力。

5.1.3　完成信息交换功能的 J 型报文格式

J 型报文格式有 4 种不同的格式:固定格式报文、可变格式报文、自由正文报文和往返计时报文。这 4 种报文分别具有不同的用途和格式,其中固定格式报文、可变格式报文、自由正文报文主要用于信息交换;往返计时报文仅仅用于建立和保持精确同步。

一、字构成及固定格式报文

字是构成报文的基本单元。J 型报文的字分为 3 种:起始字、扩展字和连续字。不同种类的字的长度都是相同的,都为 75b 信息码,其中数据位占 70b、备用位占 1b、奇偶校验位占 4b,但不同种类的字的字段结构是不同的。

表 5 - 1 就是起始字的字段结构,可以看到固定位置的比特位只能填充预先规定好的内容。

表 5 - 1　Link16 数据链固定格式报文的起始字格式

起始字字段	奇偶校验	备用位	信息字段	报文长度指示	J 系列子标记	J 系列标记	字格式(00)
占用比特位置	74~71	70	69~13	12~10	9~7	6~2	1~0

表 5 - 1 中的"字格式"字段已经填充了固定的 2 位比特码"00",这是因为 J 型报文格式规

定了"00"表示起始字、"10"表示扩展字、"01"表示延续字、"11"表示可变消息格式字。

同理,表 5-2 及表 5-3 分别表示扩展字和连续字的字段结构。

表 5-2　Link16 数据链固定格式报文的扩展字格式

扩展字字段	奇偶校验	备用位	信息字段	字格式(10)
占用比特位置	74～71	70	69～2	1～0

表 5-3　Link16 数据链固定格式报文的连续字格式

连续字字段	奇偶校验	备用位	信息字段	连续字标识	字格式(01)
占用比特位置	74～71	70	69～7	6～2	1～0

从不同种类字的字段结构中可看出,字的 75b 码位中真正用于传送信息的起始字是 57 位,扩展字是 68 位,连续字是 63 位。

固定格式报文用于交换战术和指控信息。每条固定格式报文可包括 3 个、6 个或 12 个字。

固定格式报文的每条报文都是以一个起始字开始,当需要传输的信息超过了起始字的容量时,就要使用扩展字来传送剩余的战术信息,在传输协议要求和需要时可用连续字来传输补充信息,即在固定格式报文中扩展字和连续字并不是必须包含的。

二、可变格式报文

Link16 的可变格式报文(VMF)主要供美陆军使用。可变格式报文用于交换用户定义的任意形式报文。可变格式报文是由可变的一串字段组成,每个字为 75b。每个字的确切字段数和字段值是在发送时才确定,而不像固定格式报文是在设计阶段就预先定义好的。

比如,固定格式报文中的起始字必需包含"字格式""J 系列标记""J 系列子标记""报文长度指示""信息字段""备用位"和"奇偶校验"字段,而可变格式报文除"字格式""信息字段""备用位"和"奇偶校验"字段是必需的,其他字段是否发送根据发送信息的内容临时决定。表 5-4 是可变格式报文的字格式。

表 5-4　Link16 数据链可变格式报文的字格式

可变格式报文字字段	奇偶校验	备用位	信息字段	字格式(11)
占用比特位置	74～71	70	69～2	1～0

为传送一条 VMF 报文可能需要多个时隙。如果发送的报文超过了一个时隙,VMF 还允许选择路由和中继方案、寻址方案、确认协议等,并且 VMF 报文允许将现有其他格式的报文直接嵌入其中使用。目前可嵌入到 VMF 报文中数据链报文格式包括 Link16 固定格式报文、战术火力报文、战术作战系统报文、陆军 1 号战术数据链(ATDL-1)报文、近程防空 C3 报文、爱国者数据链报文。VMF 最多可支持 16 种格式的报文。

三、自由文本报文

Link16 既可以传输数据,也可以传输语音。自由文本报文就是用于传输语音数据和其他未预先定义格式的数据。自由正文报文并不像前述报文必须包含一些规定的字段,它并没有固定的格式,它的 75 比特数据字可以都用于传送信息。自由文本报文的字格式见表 5-5。

表 5-5 Link16 数据链自由正文报文的格式

自由正文报文字段	信息字段
占用比特位置	74～0

Link16 固定格式报文、可变格式报文和自由正文报文的每 75 位码的字都被编码为 (31,15) 的 RS 码字。因此,(31,15)RS 码的每位码包含 5b 的信息。

5.1.4 实现网络同步的 J 型往返计时报文

1. Link16 实现网络同步的必要性

数据链的网络成员之间相互通信而组成了数字通信网,要保证数字信息的可靠传输,除了在物理层要实现载波同步、位同步和帧同步外,还必须实现网络同步,即实现各个网络成员之间时钟的精确同步。往返计时报文(RTT)就是为实现该功能而提供的报文。

2. 用于实现网络同步的往返计时报文的种类

往返计时报文共长 35b,它包括往返计时询问(RTT-1)报文和往返计时应答(RTT-R)报文两种。按照分发方式的不同,RTT-1 报文可分为寻址 RTT-1 报文和广播 RTT-1 报文。寻址 RTT-1 报文包含特定单元的地址,并请求该单元用一个应答(RTT-R)报文来响应。广播 RTT-1 报文,它是某个单元需要校准自己的时钟精度而采用广播方式发送的报文。那些时钟精度等于广播 RTT-1 报文中指定的时钟精度的有源单元用应答(RTT-R)报文来响应。一个询问单元在询问报文中说明的时间精度应有其自己的时间精度。往返计时应答报文(RTT-R)是为了响应询问(RTT-1)报文而发送的,其目的是完成有源精确同步过程。它在时隙开始后 4.275ms 时对往返计时询问发出应答。

往返计时报文的报文格式分别见表 5-6 至表 5-8。

表 5-6 寻址往返计时报文(RTT-1)的报文格式

寻址 RTT-1 报文	保密数据单元序号	源跟踪号 (收信人地址)	RTT 类型(0)	时隙类型(010)
占用比特位置	34～19			

表 5-7 广播往返计时报文(RTT-1)的报文格式

广播 RTT-1 报文	保密数据单元序号	时钟精度	备用	RTT 类型(1)	时隙类型(010)
占用比特位置	34～19	18～15	14～4	3	2～0

表 5-8 往返计时应答报文(RTT-R)的报文格式

RTT-R 报文	询问单元的保密数据单元序号	RTT 询问报文到达时间
占用比特位置	43～19	18～0

3. 往返计时报文实现网络同步的过程

在 Link16 网络中的所有成员各自的作战平台上都有一个内部时钟,预先制定了其中一个网络成员的时钟作为网络时间基准(NTR),网同步的任务就是使网络所有成员无限接近这个时间基准。

网络成员通过发送往返计时报文使系统达到精确网同步,一般要分为 4 个步骤完成:入网、粗同步、精确同步和同步保持。

NTR 在每个时隙内发送时间校准报文,一旦 NTR 广播完后,就转入接收状态。当 NTR 接收到 RTT - 1 消息时,就立即在规定时间发送一个 RTT - R,然后又重新进入接收状态。而其余的参与单元,首先随机地选择一个时间间隔接收该校准文报,如果在这个时间间隔内没有接收到时间校准报文,在下一个时隙时,继续监听该时间校准报文,若接收到该时间校准报文,则认为入网成功。

当参与单元接收到时间校准报文后,根据校准报文内容调整自己的时钟,可以初步设定参与单元的系统时间为接收到的时间校准报文中的时间加上设定的时间间隙,从而达到了粗同步。

精确同步可以分为主动同步和被动同步。主动同步是指参与单元主动发送 RTT 报文,然后等待 RTT 响应报文,RTT 报文的查询和响应是在一个时隙内完成的。被动同步是指参与单元被动接收不同单元的 PPL1(精确参与定位报文),根据达到时间和参与单元之间的距离来确定自己的精确同步关系。

达到精确同步之后,为了保持与系统时间的同步,参与单元有必要不断地监视时钟的性能和不断地进行精确同步过程。当时钟误差超过了规定的范围时,参与单元自动禁止消息发送并启动精确同步过程。

Link16 网络是一种无中心组网,在进行同步时,比较依赖 NTR,为了提高系统的抗毁性,可以同时提供多个候补 NTR。

5.1.5 Link16 传输结构

Link16 在一个时隙内传输数据量的大小还取决于 Link16 的报文包结构。

如图 5 - 1 所示的是 Link16 的数据报文打包结构。一共有 4 种:标准双脉冲(STDP)、2 倍打包单脉冲(P2SP)、2 倍打包双脉冲(P2DP)、4 倍打包单脉冲(P4SP)。

在这 4 种打包结构中共同都有的结构是粗同步、精同步、报头。

同步的作用是当接收端收到信息后,通过检测同步头,而得到一帧的起始位。如果帧的位置定位不准确的话,就会使 CCSK 码的判断移位,由于 CCSK 码的移位代表了不同的二进制传输数据,因此,就会对数据进行误判。

同步信号都采用双脉冲结构的形式。由于双脉冲结构包括两个相同传送码元调制的单脉冲,能够提供余度,因此,具有良好的抗干扰性。粗同步共 16 个双脉冲结构,精同步共 4 个双脉冲结构。在同步期间,粗同步脉冲产生一个误差不超过 0.2 的定时信号,精同步脉冲使定时信号的抖动下降到±20ns。

报头共 35b 信息,它包含时隙类型、中继传输指示或类型变更、保密数据单元的序号和源跟踪号字段等信息。报文并不属于报文的一部分,但它所包含的信息会作用于该时隙内的所有报文。报文字格式见表5-9。报头字总是被编码为1个(16,7)的RS码字。表5-10和表5-11分别为报头字段描述和时隙类型描述。

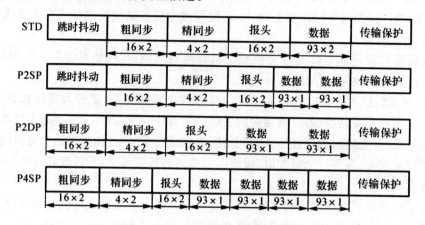

图 5-1 Link16 的 4 种传输结构

表 5-9 报头字格式

占用比特位置	34～19	18～4	3	2～0
字段名称	保密数据单元序号	跟踪号,源	RI/TM	时隙类型

表 5-10 报头字段描述

字 段	数据/b	描 述
时隙类型	3	标识报文打包格式、报文类型和自由文本报文是否经过纠错编码(RS码)
中继传输指示器(RI)/类型变更	1	自由文本报文:当时隙类型字段标识一条自由文本报文时,该字段指的是传输符号包是双脉冲(RI/RM=0)还是单脉冲(RI/RM=1); 固定或可变格式报文:当时隙类型字段标识一条固定或可变格式报文时,该字段指的是时隙中的报文是否经过中继。RI/TM=1表示经过中继,RI/TM=0表示未经过中继。
跟踪号,源	15	标识时隙中报文的始发者
保密数据单元序号	16	在报文解密过程中使用这些数据

表 5-11 时隙类型描述

类型码	打包结构	报文类型	RS编码	传送的数据/b
0(0)#	STDP	自由文本	否	465
0(1)	P2SP	自由文本	否	930
1(0)	P2DP	自由文本	否	930
1(1)	P4SP	自由文本	否	1860
2(0)	P2DP	自由文本	是	450
2(1)	P4SP	自由文本	是	900
3	P2SP	固定格式 *	是	450

续 表

类型码	打包结构	报文类型	RS 编码	传送的数据/b
4	STDP	固定格式＊	是	225
5	P2DP	固定格式＊	是	450
6(0)	STDP	自由文本	是	225
6(1)	P2SP	自由文本	是	450
7	P4SP	固定格式＊	是	900

注：♯:()中数字表示类型变更(TM)的取值,如 0(0)就表示时隙类型为 0,类型变更也为 0。＊:这也包括可变格式报文(VMF)。固定格式与可变格式之间的区别在于每个字的 2 比特字格式字段,而非报头字。

报头之后可以紧跟一条或多条报文用于传输信息。

标准双脉冲(STDP)、2 倍打包单脉冲还采用了抖动。抖动是指一个时隙中传输开始时的一段可变时延或等待时间。它通过改变传输的起始时间,提高了信号的抗干扰能力。对于标准双脉冲报文结构传输的数据为 3 个(31,15)RS 码,总共也是 93 个码元;对于 2 倍打包单脉冲报文结构传输的数据为 6 个(31,15)RS 码,总共 186 个码元;对于 4 倍打包单脉冲报文结构传输的数据为 6 个(31,15)RS 码,总共 186 个码元。

5.2　数据链的组网策略

在总线网络中,不同的实现共享介质访问和避免冲突协议制式对总线网络的性能有不同的影响,如图 5-2 所示。例如,轮询制可以有效避免访问冲突,但它需要一个轮询中心节点,并且需要为轮询指令付出一定的资源开销,且中心节点的重要性使得它有可能成为网络可靠性的瓶颈;时分制对中心节点的依赖性不如轮询制那样严重,但固定的时隙分配会消耗网络资源,影响网络的流量;载波侦听制则不能完全避免访问冲突,当节点数量增加时,冲突风险也随之增加,从而消耗网络资源;令牌循环制可构成无中心的网络,但令牌传递的可靠性常会成为网络稳定的瓶颈等。制式的选择取决于不同的应用场合对网络各种指标的折中取舍。

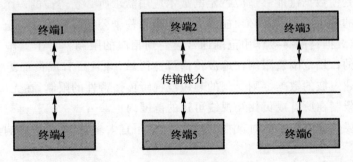

图 5-2　总线型网络的拓扑结构

数据链技术继承了上述串行总线技术的主要特征,并针对无线电传输的特点进行了适应性改造。这些改造主要体现在:

(1)增加适配器无线电信道传输特性的调制解调器及差错控制模块。

（2）将原来驻留在计算机中的总线协议管理程序模块集成到数据链设备中以确保协议的一致性和独立性。

（3）增加了数据加/解密功能以保护数据在空间传播时的安全。

不同类型的数据链可能采用不同的技术组合来实现特定的目标。最常见的组网方式有轮询制和时分制。例如外军常见的 Link11,Link4A 就是采用轮询制,而外军的 Link16 则采用时分制。

无论是采用轮询制,还是时分制的数据链系统,在每一个特定的时刻仅允许有一个成员处于发送状态,而其他的成员则必须处于接收状态,以免造成冲突和干扰。从这个角度看,在每一个特定的时刻,发送节点向全体成员"广播"自己的数据包,而其余的接收节点则接收这个"广播"数据包,并根据数据包中所包含的地址信息确定是否对该数据包的其余信息进行处理。这种协议规则简化了数据包的寻址过程和网络的路由处理算法,使数据链成为一种"全连通"的网路。但这也同时造成了数据链网路的接收节点不能自动返回确认信息,不宜采用"反馈重发(ARQ)"机制实现无差错传输等弱点。

在协议细节上,不同的数据链则根据使用需求进行了针对性设计。例如：

（1）根据无线电路较容易出现"掉线"的问题设计了相应的脱网检测和迟(再)入网处理等协议。

（2）对工作于超短波视距传播电路上的数据链为扩展覆盖区域设计了转发处理协议。

（3）为适应拓扑结构不断变化的移动应用场合,一些数据链系统还设计了必要的自适应转发协议。

（4）为提高网络的吞吐量,充分利用网络带宽,一些数据链系统还设计了相应的动态时隙分配协议等。

数据链系统的基本设计目标是为了解决战场上的各战术平台上的计算机间的战术数据交换,因此数据的互操作性和及时性是数据链设计中必须着力保证的技术指标。为确保这两项指标的实现,数据链网络通常都制定了严格的数据格式和互操作规程;同时,为保证战术数据交换的及时性,通常不允许某个节点长时间地占用网络资源,因此数据链传输协议中通常采用较短的数据帧长度和紧凑的、面向比特的信息编码,并在协议管理上禁止节点长时间地占用电路。而简洁高效是使数据链能够适应特定的战术应用需求所必须遵循的一个设计原则。

由于数据链的各个成员节点必须能够共同连接到一个公共的传输媒介上,因此,受到传输媒介特性的限制,数据链的有效作用范围通常会受到相应的限制。对于工作于短波地波传输媒介上的数据链的作用范围被限制在地波传播可达区域,并且所有成员都能够互相沟通的范围内。而工作于超短波的数据链则受到的超短波视距传播特性的限制,在无中继的情况下,其作用范围通常被限制在所有成员相互视线可达的范围内。

采用中继手段包括空中中继时,中继的跳数通常不宜太多,以免严重影响其最主要的实时数据交换性能。

此外,由于受到无线电路传输带宽的限制,在满足一定的实时性要求的前提下,同一个数据链网络内的节点数量将受到限制。根据数据链工作频段及电路带宽的不同,一个数据链网络的节点数量通常为几个到十几个,一般不会超过 100 个。由于追求较高的节点数据吞吐量和实时性等指标,其最大节点数也仅有 20 个。

如上所述,数据链的组网策略使得通过数据链交换的信息难以做到无差错传输,因此数据链在使用时必须依靠其所连接的数据终端设备进行进一步的数据处理,依靠诸如数据相关性等高层数据特征剔除或减少传输误差所造成的影响。

5.3 网络层技术体制

5.3.1 轮询制

采用轮询网络工作方式的数据链网络,它的活动成员总数一般不超过 16 个(不含静默站)。网络中设有一个主站(又称为网控站),其他的为从属站或静默站。每一个网络成员都被指定一个唯一的地址码。主站是网络的管理者,为所有地址码建立一个轮换呼叫序列。从站是其地址被列在主站呼叫名单中并进行轮询的成员。静默站虽然也有自己的地址,并且该地址也保存在主站的成员名单中,但它们并没有被列入呼叫名单,因此仅能接收数据链的信息,不参与轮询,从这个意义上说,静默站也可以看成是那些没有被轮询的从站。原则上,主站可以随时修改自己的轮询名单,将静默站转为从站或将从站转为静默站。

每个站以时分方式共用一个频率进行信息发送,任何时刻内只有一个站在其分配的时隙内用网频发送信息,在不发送时,每个站都监测该频率,以了解其他站的发送情况。

一、轮询技术体制网络的拓扑结构

1. 星形网

星形网是在通信点分布比较分散的情况下,选择一个通信业务较为集中且位置适中的用户作为骨干节点,呈辐射状态连接各用户而组成的网络结构。星形网是军事通信网的传统组织形式,在无线通信中使用较为普遍。它通常按照用户的上、下级隶属关系,以上级指挥机关或指挥舰为中心,使用无线信道直接连接所属部队用户,星形网络的结构形式如图 5-3 所示。

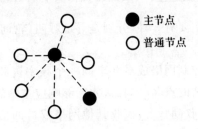

● 主节点
○ 普通节点

图 5-3 星形网络的结构形式

星形网络结构的主要特点:

(1)网络内通信链和指挥链保持一致。指挥中心可以和编组内的其他成员之间共享数据,也可以和远程指挥机构共享数据情报信息,实现了编组内和编组间的数据互通。

(2)骨干节点和指挥所同时开设,建网比较快速,进行网络结构调整比较方便。

(3)采用这种结构能够节省频带,星形网内用户通信时,网内的所有用户都处于同一频率,一次只允许一对用户通信或一个用户对其他用户广播通信。

（4）由于星形网内用户所用的频率相同，网络交换和控制自动化程度较低，容易引起用户之间发生通信碰撞，降低了通信的时效。

2. 网状网

当进行数据通信时，也可以组建成网状网络。网状网实际上是多个星形网的组合变形，在性能上与星形网基本相同，但在网络的可靠性上比星形网络有所提高。网状网的每个骨干节点均能与其他骨干节点通信，当有某个节点遭破坏时，其他骨干节点之间仍能正常通信。其结构示意图如图5-4所示。

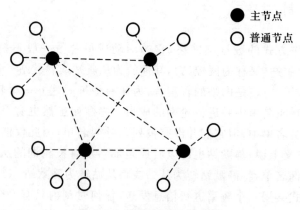

图5-4 网状网结构示意图

从图5-4可见，网状网是由多个星形网络组成，其网内成员较多，结构也比较复杂。网状网内每个编组都有自己的指挥中心（骨干节点），组内成员（普通节点）和指挥中心之间可相互通信，指挥中心之间也可以进行通信，共享数据情报信息。网状网结构配置比较简单，有一定的抗毁能力，但随着网络成员数量的增多，通信链路就会成倍地递增，对数据网络的管理和协调就会越来越复杂。

二、工作方式

主-从网状网的工作方式主要有3种，分别是寻址呼叫（轮询）方式、广播方式和测试方式。

1. 寻址呼叫（轮询）方式

主站采用点名呼叫协议，控制网络成员共享同一个频率资源。除主站可以主动向网络发送信息外，从站必须在收到主站的点名呼叫后，才能够响应主站的呼叫，向网络发送应答信息。所有未被呼叫到的从站都处于收到状态，接收其他网络成员的信息。如果主站有信息需要发送，它可以在一个轮询周期内为自己安排一个发送时段，待发送完成后转入点名呼叫状态。从站可以将自己需要发送的信息与应答信息一起发送到网上，主站会监听这些信息，并在从站完成本次信息发送后才呼叫下一个从站。这种组网协议要求所有成员都能够相互收听到对方的信息，网络成员以广播方式将自己的信息广播给其他网络成员，从而组成网状网络。主站呼叫从站的顺序可以由主站现场编程确定。

主站完成一次对所有从站的点名呼叫过程所经历的时间称为轮询周期。显然，轮询周期的长度和网络成员数、每个网络成员所发送信息长度以及网络所采用的传输速率等因素有关。由于每次轮询过程中，每个站所发送的信息长度不尽相同，因而，一般情况下，轮询周期并不是一个常数。主站呼叫从站的顺序可以由主站现场编程确定,原则上每一个成员在一个轮询周期内一般仅有一次"发言"机会,因此,轮询周期的长短会影响到每一个成员的数据更新率。有的数据链允许在一个轮询周期中对少数从站多次点名,以提高这些从站的数据更新率。轮询周期越长,网络的数据更新率就越低。在数据链的作战应用中,这些因素都必须综合考虑的。

允许正在运行的网络动态接收新的成员,即具有所谓随机入网或迟入网功能。这个功能是通过主站在轮询周期内插入一定长度的"空白"时段实现的。准备申请入网的成员首先监听网络的呼叫/应答信息,并注意探测"空白"时段。一旦探测到空白时段,就占用该时段向主站发出入网申请及自己的地址信息。主站在确认申请者为合法用户时,接受这个申请,并将该站列入下一轮点名呼叫名单中,并在下一轮点名呼叫过程中点名呼叫该站。申请者接收到主站对自己的点名呼叫则证实自己已成功入网。显然,插入的"空白"时段延长了轮询周期,这对提高网络的数据更新率是不利的。

那些不再需要参与数据交换的网络成员可以退出网络。退出网络的方法是不响应主站对自己的点名呼叫。主站在规定的数个轮询周期中都没有接收到该站的响应则认为该从站已经退出网络。主站将该从站的地址从下一个轮询周期的轮询名单中扣除,不再呼叫该站,从而缩短了轮询周期,提高了网络的数据更新率。对于那些因为故障或战损而脱离网络的成员,这个办法也同样有效。

2. 广播方式

虽然在轮询方式中,每个网络成员都将自己的信息广播给其他成员,但这种广播仅在被询问到时才开始,并仅广播一次。而这里所说的广播方式则是指网络成员有紧急信息且需要在一定时间内持续自主广播这些信息时采用的一种工作方式。在这种工作方式中,需要进行持续广播的成员在轮询中向主站发出广播请求信息,主站在收到请求后,中断正常轮询,并为需要广播信息的从站安排一段事先规定的时间段通知该从站,该从站收到允许广播的通知后,开始自主广播直到规定的时间段结束。规定的广播时间段结束后,该从站结束广播转入正常的轮询收听状态,主站则重新开始点名呼叫,网络返回到正常的轮询方式。

3. 测试方式

测试方式用于数据链开通准备过程中检验网络成员间的设置是否正确,所选择的工作频率是否存在干扰等。在网络工作过程中,如果必要,主站也可以通过勤务命令转入测试方式。在测试方式中,主站向网络发送规定的伪随机测试码,各从站利用该码建立同步,检测接收误码率,并在随后的主站轮询中报告接收情况,供主站对网络的工作质量作出判断。

5.3.2　时分多址体制

Link16 的通信系统是以时分多址工作方式组网的,每个成员都按统一的系统时基同步工作。用户间的交换不需要经过中心台的控制和中继,从而组成一个无中心节点网络,使得无论哪一个用户受到破坏也不会削弱系统的功能。网内任何一个终端均可以起到中继作用。因此,系统具有极强的生存能力。

时分多址是在一个带宽的无线载波上,把时间分成周期性的帧,每一帧再分成若干份时隙(无论帧或时隙都是互不重叠的),每个时隙就是一个通信信道,分配给一个用户。系统根据一定的时隙分配原则,使各个用户在每帧内只能按指定的时隙向网内发射信号(突发信号),在满足定时和同步的条件下,用户可以在各个时隙内接收到其他用户的信号而互不干扰。

对于时分复用(TDMA)更要考虑时间上的问题,所以要注意通信中的同步和定时问题,否则会因为时隙的错位和混乱而导致通信无法正常进行。由于 TDMA 分成时隙传输,使得收信机在每一突发脉冲序列上都得重新获得同步,为了把一个时隙和另一个时隙分开,必须有额外的保护时间。因此,TDMA 系统需要更多的开销。

采用时分复用带来的优点是抗干扰能力增强,频率利用率有所提高,系统容量增大。

一、时分复用的工作原理

在数字通信中,PCM 或其他模拟信号的数字化传输,一般采用时分复用方式来提高信道的传输效率。时分复用的主要特点是利用不同时隙在同一信道传输各路不同信号。

下面以传输 3 路数字语音信号为例说明时分复用的工作原理。

如图 5-5 所示,设 $N=3$ 路话路,输入信号 $m_1(t)$,$m_2(t)$,$m_3(t)$ 分别通过截止频率为 f_H 的低通滤波器,送入图 5-6 的"发送旋转开关 S_T",在接收端 3 路模拟信号被"接收旋转开关 S_R"抽样。

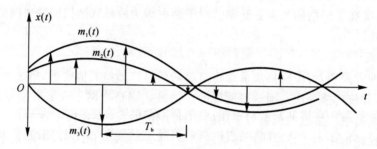

图 5-5 时分复用的信号波形

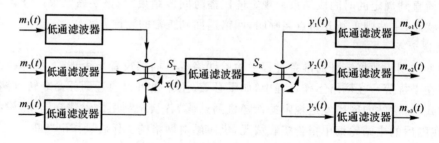

图 5-6 时分复用(TDMA)的工作原理

设开关每秒旋转 f_s 次,每旋转 1 次,对 3 路模拟信号扫描抽样 1 次,这一组连续 3 个脉冲称为 1 帧,1 帧时间长度为 $T_s=1/f_s$,每一话路所占用的时间为 $\tau=T_s/3$,τ 称为时隙。

设两个开关同步旋转,传输中也没有噪声干扰,旋转开关 S_T 理想抽样的输出为

$$x(t) = \sum_{k=-\infty}^{\infty} \left\{ m_1(kT_s)\delta(t-kT_s) + m_2(kT_s+\tau)\delta(t-kT_s-\tau) + \right.$$
$$\left. m_1(kT_s+2\tau)\delta(t-kT_s-2\tau) \right\}$$

各路样值信号分别为

$$y_1(t) = \sum_{k=-\infty}^{+\infty} m_1(kT_s)\delta(t-kT_s)$$

$$y_2(t) = \sum_{k=-\infty}^{+\infty} m_2(kT_s+\tau)\delta(t-kT_s-\tau)$$

$$y_3(t) = \sum_{k=-\infty}^{+\infty} m_3(kT_s+2\tau)\delta(t-kT_s-2\tau)$$

当系统满足抽样定理时,则各路输出信号可以分别恢复发射端的原始模拟信号。

上述概念可以应用到 N 路语音信号的时分复用传输中去。N 路的时间复用信号的时间分配关系,如图 5-7 所示。时隙 1 分配给第 1 路,时隙 2 分配给第 2 路,…,时隙 N 分配给给第 N 路。N 个时隙的总时间称为 1 帧。

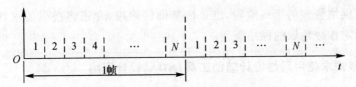

图 5-7　N 路语音信号的时分复用

每 1 帧的时间必须符合抽样定理的要求。对于单路语音信号的抽样频率,规定为 8 000 Hz,故 1 帧时间为 125 μs。

二、Link16 的时分多址技术

Link16 数据链是一种无基站式的时分多址保密无线网络。其已经逐渐成为美军部署指挥、火力控制的基础通信手段。

Link16 采用向每个 JTIDS 单元分配单独时隙进行数据传输的网络设计,这样就不再需要网络控制站。它将 24h(1 440 min)划分为 112.5 个时元,每个时元又划分为 64 个时帧,每个时帧长 12 s,每个时帧又分为 1 536 个时隙,每个时隙长 7.812 5 ms 用于数据传输。时隙和时帧是 JTIDS 网络的两个基本时间单位。所有 JTIDS 系统成员每个时帧均分配一定数量的时隙,在这些时隙里发射一串脉冲信号,以广播它收集到的情报或发出指挥和控制命令,其他终端机则接收信号,从中提取自己所需的信息。即每个网络成员在 12 s 内至少一次与网络交换信息。

每个时隙都以粗同步头开始,接着精同步头、数据,最后是保护段,见表 5-12。

表 5-12　普通时隙结构

同步头		报头			数据	保护
粗同步	精同步	消息号	用户号	时隙号		

这种无基站式的网络方式较主-控站网络方式的最大优势在于:主-控站网络在战时若主控站被破坏,那么网络通信就随之终止了,无基站式的网络方式则不存在这样的问题。

5.4 Link16 网络管理

Link16 的网络功能建立在作为底层数据通信链路层的 JTIDS/MTDS 信息分发系统上。网络管理过程伴随着 Link16 的全生命周期,以确保整个网络能够为入网单元提供先进、可靠、稳定的战场态势感知能力,共包括 4 个阶段:网络设计、通信规划、网络初始化、网络运行。

5.4.1 网络设计

网络设计是网络管理的第一阶段,也是最基础的阶段,专家将根据需求,使用专用的工具设计出最适合预定作战地域的网络配置。

一、针对作战需求使用网络设计辅助工具(NDA)设计网络

Link16 终端工作在 960～1 215 MHz 频段。由此带来的不良影响是它可能与敌、我识别导航设备所使用的频率产生冲突,并且通信距离被限定在视距范围内。为增大 Link16 通信距离,必须依靠另一台 JTIDS/MIDS 终端进行中继或使用不同的 JTIDS 终端进行转发。为避免与敌我识别频率冲突,Link16 没有使用 1 008～1 053 MHz 和 1 065～1 130 MHz 两个频段。在美国大陆或其海外属地 370 km 范围内的使用必须遵守联邦航空管理局对 JTIDS/MIDS 终端脉冲强度所进行的规定。这也是另一项避免导航系统冲突的防范措施。不过此项规定使 Link16 在其他国家的使用中产生了互操作性能方面的问题。至于空中交通管制,其他国家一般也采用美国联邦航空管理局的某些规定,未来主要关注日本和韩国的空中约束规范;澳大利亚的 JTIDS 使用,以及装备了 JTIDS 的美国海军宙斯顿系统上的某些问题。受终端所使用的频率限制,入网单元使用 JTIDS 的距离只能在视距内。为此,在网络设计中,使用某些终端作为中继,这使得一些终端接收信息并中继另外一个网络。岸基机构的设计管理员根据由军官提供的一序列网络需求,使用计算机网络设计辅助工具完成网络设计。所有海军网络在通过岸基实验室测试检验后方可进行分发。网络分发包括网络描述规范(NDS)文件、Link16 通信规划辅助设计工具(CPA);CPA 速查向导(QRG)更新、JNL 更新/增加信息、JNL 编号、网络修改信件及生成带时间标签的磁带媒体,网络设计辅助工具是一台 Sun 工作站,配置在岸基网络设计设施内,帮助设计网络。在舰队生成的需求基础上,网络设计员输入相匹配的数据,产生所有的时隙相关和大多数的非时隙相关参数。在联合网络中,每个军种都有着相同的网络设计辅助工具以保证互操作性。网络设计辅助工具在磁媒体上生成 JTIDS 网络库。在设计网络的过程中,要重点考虑以下两下因素。

1. 时隙占空因素

时隙占空因素(TSDF)的参数有两项,表明在网络结构的特定地理区域内 JTIDS 最大允许发射脉冲数。这个式子包括某一地区所有用户的总发送脉冲数和单个用户最大脉冲发送数,用%表示。如果 12s(一时帧)发送 396 288 个脉冲即为 100%。TSDF 不是单纯的分数,40/20 和 100/50 的意义是不一样的。为便于计算,半径为 370km 范围内的所有用户被视为在同一单个地理区域,相互距离在 13km 范围内的地面单元被视为同一单元,在计算时必须考

虑重叠区域同题。

2. 网络时隙占空因素

因为网络分配了所有入网单元发送信号的时隙,所以网络时隙占空因素在网络设计时就决定了。为满足目前 JTIDS 分配中的 40/20 和 100/50 的限制,设计者建立了许多特殊的网络结构,这些网络容量有限。在一个满足 40/20 限制的网络里,可能没有栈网、多重网络和语音功能。

二、作战互操作需求组(OIRG)批准网络生成 JTIDS 网络库

加载于不同平台的用于初始化链路运行的参数是以网络文件的形式提供的。每个网络都是一个独立的通信规划,可满足作战、测试、维护或训练的需求。网络将为满足任务需求的通信功能回路分配系统容量,即向每个入网单元和相应的功能(如蓝军报告、监视、空中管制、语音等)分配一定的通信能力。Link16 具有足够弹性,可满足多种通信需求。所有被批准使用的网络的信息都由 JTIDS 网络库统一提供。

JTIDS 网络库包含所有准许使用的网络的信息,可为不同用户提供多种磁媒体的储存形式。JNL 磁带文件由 C^2P 和战术空中任务规划系统(TAMPS)根据操作员访问形式进行分类。该设备从多个网络中选择最合适的网络并根据该网络生成具体的各平台文件。每个网络都拥有完整的平台加载文件,为计划中的每个用户的访问分配系统容量。

5.4.2　通信规划

通信规划是网络管理系统的第二个阶段,包括使用通信规划辅助设计工具或通信规划快速查询向导完成对符合预期作战环境需求网络的选择,分配网络角色,为具体平台分配通信容量、生成 OPTASK LINK 报文的 Link16 版块等。在第一次选择平台加载文件和方案优化时,网络容量即完成分配。在时分多址结构下,每个单元,包括舰船、预警机和战斗机都可获得专用其发送信号的时隙。

通信规划辅助工具是基于联合海上控制信息系统(JMCIS)的辅助工具软件,帮助战斗群参谋人员完成通信规划任务。通信规划任务主要包括为作战环境选择最佳网络、分配通信容量、分配网络角色、生成作战任务报文等。当 JMCIS 访问受限制时,独立的 Unix 版本软件将替代使用。

1. 选择适合任务的网络

每个网络在其网络描述规范文件得到详细的定义,包括一序列的平台时隙/非时隙参数。为便于查询,从网络描述规范中抽取了部分信息在通信规划快速查询向导上发布,其信息可帮助规划和操作人员理解具体网络的容量,包括 4 个信息:网络时间线、部队广义层次划分、网络概述和连接矩阵。网络设计定义了每个网络参与群的时隙分配和入网单元情况。

2. 分配访问容量标识符

为增加灵活性,设计方案优化文件被用于在通信规划和初始化阶段优化调整网络,在具体的网络参与群内分配通信容量。监视、空中管制和战斗机-战斗机网络参与群均得到了该文件的支持。因为在不同的作战中会调用不同种类和数量的平台,每个网络参与群都具有多个不同的容量分配方案,这些方案各自有其编号。

3. 分配网络角色

通信规划员为 Link16 指派主要和替代的网络角色。为防止冲突,角色的分配信息在 OPTASK LINK 报文上发送。角色包括同步角色、导航角色和多链路角色。角色的具体指派是根据联合作战指挥官命令、平台通信容量和位置决定的。为防止阻碍/中断链路的激活/运行,没有获得分配的单元不能擅自担任相应角色。

同步对于链路运行是极为重要的,因此必须指派网络时间参考单元(NTR),所有单元都被默认为主用户(primary user),即将执行有源同步。所有用户除网络时间参考单元、导航控制单元(NC)、从导航控制单元(SNC)外,都可被指派为入网 JTIDS 单元(IEJU)。如果需要多链路相对网格方案,则 JTIDS/ MIDS 数据转发单元(FJU)也是必须的。

如果一个装备了 Link16 的单元被指派承担网络时间基准任务,它将为所有进入数据链网络的单元提供时间同步的单一数据源。在网络建立好后,可在没有网络时间基准的情况下继续工作数小时。

网络时间参考单元每个网络只有一个,负责建立系统时间,发送初始网络接入报文,所有其他单元都与其同步。入网 JTIDS 单元在网络时间参考单元视距内,向网络时间参考单元视距外的入网单元转发系统时间。导航控制单元作为相对位置参考单元,用于相对导航,必须保持有源模式和移动状态,一般由预警机担任。从导航控制单元在导航控制单元无法与其他网络参与单元保持足够角速度的时候,设法保持相对导航网格的稳定。它必须是有源模式的,和导航控制单元保持在视距内并与其有低相对角速度,任何单元都可担任此角色。主用户/从用户的区别在于分别处于有源/无源同步模式。定位参考单元(PR)必须是已经过精确测定的地面站,它为测地网格提供稳定的参考点。数据转发单元连接 Link16 和 Link11,转发监视/精确定位识别/任务管理/武器协同报文,是唯一的多链路运行单元。

4. 生成作战任务数据链报文

在 OPTASK LINK 报文的生成和使用过程中,联合接口控制军官(JICO)的作用是举足轻重的,它是为解决在联合作战中出现的多 TADIL 网络管理缺乏协同互操作性的问题而设置的。在其投入联合作战行动后,电子战场的复杂性得到了有效控制,联军指挥官也具有了更强的指挥对敌作战和避免误伤的能力。美国联合军事力量指挥部(USJFCOM)负责监管联合接口控制军官项目。

联合接口控制军官是理解联合作战的专家,具有在联合数据链使用方面的雄厚技术背景,能操作复杂的链路结构以最大限度的优化作战效能。多 TADIL 网络即其网间接口构成了战区数据网(JDN),分发一致的的战术图像和综合空中态势信息。在战役的各阶段,联合接口控制军官负责管理战区数据网的信息获取,从而为指挥和控制提供完整和无缝的一致战术图像。他编译战术信息,开发和实现多链路结构,协调作战任务数据链的发展,执行动态规划。此外,其职责还包括初始化并维护多 TADIL 网络结构,关联语音链路,解决跟踪管理问题,必要时修改结构,通过数据链状态报告监控链路运行。特别是要监控在多个链路中都起到作用的 JTIDS 单元,确保其处于激活状态。JTIDS 单元能通过网络参与状态指示器在 PPLI 报文中自动报告自身情况,据此联合接口控制军官能知其是否担任重要职责(网络时间基准、导航控制等)和是否处于正常状态。在这些 JTIDS 单元退出网络时,必须以其他方法(如语音)通知联合接口控制军官。

5.4.3　网络初始化

在开始运行 JTIDS 前,Link16 各终端需要从 64 个存储块中下载大约 550 个参数,其中 60 个为非时隙参数,40%为时隙参数。非时隙参数设置平台整体状态,包括天线配置、导航接口和其他 JTIDS 与主机计算机接口需求等。通过这些参数引导终端的过程即为初始化。各入网单元的初始化设置必须符合严格的兼容性要求。网络管理系统(NMS)协调各平台的参数加载,确保在入网单元间建立有源模式的连接。

网络初始化过程包括以下 3 步。

(1)根据作战任务数据链报文从 JTIDS 网络库挑选最佳网络设计定义文件。

(2)根据作战任务数据链报文输入任务/平台特征数据。

(3)生成数据加载文件。

战术空中任务规划系统(TAMPS)是基于 Sun 工作站的系统,为 E-2C 和 F-14D 飞机生成特定的 JTIDS 平台加载文件。产生初始化文件所需的信息由作战任务信息链报文提供.在操作员从网络库中选择访问合适的网络之后,提取对应的平台文件,将其写入数据传输设备并加载飞机。

在部署之前,密钥已通过电子或机电填充设备完成了分配、传输和加载。主机系统用户键入本地和任务识别码,并由软件完成余下部分的填写。本地终端读取其内部计时器信息并开始发送入网报文,一般情况下网络之内所有台站都可收到该报文,即实现粗同步。在粗同步的基础上,终端能接收报文,并开始精同步的过程。与信号质量最佳的相邻系统交换往返计时(Round Trip Timing)报文的过程通常需要 1~2 min。如果是将一个用户接入已经运行的网络,两个步骤只需耗时 1min。一旦本地终端精同步完成,所有网络操作(特别是与导航有关的操作)即可开始运行。

5.4.4　网络运行

当前 3 个步骤都顺利完成,Link16 网络就进入了运行阶段,网络管理主要包括以下 3 个任务。

1. 监控敌、我态势

通常通过数据链状态信息监控数据链。特别是部队跟踪协调员(FTC)会监控 JTIDS 单元状态,为其分配不同的网络角色并确保其为有源模式。JTIDS 单元在精确定位与识别(PP-LI)报文中,向指挥和控制处理器上的网络参与状态(NPS)指示器自动报告其状态,报告的状态可能为有源模式、非有源模式或受限。在被分配为关键角色(NTR、NC、中继等)的 JTIDS 单元不在有源模式状态或容量受限。将被分配的备用平台或潜在备用平台的状态,指挥其激活所将履行的功能。

2. 根据任务的改变情况适当地修改参数

在数据转发单元故障时,部队跟踪协调员(FTC)必须将其功能转移到另一台数据转发单元上去。在 OPTASK LINK 报文中,这个角色通常被分配为装备了指挥和控制处理器的单元。备用的数据转发单元可监控工作中的数据转发单元的 PPLI 信息,一旦其 PPLI 信息偏移,部队跟踪协调军官会进行协调,指导其转入 Link16 静默和 Link11 的只接收状态,关闭监视功能并选择单数据链模式,将功能转移到备用数据转发单元上。

部队跟踪协调员负责协调数据链改变、监控连接、监督跟踪管理和网络维护。指导设定的信息包括网络角色指派、运行模式、JTIDS 终端参数、数据链参考点、网格原点和网络控制站以及可能有网络时间、空中管制信道分配、语音信道分配等。在入网单元出入网络、设备损坏或所处编队位置不佳时,NTR,NC 和 SNC 等网络角色可能发生改变。

    3. 维持网络连接

在选择无源模式后,导航控制单元将从导航控制单元或主用户被自动切换为从用户,直到重新有源模式链路参与后主角色身份才能被恢复。而在操作员手动选择转换为从用户角色时,但愿并不会切换到无源模式,终端保持正常发送。无源链接单元通过接收到的 PPLI 报文获得或保持导航和同步,而用于有源模式同步的往返计时功能被禁止。如果要以无源方式接入网络,之前网络中必须已存在其他单元,至少 3 个单元处于能发送 PPLI 的状态。

5.4.5 数据链管理技术的发展

随着数据链应用的增加,数据链管理问题已提上日程。数据链管理方案能够对数据链和网络服务进行自动化智能控制,提高作战效率。

2004 年,L-3 通信公司开发了网络平台通信管理器(IPCM),在 8 月美军举行的远征部队试验演习期间做了演示。IPCM 可以实现对数据链和网络服务的自动化智能控制,支持多平台通用数据链、多任务战术通用数据链与航空通用传感器,以及未来的网络中心协同瞄准计划、JTRS、多任务海上飞机及战术机载侦察系统。利用 IPCM 技术,可以连续监视与地面站关联的飞机位置,预测保持 TCDL"鹰链"链接所需的数据传输速率及平台天线的变化,可以大大减少数据链中断率,明显改善无线网络的性能、宽带数据链的链接以及数据链的可用性。

此外,洛克希德·马丁公司与美国空军指挥作战实验室联合开发了数据链自动报告系统(DLARS)。它可利用 Link16 链接自动报告系统,发布战区作战管理核心系统各数据库的近实时信息,为机组人员提供飞行任务支持。在 2004 年联合远征部队演习第 3 阶段的演示中,DLARS 系统使装备 Link16 数据链的飞机可以与内华达州内利斯空军基地的空军作战中心共享数据,并将实时任务信息从飞行员那里传递给空战规划人员。

美国政府计划建立被称作 JICO 支持系统(JSS)的网络管理工具,国防部为该项目投入1.25 亿美元。JSS 是一个可运行网络管理软件的移动计算机和电台系统群,它将在联合作战期间在多数据链网络中为数据链管理人员提供有效计划制定、监控和信息交换管理能力。最初由美国空军和海军领导 JSS 项目,美国陆军和海军陆战队于 2006 年加入该项目。盟军间互操作能力是数据链的核心,美国通过 JSS 项目与英国建立强大的协同作战能力。英国也并行开展了自己的网络管理项目。英国的联合网络管理系统(JNMS)主要是升级部署在英国东海岸的英国防空地面环境(UKADGE) LinkI6 数据链,使数据链能力能够覆盖到英国的西部和西南部。

5.5　Link11 网络管理

Link11 网络管理不同于 Link16。网络控制站是 Link11 数据链网络的核心,网络管理的核心是保证同网络控制站的可靠通信。如果一台设备无法识别它自己的地址,它就不能传输信息。如果网络控制站不承认此设备的起始代码,它将干扰此设备第二次上网。设备之间的通信程度称为连通性。良好的连通性是指所有设备相互之间能完整准确地交换战术数据。设备的性能、无线电频率传播特性和范围等因素均可使连通性下降。在网络管理中选择担当网络控制站的单元则是最重要的决定之一。设备和位置这两项首要特性决定了网络控制站的选配。网络控制站应该使用最好的 Link11 操作系统,并且处在同其他所有单元保持通信的最佳位置。

5.5.1　网络的配置与设置

Link11 的配置与设置,一般在台站部署前确定,每个台站都要进行一次全面的部署前试验与评估。战术系统互通性中心独立小分队和移动技术单元可以完成上述任务。战术系统互通性中心独立小分队能够以交互方式复制一个作战群数据链态势。除检验战术数据系统程序外,小分队能完成关于战术数据系统发送和接收能力方面的特殊操作准备试验,不仅要知道一台发信机和接收机性能,而且要测试所有可能的设备组合。后面的试验内容将向网络管理者提供设备和责任方面的一种感性认识。移动技术单元能够帮助解决超出日常维护方面的问题。

网络控制站所处的位置应能够直接通过无线电通信设备接收刚加入网络的任何一个单元的信息。HF 在地面和空中的范围大约为 550 km。UHF 在地面范围为 10~50 km。对于地对空,UHF 范围能扩展到 270 km。具有 UHF 中继能力的机载预警平台能够扩大 UHF 的地面范围。

对于 Link11,下面的因素影响频率的选择和适用性能:

(1) Link11 所确定频率数限制;

(2) 2~6MHz 频带通信频道拥挤;

(3) 日/夜无线电波传播特性;

(4) 太阳黑子活动;

(5) 无线电频率干扰和它对站上战术电路的影响。

网络循环时间的测量方法有两种:一种是使计算网络控制站完成一次所有参与单元顺序轮询所需要的时间,这就是网络的网络循环时间;另一种测量方法是参与单元报告机会间的平均时间测量,这就是参与单元的网络循环时间。参与单元的网络循环时间是由网上各个参与单元计算并报告。每个参与单元的测量值互不相同,并且同整个网络的网络循环时间也不相同。在网络循环时间,如果每个参与单元仅被访问一次,则一个参与单元计算的网络循环时间与其他参与单元的计算值相同,但如果一个参与单元每周期两次顺序轮询,它的网络循环时间计算值近似等于其他参与单元报告的计算值的 1/2,并且大大低于轮询所有参与单元所要求的实际时间。影响网络循环时间的因素包括以下几种：

（1）轮询参与单元的数量；

（2）对初次呼叫作答复的参与单元数量；

（3）对第二次呼叫作答复的参与单元数量；

（4）对呼叫不作答复的参与单元数量；

（5）每个参与单元正在发送的数据量。

为了及时对指令作出反应并准确显示信息，每个参与单元必须尽可能保持传输状态。参与单元发送频率由网络循环时间决定，减少网络循环时间，让网上每个参与单元有更频繁的传输信息的机会。

为了减少网络循环时间，最好将网络可变参数置于操作者或网络管理员的控制之下。这些参数是：①轮询参与单元地址数目；②每个参与单元报告的数据量。

剩余的网络循环时间消耗在一些杂项上，如前置码、相位参考帧和控制代码。由于这些杂项控制着网络功能，因此无法改变。保证所有参与单元一次上网成功，能使网络循环时间最短。如果需要，将对首次呼叫不作出反应的参与单元在轮询中搁置起来，此后只能通过减少网络控制站传呼的参与单元数量和限制交换数据量来降低网络循环时间。还要考虑到，对于数据链的网络循环时间而言，每个虚拟的参与单元将增加。如果一个参与单元因为维修或重新配置设备而退出网络，应该在它重新加入网络之前不再参与顺序轮询。如果一架飞机要加入数据链，则需要等到起飞后或进入运行区域才能成为参与单元。

一种减少传输数据量的方法是让参与单元启动战术数据系统的特殊跟踪滤波器；另一种方法是确保消除所有双重跟踪标志。识别和隔离异常也能改善网络效率。需要注意两个典型的网络异常事例：一是由网络控制站停止工作引起的网络中断；二是扩充参与单元数据传输产生的网络中断。

对于含有给定交换固定数据量的参与单元数量的网络有一个最小的网络循环时间。这个最小网络循环时间假设每个参与单元对首次呼叫都有反应，而且是可以计算的。美军用标准MIL－STI1188－203－1 A规定了在高数据率下，从接收到发送转换时间将在1～3帧。对于每个轮询参与单元，有23帧的附加帧数。此外，网络控制站报告每循环一次有15帧（比传呼多5帧）。

网络管理员具体负责战术数据链的网络管理。他们的任务是管理好网络资源，使其发挥最大的效率。因为不同的战术数据链具有不同网络资源、结构和特征，其网络管理的要求也不尽相同。例如，对于Link4A的网络管理，就是适时分配控制单元的频率和受控单元的地址，使指挥员在给定的时间内获得最多的数据，保证最多的指挥通信。对于Link11的网络管理，就是必须努力缩短网络循环时间，提高网络效率，使数据吞吐能力变大。对于Link16，在实施网络管理期间，网络管理员所担负的责任包括动态建立、维护和中止网络参与单元间的链路通信。此外，他还要做好准备，根据操作环境的变化及时做出对策。在负责网络控制与协调方面，网络管理员的任务是监视编队位置和分布、维护正确的网络结构、满足多链路要求和一般链路的管理。其操作范围包括为具体设备指定在网络中的作用、启动或停止中继、改变干扰保护持性（IPF）的设置、改变JTIDS设备的"正常域数据抑制"状态。例如，网络管理员为了支持大量的JTIDS设备能够入网，他必须确保这些设备能够向网内发送初始输入报文。

故障一经发现，即可使用一套测试设备检测到部件一级，可以用功率表、频谱分析仪、示波器等检测无线电、数据终端设备、接线板,计算机则用诊断程序完成检测。

5.5.2　网络规范

具体而言,为保证网络的正常运行,Link11 和 Link11B 的使用应遵循以下规范。

1. Link11 数据链的规范

(1)便用 Link11 的数据信息系统通常以二进制的形式在数据网络之间来交换战术信息。数据系统应该根据预先设置使得每个参与单元可以向其他数据单元传送重要的数据。

(2)在 Link11 上传送的数据由来自所有参与单元的循环数据报告序列构成,当参与单元收到发送报文时,其中的发射机将自动打开,同时当接收到终止报文时,发射机将自动停止。发射机的辐射输出必须保持在一个可以接收的水平量级上。

(3)无线电发射机可以处在不进行任何操作的状态,或者为了同一单元数据的传送无线电发射机可以抑制自身的数据输入,或者无线电发射机也可以作为传送数据的监视器。在不进行任何操作的状态,为了下一步数据的及时传送,无线电接收机要及时激活启动。

2. Link11B 数据链的规范

(1)点对点之间交换战术信息。数据系统应该根据预先协定的程序,使得每个单元可以同与其直接联系的单元直接进行数据交换。

(2)在 Link11B 上传送的数据由各自数据系统的报文序列与其他 Link11B 和 Link 11 数据链上的转发报文序列构成。

(3)时间周期(Time Perials)应在数据链完成下列功能之前分配定义好:

1)从传送状态变为接收状态;

2)AGC 重新预设状态时;

3)多普勒校正;

4)同步协调。

(4)以上的各种操作必须遵循一定的时间序列表。

1)接收转为发射的时间序列表;

2)发射转为接收的时间序列表。

(5)通过数据终端设备、计算机设备发射机和接收机可以自动地完成功能转换(即由发射状态和接收状态的互换)。当发射机的单元地址被数据终端设备识别后,则发射机开启。在单元报文的结尾时,发射机关闭。

(6)发射机的开启和关闭状态应该有如下规定:

1)开启。当发射机的输出功率达到了 90% 时。

2)关闭。当发射机的输出功率下降到接收机无法检测到功率下降时,认为发射机关闭。

(7)随着接收信号的强度达到了信号值的 90%,建议自动增益控制(Automatic Gain Control,AGC)重置操作应该最长在 20ms 内完成,以便将剩余的时间留作多普勒校正之用。

(8)在 AGC 重置和多普勒校正期间,发射机应该工作在 2 915 Hz 和 605 Hz,分别以 6dB 和 12dB 的发射功率来工作。在以 2 915 Hz 工作时,为了帧调整的目的,在两个连续的帧之间,信号的相位都要提前 180°。

(9)伴随着 AGC 重置和多普勒校正,多普勒校正的功率降低到 7dB(高于正常值),而

2 915Hz的功率降低到正常值。

（10）帧校正。数据传送的帧校正应该工作在 CORRECTED 模式和 STORED 模式，分别对应着大气传播的 EXTERNAL 模式和 INTERNAL 模式。

1）在 CORRECTED 模式下，设备应该能够同步上两个连续帧中的检测到的帧信号。整个同步线路应该具有±0.25ms 的分辨率。应该注意的是，在这种模式下工作会有相位跃迁的现象。

2）在 STORED 模式下，帧校正信号核和网络同步信号应该在 2min 的周期内由网络控制台传送。帧校正的操作通常应该在不超过 24h 的时间间隔内完成，但是在大多数的情况下，由于特定的情况，通常需要在网络控制台的判断管理下进行重新调整。剩余的参与单元应该可以接收到这些信息，并把这些信息储存下来作为对接收时间的参考。同样也能够纠正相关数据设备的控制范围，以便根据各自的存储时间参考来对各自的发射传送时间、对接收和传送延时进行补偿。在上述的帧校正中提供了参与单元和网络控制台之间的同步。

3）在 CORRECTED 模式下，这种模式通常被 PUS 单元在 STORED 模式的状态下首次加入一个已经同步的网络时使用，也可用在 PUS 单元由于帧校正而造成的失真必须要重新加入网络时使用。

4）在 STORED 模式下，主要操作是网络同步操作，一旦网络同步操作完成，这种同步状态将不再受信号传播的影响，直到下一次同步操作为止。当选择 STORED 这种模式时，需要注意：在网络中如果有参与单元快速移动，则需要频率范围切换变化；在网络测试模式（Net Test Mode）结束之后通常要选择时间校正模式。

习　　题

1.简述标准化的报文格式的重要性。

2.试述 J 型报文格式的具体内容。

3.简述 Link16 的报文传输结构。

4.简述网络层技术体制的轮询制和时分多址的工作方式。

第6章　数据链与平台集成及应用

数据链交换的信息不只是数据的交换,也是思想的交换,即包含一定的战术。数据链支持的是连续不断的信息交换,尤其是态势信息的交换。数据链战术功能的发挥依赖于数据链组网使用、数据链与平台的交联以及基于数据链的系统战术功能的开发。其中,数据链组网要根据具体的作战任务进行相应的网络设计,在系统初始化后自动执行,传输协议是数据链组网的关键技术,传输协议是按照执行各种作战任务对信息的需求和方式,以信道能力为基础,为使战术数据交换达到规定的要求所做出的规定,只有依照它进行网络设计才能使数据链有序地工作和高效地完成任务。

数据链与平台交联也称为数据链集成应用,涉及指控平台、武器平台和传感器3个方面,这些平台系统由于产生于不同的年代,服务于不同的用户,因此系统的技术状态纷繁复杂。实现数据链交联需要对系统的硬件和软件做出相应的改变,这种改变不仅要接纳由数据链带来的信息交换能力,而且要体现这种交换能力带来的指挥与作战能力的提升,即作战方式的改变。数据链与平台交联实现战术功能是以格式化消息标准为基础的,系统之间为了实现计算机自动识别与处理,要用格式化的消息来传输数据,格式化消息标准是现代战争各种作战任务对支持信息的要求。系统对数据链战术消息的有效处理是实现各军兵种联合作战条件下的信息共享、战斗协同、武器控制的必要技术支撑。

目前,国际上使用较广的数据链有 Link4A,Link11,Link16 等,其中 Link16 是保密、大容量、抗干扰、无节点数据链,采用时分多址技术体制,其设计目的是满足现代战争中作战任务的战术信息交换需求。Link16 已成为作为美军作战部队、C^3I 系统和各类武器平台的主要战术数据链,现在已经进入大规模的应用阶段。本章主要以 Link16 为背景进行数据链与平台集成以及典型应用描述。

6.1　数据链集成应用

6.1.1　数据链集成应用概念

数据链集成应用就是要将数据链系统嵌入指控系统、武器平台、电子战平台等各类应用系统,实现有机的连接,把分布在作战区域的指控系统、传感器、武器平台联系在一起,实现战术信息快速交换和态势信息共享,使得指战员能够实时掌握战场态势,缩短决策时间,提高指挥速度和协同能力,对敌方实施快速、精确、连续的打击。

一、数据链集成应用需求

数据链是信息化战争中的重要装备,连通分布于天基、空基、陆基和水下多维空间的众多作战平台,将战场感知系统、指挥控制系统、火力打击系统和支援保障系统等作战要素紧密联为一体。陆地、水面/水下、空中和空间各平台之间实现联合作战或协同作战,必须在各军兵种之间形成一致、正确的公共战术图像,这就需要通过数据链分发各类监视信息、电子战情报信息、参与者精确定位与识别信息、系统与平台状态信息,以及任务管理和武器协同等信息。数据链集成应用包括 3 个方面的含义。

1. 数据链与应用系统/平台的集成

数据链是根据作战需求发展起来的,它不仅包含通信的因素,更重要的是支持指挥控制(C^2)功能,为 C^2 服务的数据链应用于指挥所系统和武器平台,这些系统一定要按照数据链消息标准和交换协议进行战术消息处理,才能带来能力的重大提升。因此在进行数据链与应用系统/平台集成时,必须进行数据链端机在系统和平台的嵌入、数据链应用软件和设备的开发、现有系统和平台应用软件的适应性改造等工作。但是传统的战术指挥所系统种类繁多,经过多年建设已经自成体系,并且不包含数据链系统具有的独特能力,因此,首先要寻找一种技术机制,实现应用系统与数据链的集成,支持在现有的系统体系上对传统的各类系统在尽可能不改动或少改动的情况下实现系统能力的平滑提升。

2. 多种数据链集成

随着时代的发展和作战样式的变化,美军等北约等国家根据不同时期的作战需求和当时的技术水平,开发了一系列数据链,如 Link1,Link4,Link11,Link16,Link22 等,它们在信息类型、数据精度、使用范围、传输距离和抗干扰性能等方面不尽相同,用一种数据链不能简单地代替其他数据链。同时使用多种数据链,可以起到取长补短、互为备份和提高抗毁性的作用。因此,多种数据链共存将是必然和必要的。当一个系统同时接入多种数据链时,就需要解决多种数据链集成的问题。

3. 数据链与地面网络的集成

未来战争是以网络为中心的信息化战争,为各军兵种或领域应用系统/平台提供网络化互连环境和无缝信息传送能力尤为重要。数据链作为其中的一种重要手段,发挥了很大的作用。由于数据链本身在带宽、传输距离和传输效率等方面存在不足,因此,需要将数据链和其他通信手段相结合,通过诸如地面网络延伸数据链作用范围,同时实现数据链资源的统一调配,满足一体化联合作战的需要。

二、数据链集成应用场景

数据链系统用于支撑任务系统的互联、互通和互操作能力。如图 6-1 所示描述了任务系统之间通过数据链集成应用的场景。

在任务系统端,指挥员通过公共战术图像获取知识,根据上级下达的任务或命令,研究作战方案,他既不需要关心采用的通信系统类型,也不需要了解通信系统的组网结构、带宽和数据交换,指挥员只关心态势信息、作战方案、武器分配等。

在公共战术图像端,公共战术图像功能主要包括对监视、电子战情报等数据进行收集、处理、存储和分发。显示系统只关心消息的种类和格式、消息的战术功能等,而不需要关心通信系统的传输介质。原始数据经过处理后形成的具有一定使用含义或目的的数据,称为信息。各种相关信息放在一定的战术背景下构成战场态势。

在战术数据系统端,接入数据链端机的战术数据系统涉及数据的编/解码、数据转发、数据链网络监视/记录/重放等功能,是单纯对数据进行处理的过程,并不产生任何有意义的信息。因此,数据编/解码、数据转发、数据链监视/记录/重放等是数据层要完成的任务,它需要了解数据链的容量、带宽、通信体制等物理特性。

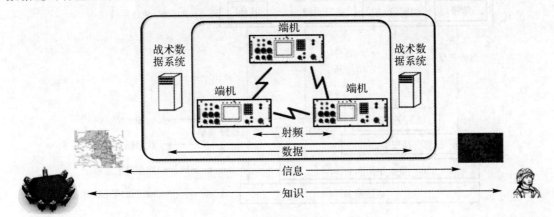

图 6-1　数据链集成应用的场景

在通信系统层,则需要考虑信道的带宽、通信体制、时延等物理特性对组网方式、消息编码、任务应用要求的影响。因此,通信系统是应用的基础,通信系统对任务系统具有推动作用,而作战应用则牵引通信系统的发展。

三、数据链集成应用层次

外军从 20 世纪 50 年代就开展了数据链的研制,先后开发了 40 多种数据链。但由于政治、经济等各种因素,能实际服役、普遍使用并沿用至今的数据链系统目前主要有 Link4,Link11,Link16,Link22 等。但是,使用中还存在多数据链系统消息标准、接口协议等不兼容的问题,必须采用通用、可扩展的集成方法实现多个数据链互操作和无缝集成。

从数据链集成场景来看,要真正实现应用系统之间的互操作,需要实现 4 个层次的集成,包括物理层(传输的信道)、数据层(消息标准及传输协议)、信息层(态势显示)、知识层(指战员之间协作)。真正实现端到端的互操作和共同语义理解必须实现应用层集成、知识集成、态势共享、消息互通、通信系统互联。如图 6-2 所示给出了数据链集成层次关系,从图中可以看出,上层次的集成依赖于下层次的集成,并且各个层次之间不完全对齐,应用系统可能直接越层访问下层集合,例如:指挥控制系统可以不使用 Link11 消息协议,直接使用高频通信系统。

四、外军数据链集成应用体系结构

在数据链集成应用时,通常根据当时的作战需求开发软件。随着对数据链理解的不断深入,新的应用需求会不断增加,还需对现有软件修改,增加新功能,改进完善原有功能。集成应用的复杂程度直接影响数据链的加装,通用化的集成方案会大大降低加装的风险和费用,因此,基于通用化、模块化并支持热插拔的数据链集成应用体系结构是未来发展主流。

美军数据链集成应用体系结构如图 6-3 所示,包括物理层、链路层和应用层。其中,物理层通过灵活的接口适配处理,具有完成数据链终端设备接入、指挥控制系统或武器平台接入等功能。链路层具有完成端机初始化和控制、链路/信道/网络管理、消息分发/接收应答、收发/

转发控制和路由选择等功能。应用层具有完成公共航迹处理、任务管理与武器协调、信息管理、军兵种作战应用、武器平台预处理等功能。

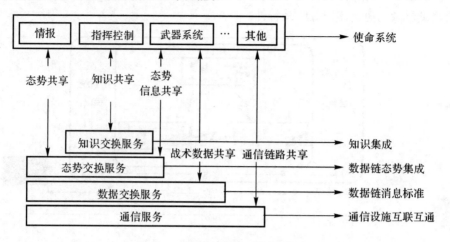

图 6-2 数据链集成的层次关系

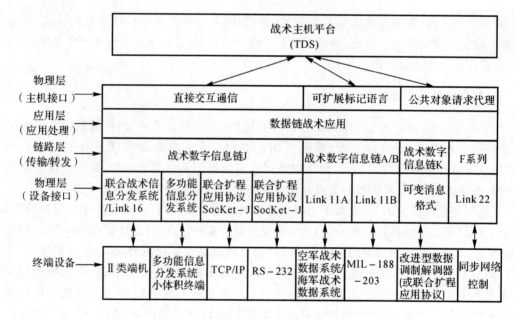

图 6-3 美军数据链集成应用体系结构

6.1.2 数据链集成应用技术

一、数据链互操作问题

陆地、水面/水下、空中、空间平台之间利用数据链交换战术消息和数字语音,在每个平台中,数据链按规定的协议传输符合消息标准所规定的格式化消息。任务和显示系统使用来自消息中的数据,同时产生数据并转化成消息发送给外部系统。数据链传输设备包括 UHF 视距通信、卫星通信、HF 通信、JTIDS、多功能信息分发系统和联合战术无线电系统等。Link4，Link11，Link16，Link22 等数据链系统分别采用不同的消息标准和交换协议，这些消息/协议标准是限制系统之间互操作的根源。

美军已把 Link16 数据链的 J 系列消息集成为军用平台战术数据链标准，并且把 JTRS 作为标准数据链端设备，2015 年以后，美军的军用平台都将使用 JTRS 提供战术数据链能力。目前，这些平台都部署于现行系统中，当新的 JTRS 设备引入这些平台时，就需要和现行的平台系统进行集成，每个现行系统就需要更新和使用新的数据链消息集。

美国和北约国家一样，面对大量的军用平台系统需要进行改造，以更新并集成到 JTRS 中，使其具备新的消息处理能力。如果针对每个平台使用一种特定的改造方法，那么接口数量就会多得惊人，对原有系统的改造、维护、升级和集成花费将十分巨大。因此，对于多个不同平台应用，需要寻找和研究一种通用、可扩展、高效和低成本的集成方法，使之适用于所有或绝大部分平台系统的改造。

二、基于数据库驱动设计的数据链集成应用技术

1. 数据链集成应用软件

基于数据库驱动设计的数据链集成应用主要是通过软件实现的，结构如图 6-4 所示。主要包括以下几个功能块：数据链消息处理、数据链平台集成、平台配置数据库、消息参数数据库和用户可修改指令（UMI）数据库，这些功能在平台的主计算机上实现。主计算机系统由以下模块组成：主处理机模块、图像处理模块（IPM）、输入/输出（I/O）模块和一个带有主机互连模块的计算机平台。应用功能运行在主处理机上，通过平台配置数据库中预定义的数据交换协议，与同在主机上运行的现行任务应用软件进行接口。应用程序还通过主机系统的 IPM、I/O 模块及其他相关的主机互联模块，与外部通信子系统和其他子系统连接。预定义的数据交换协议由主机系统端口地址、消息结构和格式、数据交换命令序列构成。应用程序利用主机资源，通过预定义的 I/O 和 Link16 消息系统接口与外部子系统交换数据。数据库基于战场的软件工具创建，位于平台之外，通过数据加载器装载到主处理机的内存中。数据链消息处理和数据链平台集成功能块用这些数据库来自动配置主平台上的应用，并执行用户定义的指令。

数据链消息、处理功能块处理 Link16 消息集，包括处理规则和专用消息功能，和主平台上的通信子系统、数据库和数据链平台集成功能块接口。在数据链消息处理功能的控制下，数据链平台集成功能模块执行有关规则及指令，与平台上的各种子系统以及专用平台功能模块进行接口和交互。数据链平台集成功能模块还实现数据的加载功能，即使用平台的数据加载器来更新平台配置数据库和 UMI 数据库。

2. 数据链消息处理

主处理机初始化运行后，数据链消息处理紧接着应用程序启动运行。初始化过程通过使用在通信设备配置数据库中预定义的指令（识别在主平台上哪个通信子系统是可用的指令），建立与通信子系统的接口。另外，该数据库也提供了主处理机接口地址和协议、消息结构和格式以及每个通信子系统完成数据交换的指令序列。初始化完成之后，输入/输出消息以预定的速率，按照消息标准和网络管理规则，进行编/解码。从输入数据中获得的消息参数存储在消息参数数据库中。

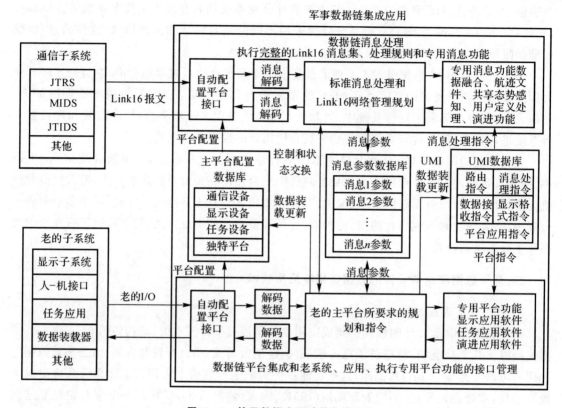

图 6-4　基于数据库驱动的集成方法

特殊消息功能是基于 UMI 数据库指令来实现的,特殊消息功能使用数据收集指令来识别从主平台系统上收集到的数据参数,并将收集到的数据参数存储到消息参数数据库中。用消息处理指令来激活用户特定数据的使用,包括数据融合算法、航迹文件的创建和更新、共享态势感知信息的创建和更新,以及其他用户自定义数据处理,所有的处理结果将存储在消息参数数据库中。用路由指令来识别在消息参数数据库中要发送到特殊子系统和通信子系统的数据。用显示格式指令来格式化在消息参数数据库中选出待显示的数据。

当消息参数数据库中的数据被打上要输出的标记时,将根据消息规则来格式化这些数据,并编码为相应的消息格式,然后传送给相应的通信子系统。

3. **数据链平台集成**

当主处理机初始化运行后,数据链平台集成紧接着应用程序启动进行。初始化过程通过使用在显示设备配置数据库、任务设备配置数据库和独特平台配置数据库中预定义的指令建立与子系统的接口。另外,这些数据库也提供主处理机的接口地址和协议、消息结构和格式以及为每个老的系统完成数据交换的指令序列。初始化完成之后,输入/输出子系统的数据以预定的速率,按照满足独特主平台要求的规则和指令,进行编解码。输入/输出的数据存储在消息参数数据库中。

独特平台功能是基于 UMI 数据库指令运行的,独特平台功能任务是使用数据收集指令来识别从主平台子系统上收集到的数据参数,并将收集到的数据参数存储在消息参数数据库中。使用平台应用指令来激活用户特定数据参数的使用,包括显示应用、任务应用以及其他用户自定义数据处理,而所有应用的处理结果存储在消息参数数据库中。用显示格式指令来格式化在消息参数数据库中选出来的待显数据。

当消息参数数据库中的数据被打上要输出的标记时,将根据主平台需求格式化这些数据,并编码为相应的消息格式,然后传送给相应的子系统。

4. 主要优点

数据链集成应用软件能自动初始化主平台上通信子系统的接口和其他子系统接口。这种能力允许应用软件集成许多不同类型的主平台,而不必为不同的通信设备配置而进行修改,也不必为不同的老的任务和显示设备配置而进行修改。

数据链集成应用软件执行与 Link16 消息处理和独特主平台功能有关的用户专用指令。这种能力允许用户知道 Link16 消息是如何处理的,允许用户定义专用的消息处理功能,定义专用的平台集成功能,而不必为每一个主平台配置修改应用程序。这个方法的一个好处是在已经能够执行一部分数据链消息处理的现行子系统中,用户可以命令数据链集成应用程序仅让那些由子系统收发的消息通过,这是由 UMI 数据库指令集完成的。既然数据链集成应用程序实现了 Link16 消息的全集,UMI 数据库就能被用来通知应用程序忽略平台上当前不使用的消息,以及为达到现行能力而在平台上通过当前实现的消息。当平台需要新的能力时,UMI 数据库可以被用来通知应用程序激活新消息,执行新消息的处理规则,并且用新消息创建显示格式。这些新消息的性能在不影响现行系统或者影响很小的情况下实现。

由于数据链集成应用程序是一个软件进程或服务,所以它能在主平台上任何一台现行计算机系统里实现。

5. 应用

具有代表性的系统或方案有英国 BAE 系统公司开发的新型数据链集成工具包,链路集成工具包减少了研制接口设备所需的开发工作量。这些接口设备是为适应数据链和主系统特性所必需的。链路集成工具包的灵活性使其适于广泛的应用,包括数据链接口、多链路操作和数据格式转换。链路集成工具包是软件体系结构,可使外部链路接口模块插入一个智能链路数据仓库。当链路数据仓库在有效接口间发送数据时,每个链路接口模块负责主数据链所需的数据交换。链路数据仓库是个对象数据库,专门用于数据链操作,它起到仓库的作用,用来储存由接口模块提供的数据,并支持一个简单的基于规范的程序设计语言,该语言使储存的数据得以处理和分发。该工具包含一套标准的链路接口模块,支持如 Link11 和 Link16 之类的通用链路。它还包括一个可配置的接口模块,可适用于支持其他数据链。除了标准的链路接口模块,定制的组件还可进行更专门的数据链应用。这种定制的组件能够与处理商用的现有链路相结合,并因此降低成本链路集成工具包的组件支持一个远端用户接口,在需要时通过一个简单网络管理协议(SNMP)代理进行控制。

6.1.3 数据链集成应用的相关设备

美国和北约国家在不同时期,根据不同作战需要开发了一系列的战术数据链,但是这些数据链的互连互通互操作的能力很弱。目前,主要通过数据转发和各种各样的网关系统来改进数据链之间的互通能力,以形成多链协同作战。数据链集成应用的相关设备很多,有战术数据系统(TDS)、海军战术数据系统(NTDS)、指挥与控制处理器(C^2P)、数据链路处理器(DLP)、机载数据链处理器(ADLP)、战术通信处理器(TCP)、防空系统集成器(ADSI)、空中互联网、多战术处理器(MTP)等,下面介绍几种主要设备。

一、战术数据系统

TDS 也称战术计算机系统(TCS)或作战指挥系统(CDS)。飞机上的装置叫做机载战术数据系统(ATDS);舰艇上的装置叫做 NTDS;在"宙斯盾"计划中,叫做武器控制系统(WCS)。目前,美国海军已装备的战术数据系统计算机包括最早使用的 CP642 A/B,AN/UYK-7,AN/UYK-20 和最新型的 AN/UYK-43 系统,其硬件包括主机、显示器和键盘,AN/UYK-43(V)中也包括 OJ-663 彩色图表操控台。

战术数据系统的主要功能有 3 个:①为其他设备提供战术数据,即把战术数字信息传送给数据链路参与者;②接收其他设备发来的战术数据,即接收并处理数据链路参与者输入的战术数字信息;③维护战术数据库。

二、指挥与控制处理器

C^2P 主要用于作战舰艇,是一套报文分发软件,可使指控系统主机接入 Link4,Link11 和 Link16 等数据链。C^2P 采用 N 系列消息格式为主机提供统一接口,其功能包括端机初始化和控制、数据转发、数据过滤、链路性能监视、消息接收及应答等。C^2P 主要用于作战舰艇,完成战术数据系统计算机与 Link16,Link11 和 Link4A 数据终端之间的连接,并在它们之间进行数据转发。C^2P 与战术数据系统之间传输的是标准化的 N 序列消息。

AN/UYQ-62(V)指挥与控制处理器系统,或者称为指挥与控制处理器,是一套消息分发系统,它确保战术数据系统计算机与 JTIDS 终端/Link11 数据终端设备(DTS)/Link4A 数据终端设备之间的连接。它由一台 AN/UYK-43 计算机构成,通过一台 AN/USQ-69 数据终端设备控制,运行 C^2P 计算机程序。AN/USQ-69 数据终端设备作为人-机接口(MMI 或 HCI),与 C^2P 的硬件和软件连接。C^2P 在数据链集成应用中具有重要地位,并能完成许多重要功能。它接收从战术数据系统计算机输出的信息,翻译并格式化后通过 Link16,Link11 或 Link4A 发射。反过来,C^2P 接收从这些战术数据链路输入的信息,翻译后提供给战术数据系统计算机。C^2P 也使得链路协议、消息格式及消息接收功能自动化。最终,它能完成数据传送,即翻译接收来自一条数据链路的信息,然后通过另一条数据链路重新发射。

AN/USQ-69 数据终端设备由一个显示器和一个键盘组成,提供操作员和 C^2P 之间的人机接口,用于控制 C^2P 计算机和程序。它准备、显示、编辑并发送文本消息给 C^2P 计算机,同时显示计算机的输出。"宙斯盾"舰艇上的 C^2P 操作员叫做战术信息协调员(TIC),而在先进的作战指挥系统舰艇上则叫做航迹监视员。为了控制数据链路,操作员可以从人-机接口的屏幕上"文件列表"的 30 多个显示中选择任一项。操作员可以进入诸如:参与单元或 JTIDS 单元、数据链路基准点(DLRP)、Link16 和 Link11 的航迹锁定协议以及作战模式,但必须是在一条链路启动之前在人-机接口上进入。不适当地进入这些选项中的任一项都可能导致传输能力下降。"宙斯盾"5 型舰艇将 C^2P 人-机接口控制功能综合或嵌入了"宙斯盾"战术数据系统中。换句话说,C^2P 与 JTIDS 终端之间的接口将由 OJ-663 操作员控制台控制,而不是 AN/USQ-69。但是,AN/USQ-69 数据终端设备仍被连接,在计算机室中作为备用设备。

三、数据链路处理器系列

(一)DLP

DLP 主要应用于地面固定、地面移动和海上指挥控制系统。DLP 是一种高级战术数据链服务器,支持 Link11A,Link11B,Link16 和 Link22。DLP 数据处理能力包括航迹相关/去相关、网络航迹号处理、网络航迹管理、冲突管理、消息过滤、航迹过滤、数据链监视/记录/重放、数据转发,DLP 接收、发送和处理战术信息。对于任务系统只有一个接口。DLP 和任务系统之间的消息交换是通过公共通用链路消息实现的。DLP 是一个模块化的系统,可根据任务需求和集成限制对其功能进行裁剪。

1. DLP 可选配置

(1)任务系统配置:战术操作员通过与 DLP 相连的任务系统管理数据。

(2)独立配置:战术操作员通过与 DLP 直接相连的显示单元和人-机接口管理数据。

2. DLP 提供的服务

(1)与任务支持系统相连,使任务系统能够同时通过 Link11A,Link11B,Link16 和 Link22 交换战术数据(航迹信息)。

(2)减轻了任务系统的特殊消息交换处理任务,给任务系统提供了简单的接口。

(3)处理交换的消息和数据,给任务系统提供格式化的、适当的、相关的数据。

(4)在相关的显示设备(可以选择任务系统或显示单元)上显示接收到的战术数据态势。

(二)ADLP

ADLP 是一种高级机载战术数据链服务器,支持 Link11,Link16 和 Link22,可把单链升级到多链能力。ADLP 实现任务系统接收、发送和处理战术信息。ADLP 和任务系统之间的消息交换是通过公共通用链路消息实现的,采用公共格式消息与任务系统交换数据。

ADLP 是一个模块化的系统,可根据任务需求和集成限制对其功能进行裁剪和嵌入。

1. ADLP 可选配置

(1)对于单链应用,提供面向链路的接口消息。

(2)对于多链应用,提供公共的、独立于链路的格式化消息。

ADLP 采用高效的相关、转发、并行操作、过滤算法和技术,实现收/发规则处理、并行操作、数据转发、网络航迹管理、网格锁定管理、报告责任管理、自动或手动航迹相关/去相关处理、自动或手动网络航迹号分配处理、冲突管理(检测和解决)、平台自身紧急事件管理、指挥控制管理、武器状态管理、消息过滤、航迹过滤、PU/JU/NU 成员监视,以及数据链监视等。

2. 多链 ADLP 提供的服务

(1)与任务支持系统相连,使任务系统能够同时通过 Link11,Link16 和 Link22 交换战术数据。

(2)减轻了任务系统的特殊消息交换处理任务。

(3)减轻了任务系统特殊数据链算法所消耗的 CPU 资源,为操作员提供清晰、充足、以及相关实时战术态势图像。

(4)提供仿真能力,方便任务系统的集成。

(三)CLIP

CLIP 开发计划是美国陆、海、空三军为解决数据链集成问题而联合实施的,作为各种平台提供所需战术数据链能力的通用软件方案,能够将平台的任务计算机、战斗系统与战术数据链能力相隔离,使得战术数据链系统和能力的改变不会对主平台造成影响,从而解决战术数据链的应用平台集成问题和采用不同数据链的平台之间的互通。CLIP 在多种计算机环境下运行,遵守网络化军种间的互操作能力标准及联合战术无线电系统软件通信结构。

1. CLIP 的设计框架

CLIP 的设计框架包括 WNW,TTNT,Link16,Link11,Link22,增强型定位报告系统(EPLRS)等。

2. CLIP 的主要功能

(1)链接 Link4A,Link11,Link16 传统数据链和基于 IP 的 WNW 数据链,CDL 高速数据链,支持战术数据链之间的信息转发和网关功能。

(2)支持基于 IP 的通信。

(3)提供并行处理,实现消息处理,数据转发。

(4)提供与各种主机平台兼容的接口。

四、TCP

TCP 的功能是完成 Link11 和 Link16 间的数据翻译和转换,使用的翻译和协议均来自 MIL‐STD‐6016 协议。在转换过程中,允许 Link16 和 Link11 两个接口和数据库控制接口之间进行同时操作和异步数据交换。TCP 的功能还具有数据链接口和协议格式到 IP 接口和协议格式的转换。

在功能上,TCP 位于战术和通信终端之间。TCP 使战术和数据链系统网的信息交流变得容易。它和 16 号数据链的终端一样,作为数据链系统的主机,为 CDS 提供位置信息。

五、ADSI

ADSI 是一个多链路指挥、控制和通信系统,是装载在计算机上的一组软件模块,提供空中态势图的多输入和综合显示。ADSI 能处理多种战术数据链,如 Link11,Link11B,Link16,ATDL‐1 及综合广播业务(IBS)等。ADSI 可以接收范围较宽的多个雷达输入,提供自动航迹初始化,将来自多个雷达的航迹综合成集中使用的战术图像。同时,还可接收其他情报网的数据,将新数据与历史数据进行相关处理,以减少重复信息。ADSI 可自动完成实时战术空中态势的相关处理。

六、空中互联网

美空军提出的空中互联网,即将各种使用不同数据链的空中平台联结起来。例如,下一代的加油机将成为建立空中互联网的核心,只需要在加油机上安装一个"翻译器",就能将一种数据链信息无缝地翻译成另一种数据链路信息。通过这种方法,使用 Link11,Link16,协同作战能力和陆军 EPLRS 无线电系统的平台能够彼此接收和发送数据。将空中加油机改造成一个信息平台的实现方案是:利用联合距离扩展(JRE)来交换超视距的态势感知和指挥控制信息,利用 Link16 来交换视距范围内支持单元的态势感知信息,利用超视距增强通信装置在视距和超视距单元间进行交换信息。

七、MTP

MTP是美海军提出的,用于取代原来的指挥控制处理器。它可用于各种平台:如"宙斯盾"、先进作战指挥系统(ACDS)、海上全球指挥控制系统(GCCS-M)、飞机、指挥舰、潜艇、岸上设施等。MTP除支持Link4A,Link11/11B和Link16外,还支持Link22,JRE,S-TADIL-J等新型数据链。MTP能够直接与GCCS-M交换战术数据,这样一些海上平台就不需要安装战斗系统来获取态势感知。MTP提供开放系统环境,这是支持新功能(如Link22、JRE、动态网络管理、提高吞吐量)和其他改进的基础。MTP提供人-机接口,用于管理和控制多个战术数据链网络。美国海军的先进战术数据系统就是采用MTP来实现的。先进战术数据系统实现了一个近实时的链路网络,可以近实时地传送航迹、部队状态信息、交战规则和协同数据以及部队的命令。Link16是该系统支柱,其他链路(如Link11/11B,Link4,Link22及可变消息格式)通过平台上配置的MTP来交换数据,从而能够保证战区中的所有平台互通。

6.2 数据链与平台集成实现的战术功能

运用战术数据链,各应用平台(包括指控系统和武器平台)可有机地连为一体,实现数据链网内成员监视与战场信息共享、指控系统间协同作战以及指控系统对作战武器平台的大容量实时指挥控制。

6.2.1 网内成员监视

组网工作完成后,数据链系统首先需要在网内周期性报告参与单元有关自己的状态信息,这些信息包括自身的位置和运动、识别信息、平台和系统状态信息。这些信息一般自动发送,很少或不需要操作员干预。网内成员监视功能包括如下几种。

1. 身份识别

每个参与者都被赋予一个唯一的设备号。通过该设备号,可以识别参与者的身份。除设备号外,还可识别其他一些信息,包括参与者的敌、我识别(IFF/SIF)代码,平台具体类型,执行任务以及兵力等。

2. 定位与导航

相对导航是端机的一种功能,它在公共参照系内为参与者提供精确的位置信息。该功能包括两个基本坐标系:根据WGS-84标准地理坐标系和在可选择的栅格原点与地球表面相切形成的相对平面(U,V)栅格。在UV栅格中通过JTIDS端机推算出精确的相对位置数据。当两个或更多的端机独立得出它们精确的地理位置数据时,相对导航功能就可以为所有端机提供精确的地理位置。

3. 掌握实时状态

网内成员监视一项新的重要的能力就是能及时了解网内有关电子设备、武器系统和油量等状况的详细信息。通过这些信息,系统可自动显示和编辑整个部队的状态,并给出平台和系统控制下的端机、舰载/机载/陆基武器系统(如导弹、火炮、炸弹、鱼雷等)被选设备的总体状况,供有关作战指挥员实时决策。

此外,实时状态信息还包括通信信息,即每个平台和系统正在使用的数字/语音电台类型、频率、保密状态、波道号等。有了这些信息,可有助于建立通信渠道,方便系统间通信。

6.2.2 统一态势共享

统一态势是指传感器、武器系统和指挥所等各作战单元在区域战术协同时可看到一致的目标态势信息。各个作战单元中通过数据链网络实时交换目标监视消息,形成统一态势,构成陆、海、空、天一体化数据通信网络。

一、陆、海、空、天目标监视共享

目标监视包括对部队有战术意义目标的搜索、发现、识别和跟踪。

搜索、发现和识别这些目标主要由雷达、二次雷达、IFF、电子支援措施(ESM)等传感器完成。发现和识别目标后,还需要获得和绘制目标连续探测图以确定其航向、速度及其他特征,这就是跟踪。一般情况下,基于本平台传感器探测的航迹称为本地航迹,通过接口设备接收的航迹称为远端航迹。

在战术数据链中,各指控系统需要发送本地航迹,非指控系统只能监听,这样可确保链路上各单元共享所有监视信息。但是,各指控系统不能随意无规则地报告本地航迹,这样既会造成链路的堵塞,又会造成战术图像的紊乱。为了确保链路上各单元监视信息的统一,保持清晰和明确的战术图像,战术数据链采用了航迹相关、航迹质量和报告责任3个概念。

1. 航迹相关

航迹相关是指本地航迹和远端航迹间相匹配的过程。一旦参与单元发现一个目标,它必须决定任何其他参与单元是否把该目标报告成一条航迹,或者它自己的另一个传感器是否已经发现了该目标。而且,每当参与单元接收到远端航迹报告,它也必须决定该报告是否是已经跟踪的目标。这些决定都是通过相关来做出的。相关过程一般自动完成,但也可以由操作员手控执行。这样,可以大大减少航迹的冗余。

2. 航迹质量

航迹质量是指由发送航迹的单元确定的对所报告的航迹位置信息可靠性的度量。其定义为:在报告时刻,实际定位的航迹点有95%的可能落入的区域。一般情况下,跟踪传感器的精度直接影响航迹质量的大小,计算时不可人为增加航迹质量值。

3. 报告责任

报告责任是指对于某一个目标,数据链路中只有一个参与单元负责其航迹报告。由于陆、海、空、天各类目标特性各不相同,它们的报告方式也应各不相同。但总的来说,有两点是统一的,即先发现者先报告,航迹质量高者负责报告。此外,各类目标还有其他特定的报告规则。

据此,再加上必要的航迹管理,可以确保清晰和明确的战术图像。

二、点/线/区监视数据共享

战术数据链提供了特殊点、紧急点和陆地固定点等点/线/区监视数据的报告能力。

其中,特殊点主要用于报告部署中心、机场、防御设施、雷达侦察站、空中巡逻站、战区前沿、反潜定位点、作战责任区、危险天气区等非物理点;紧急点主要用于报告需要搜索和营救行动的当前紧急情况;陆地固定点主要用于报告固定地面单元或目标位置,如部队集结点、桥梁、空军基地等物理点。

点/线/区报告在战术需要时由操作员干预发送,并由始发者一直保持报告责任,并周期发送。如果始发系统不需要再报告某点/线/区监视数据时,可停止报告,并宣布作废。此时,如另一系统还需要报告该点/线/区,应用原目标编号继续报告。

通过点/线/区监视数据的报告,所有网内系统可形成点/线/区的统一战术图像,并进行共享。

三、编队信息共享

空中编队、海上编队之间,各成员既可以接收对方的定位与识别消息,了解其他飞机/舰船的准确位置和作战态势,也可以接收对方广播的火控雷达发现的情报。据此,可实现编队内信息共享,为实现协同作战提供了重要支撑。

四、情报信息共享

所谓情报信息,是指通过情报收集技术(除雷达、声呐回波和 EW 检测外)获得的有关威胁告警、国家或政治联盟、环境类别、平台、平台活动、平台类型、运行状态、控制单元以及交战或配对等目标详细数据。

任何单元一旦获悉这些数据(可以来源于自己部队的情报源,也可以从其他部队接收),都可进行报告。其他单元收到这些数据后,可用来更新自己的战术态势,再加上必要的航迹管理,可以大大丰富战术图像,提高作战的效能。

五、威胁告警

威胁告警用于向一个 JU 或一组 JU 发出敌方威胁迫近的告警信息,以使指挥员能够决定还击该威胁的最佳战术。告警信息提供了迫近的敌方威胁的紧急通告,内容包括威胁目标;瞄准目标;威胁形势,如搜索/监视、准备发射/开火、已发射/开火、命令交战等;威胁类型,如飞机、导弹、舰船、高射炮等;威胁武器,如空空导弹、反辐射导弹等;威胁等级,0～9 级;威胁航向、速度、高度;威胁兵力,即袭击规模;威胁平台类型,如 MIG－21、SA－60。

同时,告警信息还提供了接收平台,始发者可根据战术需要通知特定平台。

任何 JU 一旦确认一个 JU 或另一个友方航迹/固定点受到威胁,即可开始发威胁告警信息,而无论是否具有航迹报告的报告责任。

为了保证实时性,发送优先级必须确保最高,发送延迟应尽可能短,并直接发送给目标平台。目标平台收到威胁告警后,不得进行过滤,响应时间也应尽可能短。

6.2.3　电子战功能

电子战是现代战争的关键要素之一,它是指利用电磁能量限制、剥夺、减弱或防止敌方使用电磁频谱,保持己方部队有效使用电磁频谱活动的军事行动。

电子战是介于攻击系统与防御系统之间进行的战斗,包括电子支援(ES)、电子攻击(EA)和电子防护(EP)。其中电子支援是指为实现快速的威胁识别而采取对辐射电磁能的搜索、侦听、识别和定位行为,它可提供引导电子攻击、电子防御、回避、目标瞄准和部队的其他战术所需的电子战源信息。电子攻击是指为防止或减弱敌方有效使用电磁频谱而采取的行动,包括电子干扰和电子欺骗等。电子防护是指敌方使用电子战时,为保证己方有效使用电磁频谱采取的行动。

1. 电子战监视

具有电子战作战能力的 C^2JU,通过战术数据链把所有电子支援截获报告给数据链网络。所有参数数据由 C^2JU 自动报告,在大多数系统中,不要求操作员干预。这样,具有电子支援能力的所有 C^2JU 都被视为电子战资源,电子战网络参与群也被视为区域中被探测到的所有电子活动的"共享电子战数据库"。

参与电子战作战的 C^2JU 接收到参数数据报告后,由于参数数据是原始的,所以需要进行系统处理,由电子战操作员评估从电子支援系统接收的方位线关联的截获参数。当截获参数具有战术意义时它才是电子战产品。转换为电子战产品后,通过监视网络参与群进行报告,如图 6-5 所示。

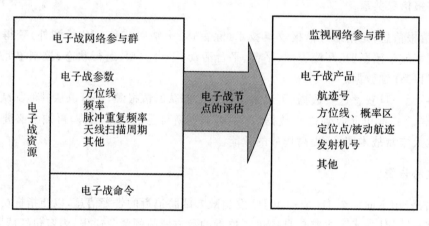

图 6-5 电子战监视

2. 电子战协同

战术数据链强大的电子战报告能力使得电子战协同变得十分重要。通过电子战命令(电子战控制/协同、电子战防护协同)可实现下列协同功能:指定某些 C^2JU 报告特殊的截获;指导扣留电子战报告;通过选择的 C^2JU 来评估;指示电子支援搜索;委托部队评估;与多个已报告的截获关联;指示各种其他电子战行动。

6.2.4 航迹管理功能

信息管理用于确保网内所有成员之间可以正确交换信息,信息管理可以清除、修改、控制需要交换的信息。信息管理的功能包括多名重名处理、解决航迹和数据冲突、建立航迹警报、使用标识符、请求数据更新和数据互联。

一、多名重名处理

只要航迹与其目标编识号之间一对一关系被打破,战术图像就会混乱。这种典型的情况有两种:多名和重名。

1. 多名

多名指用一个以上的航迹号表示一个目标。保持清晰的战术图像的一个最大障碍是多名双重标志。一些系统可以自动识别多名,另外,一些系统通过指挥员观察航迹来实现多名的识别。

为了解决多名问题,除了正在用于报告该目标的一个目标编识号外,其他目标编识号都可以丢弃。具体可采用下列两种方法中的任意一种:

(1)语音解决。授权的指挥员使用语音解决多名,所有 C^2JU 都参与检查相关限制和作战应急约束的过程。

(2)消息解决。自动检测到多名的第一个 C^2JU 用相关消息发送一个建议,其他 C^2JU 收到后判断接收。

2. 重名

重名指一个以上的目标共用一个相同的航迹号。一般来说,重名的出现频率远小于多名出现的频率,但是其识别难度更大。为了解决重名问题,一些系统提供了解相关处理来向指挥员告警。只要在一个目标编识号两次报告之间检测到很大的位置变动,就会启动解相关处理,由系统自动消除重名。但在一些情况下,需要指挥员人工解决。

二、冲突和差异解决

保持目标和航迹号之间的一一对应关系是必要的,但并不足以保持清晰的战术图像。即使当所报告的目标完全对应参考号时,也可能不知不觉混进和产生其他差异。一般情况下,下列 4 种冲突和差异需要注意和解决。

1. 环境冲突

每条航迹都基于一定的运行环境。航迹环境可分为空中、水面、水下、陆地和空间 5 种。只要多个系统认为同一条航迹处在不同的环境中,就会出现环境冲突。

若某个 C^2JU 不同意当前报告的航迹环境,其操作员应重新评估该航迹的目标属性和其他的识别信息。如果确认出现环境冲突,它就可以向网内其他参与单元报告这种差异,或直接发布环境更改数据指令。其他单元收到报告后,应向相应的操作员告警,操作员必须采取人为措施接受或拒绝新的环境。如果这个过程造成持久的争论,则应用通话来解决冲突。

2. 目标属性差异

航迹目标属性是识别信息中一个重要的部分。所有战术行动都依赖于航迹的正确识别。因此,尽可能迅速地消除错误的目标属性和解决目标属性差异都是必不可少的。当 JU 本地持有一个航迹的目标属性(本地数据)与正在链路上报告的目标属性(远端数据)不同时,就产生了目标属性差异。链路应能够识别和解决这些目标属性差异,目的是使所有 JU 对给定的航迹保持相同的目标属性(即公共目标属性),操作员对公共目标属性任何评估的更改都必须被链路接纳。

为了减少大量的操作员干预,战术数据链采用了部分自动操作,简化了解决过程,具体简化解决过程见表 6 - 1。

表 6 - 1 目标属性差异解决方法

目标属性差异	说　明	解决方法
冲突	不同的基本目标属性	需要操作员采取接受或拒绝的行动
升级	从未决/未知到基本目标属性,或从假定基本目标属性到基本目标属性	自动接受
降级	从基本目标属性到未决/未知,或从基本目标属性到假定基本目标属性	自动拒绝

如果各参与单元间不能就某航迹的目标属性达成一致,则将权威的结果迅速通知给所有参与单元就十分关键。目标属性数据更改指令就是解决这种冲突的最后手段,由授权的指控系统、数据链管理员、战术数据协调员等在必要时发送。其他所有参与单元收到数据更改指令后,自动接受指定的目标属性。

3. 敌、我识别/选择性识别特征差异

敌、我识别/选择性识别特征是用于评估航迹目标属性的主要信息源,对于航迹的识别非常重要。当操作员有理由相信所报告的敌、我识别/选择性识别特征代码不正确时,就应该采取行动用指定规程解决差异。

报告和解决敌、我识别/选择性识别特征差异的过程类似于解决目标属性差异的过程,也规定了自动接受或拒绝接受的规则,但敌、我识别/选择性识别特征数据不使用更改数据指令。

4. 兵力变化

Link16 为不具备报告责任的 JTIDS 指控单元提供一种特别能力,即报告其感知的兵力差异。兵力差异只能通过操作员的动作来报告和解决。差异报告不转发到 Link11/Link11B。

三、航迹警示

航迹的相对重要性并不总是能从报告的航迹信息中明显看出。用航迹警示来表明航迹特别重要,并确保所有指控单元都知道该航迹。

航迹警示有两种类型:紧急和强制告知。紧急警示表示存在威胁生命的情况,需要立即行动或援助,如遇到紧急情况的飞机或失事的运载工具等;强制告知警示表示存在的情况尽管不满足紧急警示的标准,但也十分重要,以确保所有指控单元都知道该航迹现状。

1. 启动航迹警示

由于航迹警示的紧急特性,所以它的使用不需要战术数据协调员控制或协调。任何指控单元都可以启动。只要不具有航迹报告责任的指控单元启动航迹警示,负有报告责任的指控单元就会自动开始报告该航迹的警示状态。

对于非指控单元,Link16 给予了其自身确定航迹警示的能力,具体可在指控单元(战术数据协调员、区域防空指挥官或飞机控制单元)的指导下设定。设定结束后,负责报告航迹的单元在航迹号报告中启用警示标志。

2. 航迹警示的处理

对包含告警指示符信息的处理:一是要求不能被过滤;二是必须快速做出有效的响应。

3. 终止航迹警示

因为航迹警示可以转移对其他航迹和任务的注意,所以一旦引起航迹警示的条件不再存在,就应该终止航迹警示。任一指控单元都可以终止航迹警示,非指控单元的紧急警示除外(必须由自己、战术数据协调员或区域防空指挥官来终止)。终止航迹警示后,自动停止报告警示状态。

四、指示符

指示符用于指控单元的操作员针对某一特定的地理位置警告其他指控单元。这种能力十分有用,可用于指示即将来临的危险区域、呼叫注意气象形成、解决异常情况等方面。在不同的系统中指示符的表达方式也不同,如使用箭头、十字或其他符号。为了增强指示符的意图,一定要用语音协调。

根据指示符类型,特殊的功能区域向特定的操作员提供指示,具体指示符操作见表 6 - 2。

表 6 - 2　指示符作用说明

指示符类型	指示对象
武器指示符	指挥员、武器协调员和武器系统操作员
航迹指示符	监视操作员(航迹员)和航迹管理员
电子战指示符	电子战协调员、管理员和操作员
特别处理指示符	情报收集人员,通常处于特殊的控制台或站位的人员

战术数据链没有提供终止指示符的方式,因为指示符没有航迹号,不能丢弃。操作员不再需要指示符时,应从显示器中清除指示符。

五、数据更新请求

数据更新请求用于请求不常更新的信息,或有关目标的信息,或可能丢失的信息。

数据更新请求可以是针对一个、一组或所有指控单元。请求数据包括对监视数据的更新请求、电子对抗数据的更新请求、武器状态数据的更新请求、天气数据的更新请求、情报数据的更新请求、过滤器数据的更新请求等。当收到上述数据更新请求信息时,接收方指控单元要立刻做出决定:应发送哪些信息给哪些成员。例如,系统在收到网内成员的武器状态数据更新请求时,应该发送交战状态信息,告诉成员正在进行的所有交战状态,发送系统和平台状态信息,告诉成员自己的状态。

六、数据关联

数据关联用于指控单元报告当前正在报告的任两个航迹号之间未说明的关系。例如,当某电子战方位线被认为是从某空中航迹的一发射机发出的,则该电子战方位线和空中航迹之间存在关联;当某弹道导弹航迹被认为是从某导弹发射装置发射时,该弹道导弹航迹与导弹发射装置之间也存在关联。

数据关联一般是一种实际关系,而非战术关系。当存在这种关系时,指控单元自动或人工关联。当判断关联关系不再存在时,应立即终止关联。

6.2.5　任务管理功能

指挥官必须管理各种资源,有效使用武器系统,以适应在动态战术环境下作战。JTIDS 任务管理功能是使 C^2JU 能够监听战术态势、请求立即支援需求或响应立即支援请求。为实现任务请求,战术指挥官所需报告和状态包括(但不仅限于):空间、空中、水面、水下、陆地任务指令,飞机出动架次分配,任务部署和分配,以及飞行和任务报告,通常这一等级的 JU 并不直接控制武器系统,但是要负责及时在下属 C^2JU 之间分配资源。该功能将主要由语音、电传或面向字符的文本消息予以保障,但某些请求、报告和其他信息也需要实时或近实时地获取和传输。任务管理功能包括如下方面。

1. 立即任务分配

C^2JU 引导下属 JU 执行指定的任务,以支援总任务或指定任务,为联合指挥官响应战术态势变化提供实时资源再分配能力。

2. 火力支援协调

该功能近实时地将当前重要的火力支援协同措施通报给 C^2JU,如友方部队前线、战斗区域前沿、火力支援协同线、空间协同区域和无火力区域。

3. 紧急请求

该功能发送紧急任务请求,如近空支援、炮兵火力、侦察、搜索和营救、战术空运等。

4. 部队状态报告

该功能报告我方部队,包括特遣部队、飞机、地面部队等的状态及合成状况。

5. 任务结果通报

该功能近实时地将任务结果报告给 C^2JU,监视战场态势,包括战斗毁伤评估和完成任务说明。

6. 气象通报

该功能将战术作战区当前的气象观察或预报、可能影响作战的恶劣气象状况通报给 C^2JU。

6.2.6　战斗协同功能

战斗协同功能包括完成武器部署以及预防在战术作战中出现相互干扰而采取的各种行动。作战指挥官需具有引导指控单元的行动及部署武器的能力。指控单元需具有协同其指控行动和实时地将武器系统指控权转交给其他指控单元的能力。JTIDS 的战斗协同功能在管理或指挥引导武器系统(即战斗机、地空导弹等)和支援平台(即侦察、物资等)的 C^2JU 之间提供信息交换。为搜集所需的战术画面,NC^2JU 可监听战斗协同功能,但不能产生战斗协同数据。战斗协同功能、指挥控制功能和任务管理功能相互作用和影响,并由 PPLI、监视和电子战/扩展功能予以支撑。

一、发布命令/命令协同

控制单元使用发布命令/命令协同来发送威胁警报、战备等级和在武器控制任务中对其他控制单元发布命令,如图 6-6 所示。其中,上、下级指挥所间为发布命令,相临或同级指挥所(需授权)间为命令协同。武器控制任务包括指挥飞机起飞、返航,把飞机控制权交接给其他控制单元,在防空/指挥空中支援作战任务中引导武器系统交战/脱离交战和引导反潜战(反潜作战)作战等。

接收方指挥所收到命令后,应针对该命令根据自身情况及当前战场形势进行应答。如果同意执行,则按要求分配自己的武器系统执行相应的任务。

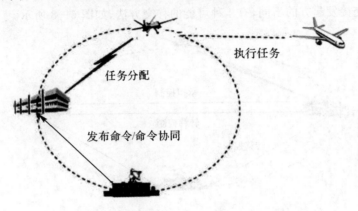

图 6-6 发布命令/命令协同示意图

二、交战协同

当两个或多个指控单元在共同承担防御职责的某个战区内作战时,应对共同的威胁协同作战。交战协同就是为这些指控单元提供该能力,从而更有效地引导交战,降低资源浪费的概率。与发布命令/命令协同不同,交战协同是一种合作关系,主要用来分享交战意图、拦截方式、毁伤概率、跟踪状态和期待支援等。

当某指挥所探测或接收到潜在威胁航迹时,首先应评估威胁的性质,从而确定是否同该威胁交战、该威胁是否适合于协同交战以及是否需要支援等,然后发出交战协同命令。接收方指挥所收到命令后,应针对该命令根据自身情况及当前战场形势判断是否交战、能否支援等,据此进行应答。如果同意执行,则按要求分配自己的武器系统执行相应的任务,如图 6-7 所示。

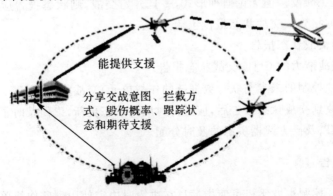

图 6-7 交战协同示意图

三、指控交接

1. 指控交接分类

(1)由参与控制人员之一发起的移交。

(2)由第三方的命令发起的移交。

2. 移交方法

根据指控交接发起方的不同,有 4 种可能的移交方法,如图 6-8 所示。

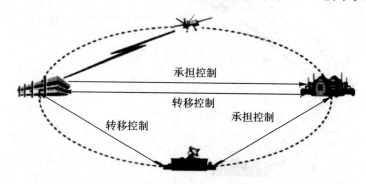

图 6-8 指控交接示意图

(1)"承担控制"请求:当前的控制 C^2JU 请求另一 C^2JU 控制。

(2)"转移控制"请求:某一 C^2JU 请求当前的控制 C^2JU 把控制权转交给它。

(3)"承担控制"命令:指挥官指挥 C^2JU 承担对飞机的控制,而该飞机当前正被另一 C^2JU 所控制或不在控制之下。

(4)"转移控制"命令:指挥官指挥当前的控制 C^2JU 把控制权转移到另一 C^2JU。

四、交战状态报告

交战状态报告主要用于报告己方平台和目标之间的交战状态。此外,交战状态报告还可用于提供交战效果、危险告警及对目标的拦截时间等。

一般情况下,交战状态报告由 C^2JU 根据武器平台交战情况自动触发。如果存在战术需要,也可由操作员人工触发。但无论何种形式,一旦开始交战,则状态报告应在交战结束前按指定周期进行周期性报告。交战状态报告包括 3 种:

(1)受控单元的交战状态报告。

(2)自身具备交战能力的 C^2JU 交战状态报告。

(3)非 JU(C^2JU 控制的未参与联合数据链的作战单元)交战状态报告。

网内其他单元收到交战状态报告后,应进行对应的状态更新,以便及时了解全网实时战场情况,支持威胁评估以及己方武器资源的及时分配。

五、指控关系通告

了解谁在某地区控制本方飞机可使指挥员在决策时决定使用哪些作战单元去拦截某一威胁,同时,也便于需要时飞机移交的快速完成。因此,控制 C^2JU 需要定期报告它们所控制的每架飞机或飞行编队，这通过指控关系通告来实现。

指控关系通告独立于航迹报告，但它同样被网内所有单元共享。

六、航迹配对

航迹配对主要用于表示己方武器平台与其他武器平台或固定点在非交战状态下的任务关系。虽然航迹配对表示的是战术关系，但它并不构成接受这种战术关系的命令。它仅仅告知数据链网内这种关系的存在，并且如果配对中的任意一个航迹被丢弃，则该配对自动终止。

七、指挥控制功能

指挥控制就是为完成所分配的任务对武器系统和支援平台进行近实时的引导指挥控制功能在 C^2JU 与武器系统/平台之间提供信息交换，以完成对飞机指挥控制、水面指挥控制、水下指挥控制、导弹指挥控制、陆地指挥控制和电子战指挥控制等行动。

1. 飞机指挥控制

飞机指挥控制是指指控单元对空中单元的指挥引导，包括空中拦截、引导支援飞机、搜索和营救、飞行管制、控制遥控飞行器、控制导弹、仪表着陆、精确轰炸、反潜战空中部分、电子战支援和近空支援任务的精确控制等各种行动。飞机指挥控制以及任务管理与武器协调相互作用，并由目标监视、电子战/情报、信息处理和参与者精确定位与识别给予保障。

2. 舰艇指挥控制

舰艇指挥控制主要用于控制海上作战平台，并为海上作战平台分配任务、指派目标、管理传感器等。舰艇指挥控制同样也与任务管理、武器协调相互作用，并由目标监视、电子战/情报、信息管理和 PPLI 给予保障。

3. 导弹指挥控制

导弹指挥控制是指指控单元对导弹的指挥控制，它包括作战指挥、作战协同、集群控制和武器控制等。导弹指挥控制同样也与任务管理、武器协调相互作用，并由目标监视、电子战/情报、信息管理和 PPLI 给予保障。

6.3 典型应用案例

根据上述数据链集成应用、数据链与平台交联实现的战术功能等基础知识，下面对基于数据链的信息系统与武器系统交联的典型应用进行一些探讨。数据链与武器平台集成的典型应用很多，在海上防御作战、陆地海防作战、防空作战等场合都有广泛的应用。由于篇幅有限，下面仅以联合火力打击为例进行说明。

1. 联合火力打击作战概念

联合火力打击是综合运用参战的各军兵种火力按既定的作战方案，集中突击对方要害目标的作战行动。联合火力打击的一般过程如图 6-9 所示。

联合火力打击的特征：一是打击目的的多样性；二是打击目标的精选性；三是打击行动的突然性；四是打击力量的联合性；五是打击部署的非接触性；六是打击战场的多维一体性；七是打击毁伤的精确高效性；八是打击动作的协调性。

图 6-9　联合火力打击的一般过程

事先根据联合火力打击作战任务要求,确定需要参战的指控平台、传感器和武器平台,按照数据链网络规划设计要求构建成一个动态无中心的数据链网络系统,利用数据链将指控系统、传感器、武器系统相交联,分发目标监视、电子战情报、敌我识别、战斗协同、指挥控制等信息,实现联合部队的一致战场态势图,并实现敌、我识别,相对定位,目标精确指示,指挥引导等功能,以便对敌方目标实施联合火力袭击、封锁、控制、反击或对抗。

2. 作战思路

联合火力打击是在联合指挥所的指挥下,由航空火力网、海面火力网和陆地火力网共同实施。参与侦察与监视的传感器包含预警机、地面防空雷达、导弹营雷达、指挥舰雷达等。参与的武器平台包括战斗机、导弹营、指挥舰导弹等。指挥控制是由联合指挥所负责决策。战斗机、指挥舰、导弹营担负对敌军火力打击的任务。

作战线程示意性描述参见表6-3。

表 6-3　作战线程概念

作战线程	交　战	决　策	探　测	评　估
AD-1	战斗机	联合指挥所	预警机 无人机 卫星遥感 指挥舰 导弹营	预警机 指挥舰 导弹营
AD-2	无人机等	空中作战中心		
AD-3	战斗机	指挥舰		
AD-4	导弹营	联合指挥所		
AD-5	导弹营	预警机		
AD-6	导弹营	指挥舰		

3. 交战过程

(1)预警机、无人机、卫星等传感器侦察敌军基地并向作战中心报告。

1)预警机、无人机、卫星探测敌方目标。

2)将探测信息通过多种数据链路传给决策单位(如空中作战中心)。

3)决策单位进行航迹相关、情报处理。

4)决策单位通过地面有线网报告目标。

5)决策单位通过数据链报告航迹。

(2)作战中心决策与解冲突。联合指挥所选择攻击平台,进行武器分配,联合指挥所解冲突(以上过程如图6-10所示)。

(3)联合指挥所指挥和控制。Link16能显示交战选择和友军武器状态,可用战术数据链根据交战规则指挥交战。

(4)目标交战。空中火力、地面炮兵火力、海上火力通过战术数据链与目标进行交战。

(5)损失评估。交战目标的状态可通过预警机、卫星探测、无人机、技侦等手段获取;可通过战术数据链报告交战航迹的状态和友军部队的状态(包括武器的可用性),以上过程如图6-11

所示。

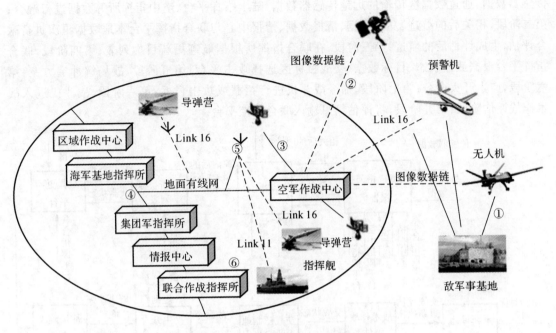

图 6 - 10　探测目标、决策与解冲突

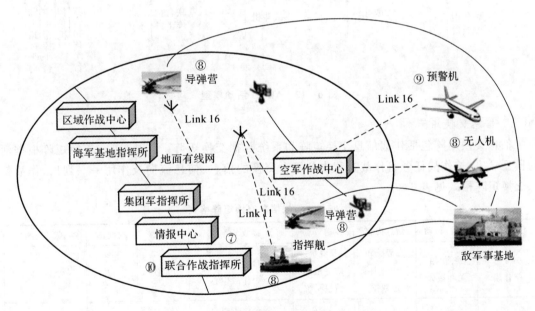

图 6 - 11　作战指挥、目标交战和损失评估

4. 活动模型

　　战斗机可分别由联合指挥所、预警机、指挥舰指挥进行打击,导弹营分别由联合指挥所、预警机、指挥舰指挥进行打击。以表 6 - 3 中 AD - 1 为例的活动模型如图 6 - 12 所示。图中的方框表示平台执行的功能,方框下方的箭头表示执行此项功能的平台,其他箭头表示平台执行此项功能所需的输入和完成功能后的输出。

　　该活动模型表示联合火力打击中相关单位随着时间推移而发生的变化。第一阶段,本地传感器数据、通过数据链传输的远地传感器数据、陆上指挥平台、空中指挥所等数据进行融合;第二阶段,相关后的航迹、友军数据、情报数据、情报中心与联合指挥平台本地数据再次进行融合评估,生成评估后的航迹;第三阶段,在联合指挥所根据航迹更新目标列表;第四阶段,联合指挥平台根据武器状态、目标数据、交战目标区选择攻击平台;第五阶段,战场解冲突方案;第六阶段,产生开火命令;第七阶段,命令战斗机进行拦截或攻击目标;第八阶段,战斗机进入战术作战评估阶段;第九阶段,将评估结果输入联合指控平台。

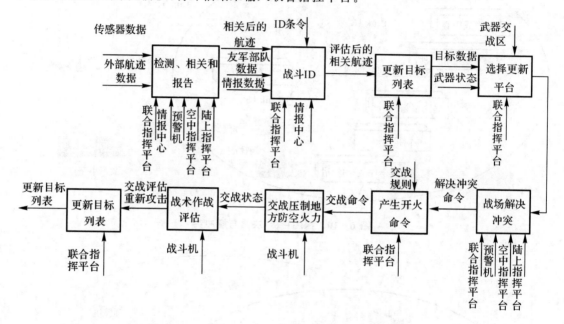

图 6－12　AD－1 活动模型

5. 信息交换矩阵

　　信息交换矩阵包括作战信息交换矩阵和系统数据交换矩阵。作战信息、交换矩阵根据活动模型导出,按作战任务将作战过程中各平台交换的信息、信息流向及作用一一列出,作战信息交换矩阵格式见表 6－4。

表 6－4　作战信息交换矩阵格式

任务名称	事件/行动	信息内容	发送节点	接收节点	格式	时间/s	作战线程编号
引导空空作战	检测、相关和报告	态势感知——空中航迹数据	预警机防空系统情报系统	联合作战中心空中作战中心	JTIDS	12	AD－1
提供战斗识别	战斗 ID	态势感知——友军部队数据	预警机	联合作战中心空中作战中心防空系统情报系统	JTIDS	12	AD－2

　　系统数据交换矩阵根据作战信息交换矩阵导出,按信息类型将作战相关的每一个系统所需信息一列表,系统数据交换矩阵格式见表 6－5。

表 6 - 5　系统数据交换矩阵格式

信息代码	信息名称	联合指挥系统	情报系统	空中作战中心	防空系统	防空指挥中心	预警机	远端站点
J2.0	间接 PPLI 信息	NT/R	NT/R	T/NP	NT/R	NT/R	NT/R	T/R
J2.2	空中 PPLI 信息	NT/R	NT/R	NT/R	NT/R	NT/R	T/R	T/R
J2.3	水面 PPLI 信息	NT/R	NT/R	NT/R	NT/R	NT/R	NT/R	T/R
J2.5	地面点 PPLI 信息	T/R	T/R	T/R	T/R	T/R	NT/R	T/R

习　　题

1. 什么是数据链集成应用？数据链集成应用的含义体现在哪两个方面？
2. 数据链集成应用技术有哪些？分别有什么特点？
3. 数据链集成应用需要哪些设备？这些设备的功能是什么？
4. 数据链与平台集成应用能实现哪些战术功能？

第7章 数据链在作战中的应用

数据链系统首先应用于美军地面防空系统、海军舰艇,而后逐渐扩展到飞机。目前,美军数据链系统最为先进,应用较广泛,发展较迅速,已开发和使用了卫星广域数据链、通用数据链、军种专用数据链和武器控制数据链四大系列40多种数据链系统,相继开发了Link4A/C,Link11,Link16,Link22等数据链,已形成多频段覆盖、多功能兼备、多平台共用以及从单机到系统的比较成熟的数据通信系统,代表了当前数据链技术/系统的国际先进水平。例如,Link16数据链分为陆用、舰载和机载三种类型,已成为海、陆、空三军联合作战标准数据链路,可广泛用于战场监视、电子战、任务管理、武器协调及空中管制等方面。

美军数据链的发展特点为从数据传输规模看,是沿着从点对点、点对面,到面对面的途径发展;从数据传输内容看,是从单一类型报文的发送发展到多种类型报文的传递,向综合性战术数据链方向发展;从应用范围看,是沿着从分头建立军队内的专用战术数据链到集中统一建立三军通用战术数据链的方向发展。

7.1 战术数据链在 ISR 系统中的应用

7.1.1 概述

战术数据链是网络中心战体系结构的重要支撑技术,在情报、监视和侦察(ISR),指挥控制以及武器系统中,我们都能体会到战术数据链的重要作用。数据链在情报侦察监视系统中的应用主要体现在侦察平台的相互联网以及情报侦察信息的实时、快速传递等方面。

单靠某一项侦察手段,无论其有多么先进,都很难完成重要的情报保障任务,必须协调使用各种侦察手段,而关键就是通过数据链将各类传感器连成网络,进行一体化的情报侦察,这也是网络中心战思想在情报侦察领域中的体现。美军现已建立了航天侦察、航空侦察、地面侦察和海上侦察等全方位、全天时、具有较强实战能力的情报侦察体系,实现了传感器信息获取手段多样化、传感器信息处理技术自动化、传感器信息传输过程实时化,并且通过各种数据链实现了网络化和一体化。如在阿富汗战争中,美军就利用Link16数据链和其他战术数据链,将U-2高空侦察机、"捕食者"中高空无人侦察机和"全球鹰"高高空无人侦察机、E-8战场监视飞机、RC-135信号情报侦察飞机等成功地链接在一起,形成一种空基多传感器信息网。同时,通过战区的通信和数据链系统,实现美军空中作战平台的传感器与地面作战部队的传感器完全链接成网,并且还与几千千米外的美军中央司令部也链接在一起。原先设计作侦察用的"捕食者"无人机,不但可以将获取的战场情报信息通过数据链路与地面部队的传感器进行链接,还直接与翱翔在空中的作战飞机的传感器链接,同时还与战区指挥官链接,使地面指挥官和空中作战飞机能够得到实时或近实时的战场态势信息。配备导弹以后,该无人机还能够和作战飞机协同对阿富汗境内的恐怖主义分子进行致命打击。

在伊拉克战争中,美军整个侦察体系可分为 600km 太空、20km 高空和 6km 天空。美军动用的侦察卫星、预警卫星和通信卫星等 100 多颗卫星和各种预警机、有人/无人侦察机配合,通过多种数据链传输手段,对伊拉克地面和空中目标形成了全天候、立体的监视、侦察体系,将数据实时地传送给战区各级指挥所、指挥中心、武器平台,乃至数字化士兵。战争中,共用了 IBS,CDL,SCDL,TCDL,HIDL,STADIL,Link11,Link16 等 8 种数据链,将侦察到的所有数据都传到地面的各级指挥中心、情报系统,地面再以其他诸如增强型定位报告系统(EPLRS)数据链等将情报信息传递给一线的美陆军作战部队,实现传感器联网及信息的实时传输和共享。图 7-1 所示给出了美军多数据链协同作战示意图。

但这场战争中,横向的多兵种间的信息共享和资源共享还存在一定的困难,因此,美军随后 10 年内追求信息优势的重要措施之一,是传感器信息采用"栅格网"联网的形式,但是数据链仍然是该网络必不可缺的重要组成部分。

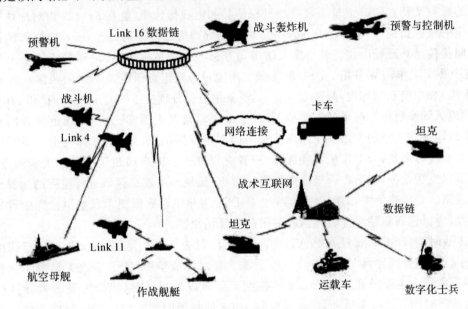

图 7-1　美军多数据链协同作战示意图

7.1.2　空间情报、侦察、监视系统

空间情报侦察监视是美军获取战略情报的主要手段,主要是对敌作战部署、核生化武器系统和精确制导武器系统、后勤目标以及其他的军事设施(目标)的配置进行全面侦察,为作战指挥提供"实时"或"近实时"的情报。

空间情报、侦察、监视系统主要包括侦察、预警、监视、探测卫星和航天飞机等,是美国情报侦察装备体系的核心。平时美国用它侦察、监视世界各国,尤其是热点地区国家的军事行动情况;战时用它为陆、海、空三军提供战场,敌方战区和全纵深内的战略及重要战术目标的有关信息与图像。它利用装在卫星或航天飞机上的光电遥感器和无线电接收机等侦察设备,从太空收集所需的情报,具有运行轨道高、侦察范围广、发现目标快、不受国界和地理条件限制等优点,触觉已经伸向战役、战术范围。

随着空、天一体战和网络中心战等新军事作战理论的问世,数据链作为连接传感器、指挥系统和武器系统的纽带,其地位和作用越来越突出。总的来说,数据链在空间侦察监视系统的应用主要表现在:利用下行链路将获取的各种情报信息传送到地面站(或通过中继卫星传送到地面站),地面站再利用各种通信系统(包括战术数据链)将信息分发出去;地面站也可通过上行链路向空间监视系统发送指挥控制命令等。严格说来,空间侦察监视系统对战术数据链的运用主要是指其地面站中安装有大量的各种各样的战术数据链设备,利用这些战术数据链设备,地面站可以将信息实时或近实时地发送给相关的指挥中心。

下面以国防支援计划(DSP)卫星为例来加以说明。国防支援计划是一种战略导弹预警系统计划,1972 年投入使用,目前在轨服役的是第二、第三代导弹预警卫星。第一代共发射了 7 颗,第二代共发射了 8 颗,第三代发射了 18 颗。DSP 卫星属于地球同步轨道静止卫星,这种轨道卫星距离地面的高度大约为 3.6×10^4 km,3 颗工作卫星就可探测全球范围内的导弹或其他航天器的发射活动。DSP 卫星上装有红外探测器和电视摄像机,能在 8～12s 内对地球表面上某一特定的地区扫描一次,并能在 50～60s 内识别导弹的红外辐射,3～4min 内便将预警信息直接或间接传送到夏延山北美航空航天防御司令部。一般情况下,在地球静止轨道上保持有 5 颗,其中 3 颗工作,2 颗备用。DSP 的 3 颗主用卫星分别定点于西经 37°(大西洋)、西经 152°(中太平洋)和东经 69°(印度洋)赤道上空,2 颗备用卫星分别位于东经 10°(非洲)和 110°(东印度洋)的地球同步轨道。西半球上空的 DSP 卫星可以监视大西洋、太平洋弹道导弹的水下发射,东半球印度洋上空的主用卫星用以监视中国和俄罗斯的洲际弹道导弹发射。卫星的位置可根据需要进行调整,当工作星出现故障,或者需要进一步提高探测精度和扩大探测范围时,地面站可以发送指令,调动备份星改变轨道,运行至最便于对观察区域进行监视的位置点对目标进行观测。海湾战争中,美国就有至少 2 颗 DSP 卫星机动到最便于观察伊拉克中程导弹发射的位置,为以色列和驻沙特阿拉伯的多国部队提供预警。

在冷战时期,DSP 系统曾有出色表现。据统计,过去 30 年,第三代 DSP 卫星已探测到苏联、法、中、印、朝等国导弹发射信息 1 000 余次。在海湾战争中,DSP 系统大显身手。在战争初期,卫星能在飞毛腿导弹发射后 30s 内探测到导弹发动机的热辐射,为爱国者导弹提供约 1min 的预警时间。在战争后期,能够提供约 4min 的预警时间。爱国者导弹成功地拦截飞毛腿导弹,预警卫星起到了关键作用。

然而,DSP 卫星原本是作为一种战略导弹预警手段提出来的,本身存在一些固有的缺点:如不能跟踪中段飞行的导弹,对国外设站依赖性大,虚警问题严重等,特别是卫星扫描速度不快,对飞毛腿之类燃烧时间短、射程近的战区导弹的探测能力十分有限,难以给出更为充足的预警时间。针对 DSP 卫星在战区导弹防御预警方面所存在的问题,美国在海湾战争之后一方面加强天基红外系统(SBIRS)卫星和机载光电预警系统的研制;另一方面对 DSP 卫星系统进行多方面的改进和发展,包括研制适合战区导弹防御需要、能够同时接收 2～3 颗 DSP 卫星数据的地面站,利用激光信标校准 DSP 卫星上红外传感器的瞄准精度。通过改进,提高了对战区导弹防御的预警能力。

从数据传输链路上看,DSP 系统经历了从固定地面站集中接收并送到处理中心处理后,再返回战场指挥中心,到可以机动部署、同时接收和处理多颗卫星数据的战场前沿移动站为主的发展过程,并有在星上完成信息处理的趋势。在海湾战争中,DSP 卫星的图像由分布在战区附近的海外固定地面站接收并送往设在美国的数据处理中心,经过数据处理后,再送到设在沙特的战区指挥中心,而后再送到"爱国者"导弹发射指挥所。为了节省时间和提高系统的灵活性,美国对预警信息通信链路暴露的弱点进行了改进,注重发展能够机动部署、可同时接收3颗预警卫星数据的移动地面站。该系统可对3星数据直接进行处理并在战区内分发,具有很高的实时性和灵活性。随着微电子技术的发展,将来有望在星上直接进行互联网络式的通信,并将经过星上处理的数据下传到地面,这样整个系统就不易受到来自地面的攻击。

美国陆、海联合战术地面站(JTAGS)由 1 辆数据车、1 辆通信车及 1 台功率为 60kW 的发电机组成,能在多个网络和通信系统上灵活工作,可通过多种保密方式发送和接收数据和语音。它利用 DSP 卫星传感器数据提供战术弹道导弹的告警,在战区内直接接收 DSP 卫星的数据,加以处理后实时地送入战术通信网内,以便使部队在可能遭受攻击的条件下作出快速反应。JTAGS 将所有预警信息数据汇集起来,实现 C^3I 系统诸环节的无缝隙结合,并通过通信中继卫星和全球军用通信系统,如战术信息广播业务(TIBS)、全球指挥控制系统(GCCS)、国防信息系统网(DISN),把相关数据传送给军事战略指挥机关和战区导弹防御部队,实现预警信息交换的畅通无阻,为全球美军和盟军提供战场态势的信息数据。

联合战术地面站/战区攻击和发射早期预警(JTAGS/LART)已综合到战术信息广播业务/TRAP 数据分发系统网络中,从而保证预警和提示数据能直接、及时地分发到武器。DSP卫星最终将由天基红外系统(SBIRS)卫星替代,战术信息广播业务 TRAP 数据分发系统也将由综合广播业务(IBS)替代。

"天基红外系统"是由美国空军研制的下一代天基红外监视系统,也是美国国家导弹防御系统的一个组成部分。与"国防支援计划"卫星相比,"天基红外系统"卫星将能完成更多的任务,包括导弹预警,为防御导弹指引目标,提供技术情报和战场态势信息等。同时,与"国家支援计划"卫星相比,"天基红外系统"卫星反应灵敏,预警范围广;具有一定的抗毁能力;工作寿命更长。

天基红外系统的任务是战略和战区导弹预警;跟踪从初始助推阶段到飞行中段的导弹目标,为导弹防御指示目标;提供技术情报;增进战场态势感知。它由高轨道和低轨道两大部分组成:高轨道部分由 5 颗静止轨道卫星(其中 1 颗为备份)、2 颗大椭圆轨道卫星组成,主要跟踪导弹主动段,也就是导弹点火阶段的侦察和跟踪。定向和控制设施(PCA)是"天基红外系统"高轨道部分地球同步轨道卫星的一个重要的、高度综合的设备,它可以确保卫星的两个光学系统对指定的区域进行扫描,使操作人员能够根据国家优先权修改需要监视的区域。

7.1.3　空中情报、侦察、监视系统

空中情报、侦察、监视系统(亦称航空侦察系统)是军事侦察系统的重要组成部分。与空间侦察相比,空中侦察具有灵活机动、时效性强和针对性强等优点,不仅能在短时间内同时发现大量的各种目标,向各级指挥官提供实时的战场情报信息,而且还可对目标进行跟踪识别,直至目标被摧毁。它既是获取战场情报的基本手段,也是获取战略情报的辅助手段。

美国航空侦察系统自 20 世纪 50 年代以来,已发展成一个战略侦察机、预警机和战术侦察机相结合、有人侦察机和无人侦察机相结合的多层次、全方位、大纵深航空侦察预警系统。美军目前的战略侦察机有 U-2 高空图像侦察机、RC-135 战略信号情报侦察机、EP-3 战略信

号情报侦察机以及 SR-71 等;预警机有 E-3 空中预警与控制系统(AWACS)、E-2C"鹰眼"预警机和 E-8 联合监视目标攻击雷达系统(JSTARS);战术侦察机有 RC-7,RC-12,RF-4C,RF-14,RF-16,RF-18,TR-1A,ES-3 等;无人侦察机有"全球鹰""捕食者""先锋""猎手"及"影子-200"等。

在"网络中心战"理论驱使下,美空军正在努力增强一体化 ISR 能力。例如,美空军通过 Link16 数据链,利用网络技术,将 E-8 战场目标侦察、E-3 战场空中预警和 RC-135 战场信号情报侦察等多种传感器平台连为一体,形成"电子三合体",组建一支信息优势空中远征部队,以便能够迅速获取世界任何部队将部署地方的战场实时信息,遂行战场情报准备。美空军的 SUTER 计划,旨在将情报、侦察、监视与进攻性反信息作战(OCI)和进攻性防空作战(OCA)(F-16CJ 飞机)进行横向一体化。EC-130H"罗盘呼叫"飞机和 RC-135V/W"联合铆钉"飞机的一体化,通过一个与 CDL 兼容的广播网络——先进战场空间信息系统(ABIS)——来完成,F-16 飞机通过改进型数据调制解调器(IDM)接入网络。SUTER 计划最终将链接所有平台和指挥控制机构,包括空中作战中心、E-3、E-8 和改进型平台(如多传感器指挥控制飞机 MC2A)。MC2A 是美空军新一代多功能侦察机,将同时完成战场目标侦察、战场信号侦察和战场空中预警等功能,并完成对巡航导弹一类的低空飞行隐身目标的探测,同时还可以控制无人机遂行填补缝隙式的情报侦察,并获取天基、陆基和海基传感器送来的战场信息数据。具体地说,就是采用一种民用宽体飞机,将 E-8,E-3,RC-135,ABCCC,EC-130H"罗盘呼叫"通信干扰飞机等功能综合在一起,并将搜集到的各种情报信息融合在一起,形成完整、准确的战场态势。

另外,目前美军也正在加速发展一项称为"网络中心协同目标发现"的计划(NCCT),用来将美军和盟军的各种情报侦察飞机送来的情报信号进行链接和重叠,以便对运动目标实施快速的探测和定位,以期建立从传感器直接到射手的杀伤链路,实施对快速移动目标的侦察打击。NCCT 计划的目的,就是通过建立一个可传输各种侦察信号的情报交换网络来产生高度准确的实时战场态势图,以解决时间敏感目标的精确打击问题。

从中可以看出,利用数据链实现空中传感器平台的联网及侦察平台与武器平台的横向一体化是美军航空侦察的发展趋势。

一、空中预警探测系统

在现代战争中,侦察、预警与指挥控制功能已集成到一个平台上,如美军的 E-3 空中预警与控制系统(AWACS)、E-8 联合监视目标攻击雷达系统(JSTARS)和正在研制的多任务飞机(MMA),这些 C^2ISR 平台要求以下战术数据链能力:

(1)接收和分发实时或近实时态势感知信息,包括空中和海面/地面轨迹、威胁告警和相关的电子战(EW)参数和情报信息。

(2)接收和分发命令、报告和控制信息。

(3)接收和分发受控部队的当前活动和状态。

(4)接收和分发实时或近实时作战损坏评估(BDA)和打击任务效果的信息。

(5)接收和分发作战空间基准点、线和面,空域控制措施,安全通道走廊,禁飞区和战场前沿等信息。

下面以美军使用的预警机为例,说明其战术数据链的装备与使用情况。

1. E-3 空中预警与控制系统

E-3 预警机具有全天候监视、指挥和控制功能,它是对轰炸机和巡航导弹进行预警的重要空中预警系统。它能探测和跟踪较小的隐秘目标,包括海面上静止的和运动的大小舰艇、各种地面杂波背景下的目标,以及巡航导弹等低空目标,而且还能截获来袭空中目标辐射的各种电磁波。它不仅能迅速、准确地探测和传送目标的性质、方位、高度、距离、速度信息和敌、我识别信息,向空中战术飞机发布命令,而且还具有高的抗干扰、抗截获、安全保密和传送多种信息的空-空、空-地、空-海通信能力。

AWACS 具有的多链路系统由 TADIL - A,TADIL - C 和 TADIL - J 组成,即包括 Link11,Link4A 和 Link16 三种战术数据链。数据链基础结构包含战斗机返回链路功能,可使数据等待时间缩至最短,从而可大大改进战斗机控制。

随着技术发展,E-3 也采用了大量高新技术并发展了一系列的飞机改进型号,比如:采用新型的总线技术(FDDI/Ethernet)、高速数字处理技术以及大量数字化技术,无论是系统的可靠性,还是系统的工作效能,都得到了明显的提高。

E-3 预警机上的指挥与控制处理器(C^2P)是一套报文分发系统,它确保战术数据系统计算机与联合战术信息分发系统终端,Link11 数据终端设备和 Link4A 数据终端设备间的连接。它接收从 ATDS 输出的信息,翻译并格式化后通过 Link16,Link11 或 Link4A 发送。反过来,C^2P 接收从这些战术数据链路输入的信息,翻译后提供给 ATDS。最终,它能完成数据转发,即翻译接收来自一条数据链路的信息,然后通过另一条数据链路重新发送。预警机选择哪条具体的链路(Link4,Link11,Link16)与其他作战单元进行情报信息交换以及指挥控制,是根据任务前战场通信系统的配置管理以及不同网络的初始化决定的,其控制处理逻辑在 ATDS 和 C^2P 中实现。

2. E-8 联合监视目标攻击雷达系统

E-8 联合监视目标攻击雷达系统是一个复杂的战斗管理系统,可使空中和地面的指挥官看到敌后方的情况,并获得情报和目标数据。雷达系统能够探测、分类和跟踪敌方地面部队(包括履带车辆和轮式车辆)、低空飞行的飞机或海上舰船的运动。在空军的 E-8C 飞机或陆军的地面站内部,操作员能够在一个大的彩色监视器上观察运动或静止的地面目标。屏幕上连续不断地显示经过处理的、用运动的点图形或屏幕格栅表示的数据流。经过处理的信息同时显示在空中和地面操作控制台上,它或者显示一广域图像,或者显示一特定地区的详细瞬态图。

"沙漠风暴"期间,JSTARS 向空中和地面指挥官提供了一幅实时的战场战术图,这在以前的战争史中是决不可能实现的。在伊拉克战争中,JSTARS 再次为指挥官充当"空中之眼",在情报、监视、侦察方面发挥了重要作用。在这场战争中,E-8C JSTARS 能和陆军的"长弓·阿帕奇"直升机实现数据链接,就是借助于改进型数据调制解调器(IDM)实现的。这种目前尚有限的能力提供了两者的合作攻击和信息互换能力,有助于"阿帕奇"直升机更好地对目标定位。空军和陆军平台间 IDM 的互连,可生成战斗机需要的、清晰简明的多维战场图像的态势感知。

E-8 JSTARS 系统的机载通信设备包括各类电台、滤波器、加密设备,以及 JTIDS 2 类终端、监视控制数据链(SCDL)、机载数据终端(ADT)和情报广播接收终端——指挥官战术终端(CTT)等。这些通信系统可以提供视距和超视距的语音和数据通信。机组人员利用这些通信设备,可与各种指挥、控制、通信、情报（C^3I）和传感器平台,武器系统,以及地面指挥、控制、通信、计算机和情报（C^4I）节点进行任务协调。卫星通信（SATCOM）向联合 C^4I 节点、视距外战术地面站提供超视距通信。

通过 JTIDS,SCDL 和 CTT 终端,通信设备也可提供数字连接。JTIDS 提供经过数字处理的情报报告和目标导向更新信息,使 E-8 操作员能够向其他空军平台和 C^4I 节点如 E-3 空中预警与控制系统传递信息。JSTARS 的移动目标指示器（MTI）和合成孔径雷达（SAR）数据通过 SCDL 传送给视距内的所有地面站模块。E-8 飞机上安装有 2 部 SCDL 天线,1 部安装在顶部,1 部安装在 E-8 飞机底部,即使 E-8 在飞行期间进行转弯时也可向地面站模块提供连续数据链路。CTT 终端向 E-8 输送信号情报（SIGINT）,使 JSTARS 的数据可以与其他情报数据相关联。

经过升级的 Block30 E-8C 飞机上还安装了改进型数据调制解调器（IDM）。IDM 是一个高速数字数据链路,能够在联合部队空中和地面武器平台之间传递近实时的目标数据,以支持敌方防空压制、近距离空中支援、前沿空中控制、特殊作战、空中格斗、指挥和控制等任务。最初,IDM 是为 F-16 研制的数据链,后来其他平台如"长弓·阿帕奇"AH-64D 和 WAH-64D、OH-58D、EA-6B、JSTARS、陆军航空指挥控制系统（A2C2S）、Block40 F-16、UH-60Q 和 E-2C 也开始安装 IDM。

E-8 JSTARS 安装 IDM 后,可向指挥控制单元和攻击直升机提供完全互通的数据链路,极大地改进了对陆军航空部队的目标引导支持能力。当直升机在通用地面站的视距外时,这种能力也提高了陆军 JSTARS 通用地面站通过 E-8 飞机与陆军航空兵进行通信的能力。IDM 还能够向 E-8 回传"阿帕奇"直升机的传感器信息,从而增强态势感知,提高目标相关能力。在伊拉克战争中,美军 E-8 飞机利用装备的 IDM,可直接与"阿帕奇"直升机实现数据链接,达成高空远距侦察机与低空近距攻击机间的信息交换和合作攻击,提高了直升机的目标定位能力。它也支持美海军陆战队航空兵和美空军配备 IDM 的战斗机,可降低误伤。

JSTARS 战术地面站最初称为地面站模块（GSM）,最新的改进型称通用地面站（CGS）,是一种机动的、实时的多传感器指挥、控制、通信、计算机和情报系统,能接收、显示、处理目标定位管理和情报信息,并将信息分发到各个指挥梯次。

通用地面站是数字化战场上的关键节点,也是传感器和射手间的联系设备。除了接收联合监视目标攻击雷达系统数据外,通过集成的联合战术终端还能接收各种侦察平台发来的图像以及信号情报数据。支持的数据链有监视控制数据链、全源分析系统（ASAS）、先进野战炮兵战术数据系统（AFATDS）、战术火力（TACFIRE）、可变报文格式（VMF）和综合广播业务（IBS）。

在"自由伊拉克行动"中,美陆军的通用地面站被成功用于情报搜集和部队保护。CGS 可能是此次行动中陆军最先进的战术地面站。通过联合监视目标攻击雷达系统、"捕食者"和"猎人"无人机以及其他情报搜集系统,CGS 为陆军、空军和海军陆战队提供了实时通信和情报搜集。

RTIP 要求为 E-8C 设计、集成和测试先进的 RTIP 传感器子系统,并采用宽带、抗干扰、保密的多平台公共数据链路（MP-CDL）。MP-CDL 是美空军正在研制的一种高速、保密、抗干扰、宽带网络数据链,用以提高时间敏感目标定位能力。MP-CDL 将现有点对点数据链能力扩展到多点连通,它连接情报、监视和侦察、指挥和控制、战场管理和地/海面平台,同时也与现有的 CDL 数据链保持互操作,使 E-8 平台能够将 RTIP 传感器获取的信息和其他网络业务同时传送给 30 个有源用户。这种数据链路能够极大地缩短陆军和空军飞机将地面移动目标的情报、监视与侦察信息下传给其他资源所需的时间,还能够为友邻部队的作战资源提供一个实现“机-机”通话的途径,使作战人员获取时间敏感数据的速度比现在快得多。

3. E-2C“鹰眼”预警机

E-2C 飞机的主要任务是监视及空中拦截控制,可提供全天候机载预警、指挥和控制功能,并可进行监视协调、搜索救援指导和通信中继,利用计算机控制的传感器,可提供预警、威胁分析和控制对空中、地面/海面目标的作战。E-2C 飞机中队主要布置在美海军航母上,飞机上安装有 Link11,Link4 和 Link16 战术数据链,最新型的“鹰眼”2000 预警机还装备有协同作战能力(CEC)数据链。在参加伊拉克战争的“尼米兹”号航母上,装备有 4 架“鹰眼”2000 预警机。这既是“鹰眼”2000 首次参加战斗,也是它首次具有协同作战能力。

在 E-2C 飞机上安装的 Link16 系统包括 L-304 型任务计算机、JTIDS2 类终端(AN/URC-107(V)5)、专用的自适应控制设备和 4 部 JTIDS 天线。JTIDS 终端通过 L-304 型任务计算机进行控制。E-2C 飞机上的 Link16 系统配置如图 7-2 所示。

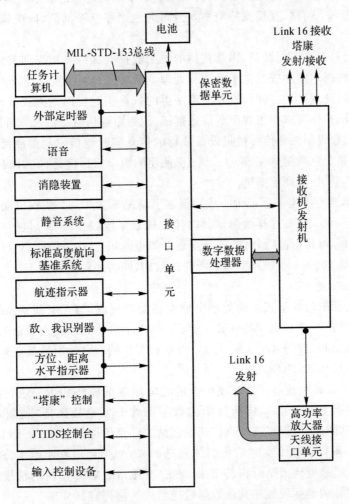

图 7-2 E-2C 飞机的 Link16 系统

二、空中情报侦察系统

目前,美空军已拥有各种型号的有人侦察机、无人侦察机和侦察直升机等多种航空侦察平台,并通过各种数据链将这些平台连接起来。如 RC-135 电子侦察机,就安装有 Link16、公共数据链、宽带视距数据链、宽带卫星通信数据链/GBS,同时还有改进型数据 Modem(IDM)。该机能够向全球范围内的战区指挥官提供实时战略战术侦察数据,可与空军的 E-3、E-8 及海军的指挥舰建立数据传输网络,实现侦察机、预警机与空间卫星的一体化联网侦察,而且可通过 IDM 将信息实时下载到 F-16C 的瞄准系统中,用于遂行联合压制敌防空任务。另外,有人侦察机必须与无人侦察机组网,由有人侦察机提示无人机对危险区进行抵近侦察,获取更为精确和详细的目标数据,补充有人侦察机不能覆盖的区域。下面以美军的空中情报侦察飞机为例,分析战术数据链在空中侦察系统中的应用。

(一)U-2 侦察机

U-2 作为美国军事侦察能力的关键部分,是一种具有多种侦察能力的战略高空侦察机,以前主要用于侦察目标国后方的战略目标,也广泛用于危机地区的战术侦察,可对特定地区进行全天时、全天候高空侦察,直接支持美军及盟国的地面和空军部队,向决策者提供冲突各阶段的重要情报。

U-2 飞机上只有 1 名驾驶员,因此获得的原始数据要么待飞机飞回基地后再进行处理,要么通过数据链传回地面站或其他平台进行处理。平时进入别国领空进行侦察时一般要等到飞机着陆后再进行处理;但在战时,则要求将获得的数据实时发回地面或其他平台,这就需要采用数据链。该机系统可以使用视距通信数据链、超视距通信数据链及宽带图像传输数据链,将合成孔径雷达、数码相机和信号情报设备获得的信息实时地传输到地面接收处理中心。远距离传输则要依靠卫星数据链完成,U-2 飞机使用的卫星数据链是 SENIOR SPAN 和 SENIOR SPUR,属于 CDL 系列数据链。

2001 年 6 月,美空军电子系统中心成功研制了新的专为 U-2 侦察机而设计的加强型任务规划系统,并于 2003 年 5 月开始测试。该任务规划系统(MPS-V)包括一个新型处理器,运行速度大为提高,可运行高级软件,任务规划时间也减短 1/4。MPS-V 可规划各传感器何时何地按指令收集 400~500 项典型请求所需的数据,同时还可生成供 U-2 驾驶员执行任务用的图表和文件。

U-2 侦察机获取的侦察数据的处理由地面移动站完成,与光电侦察系统(SYERS)联合工作的地面移动站是 SENIOR BLADE 车;与 TR-1 上合成孔径雷达联合工作的地面移动站是陆军的战术雷达相关器(TRAC)车;与 U-2 联合工作的综合地面站是空军的紧急机载侦察系统/分布式地面站(CARS/DGS)。

SENIOR BLADE 车载地面站对飞机上的光电侦察系统(SYERS)进行控制,并接收、处理、判读获得的图像数据,然后,将所收集的数字图像分发给战区指挥官和国家指挥当局。SYERS 的数字式"图片"可以直接"投射"到地面站的计算机屏幕上,如果飞机在地面站的视距内(大约 322km),则可以连续实时地将图像发送回来,如果超出视距范围,SYERS 则先将信息存储起来,待飞机靠近地面站时再传下来。SENIOR BLADE 车内的情报人员从图像上识别目标后,再将目标的坐标位置和其他数据发送给战区指挥官。

U-2 的信息传输系统包括视距 HUF 传输和超视距 UHF DAMA 卫星通信及 HF AN/

ARC217 电台。UHF 卫星通信为 U-2 提供保密全球通信。U-2 采用的公共数据链是机载信息传输系统(ABIT),它可以提供扩展的宽带数据中继,能够将收集平台获得的图像和其他情报信息中继到战区内任何地点的地面站或其他平台,可提供低截获概率/低检测概率的保密、带宽可选的双向空-空-地链路。ABIT 可提供超视距通信,可改善实时作战所需的时效性。

(二)RC-135 信号情报飞机

RC-135V/W"联合铆钉"是一种空中可加油的战区侦察机,用于向战区指挥官和作战部队提供直接、近实时的侦察信息和电子战支援。其主要作用是挖掘和利用"电子战场",并近实时地向作战人员和战区指挥官分发经过处理的战斗情报,提供直接的战术支持。

RC-135"联合铆钉"有一个多数据链系统,由 Link11,Link16,ABIT,宽带视距数据链,宽带卫星通信数据链/GBS 和改进型数据 Modem(IDM)组成。该机可与空军的 E-3,E-8 及海军的指挥舰建立数据传输网络,实现侦察机、预警机与空间卫星的一体化联网侦察,而且可通过 IDM 将信息实时下载到 F-16CJ Harm 瞄准系统(HTS)中,用于遂行联合压制敌防空任务。

RC-135V/W"联合铆钉"收集、分析、报告和利用敌方战场管理(BM)以及 C⁴I 信息。在战时,它与战术空军控制系统(TACS)的空中部分(AWACS,ABCCC,JSTARS 等)一起部署到战区,并通过数据链和语音与飞机相连。飞机具有保密 UHF,VHF,HF 和卫星通信能力,经过处理的精确情报数据可通过 TADIL-A(Link11)或 TIBS 传给战区内的 AW-CAS,JSTARS 或其他飞机,也可将获得的信息传递给地面防空或其他指挥部门,通过卫星链路实现数据的远距离传输。RC-135 侦察机上安装有大量复杂的情报收集设备,能够监视敌方的电子活动。利用自动和手动设备,电子和情报专家能够精确定位、记录和分析电磁频谱上正在进行的活动。

在战术侦察中,RC-135V/W 主要完成两项任务,一是掌握敌方的战场电子序列,查清哪些辐射源正在何处工作,指示敌方部队的位置和意图,对有威胁的活动发出告警;二是通过数据和语音链路将最新的目标信息传输出去,比如将敌方飞机或地空导弹准备发射的信息直接送往处于危险中的飞机,EC-130、EA-6B 等电子干扰飞机通报情况,为战斗机提供打击目标,向导弹部队与地面指挥员提供情报,以便综合运用干扰、攻击和反雷达导弹等手段进行打击。

(三)EP-3E 信号情报飞机

EP-3E 全名为 EP-3E 机载侦察综合电子系统(ARIES),是美海军的岸基信号情报侦察机,主要用于对海面及水下目标进行侦察。其使命是单独或与美国其他部队一起在国际空域执行任务,为舰队司令提供有关潜在敌方军事力量战术态势的实时信息。

EP-3E 所采用的情报侦察手段除了电子侦察和通信侦察外,也使用雷达侦察、红外侦察,同时采取了自我保护措施,即进行电子支援侦察和电子对抗。收集到的信息在飞机上进行融合和相关分析处理后,通过不同的通信手段和数据链传送给相关平台或地面指挥机构,也可以从外部接收数据。EP-3E 能够截获 740km 以外的雷达、电台、手机以及其他军事设施发出的电子信号,能够窃取电子侦察卫星不能获取的信息。

EP-3E 各种机载系统分成电子支援传感器(ESS)、专用 Z 电子支援通用子系统(SESC-

SS)和专用工作站传感器(SSS)单元,其中,SSS 系统与通信情报(COMINT)功能有关。II 型飞机顶部和下侧装有"独木舟"吊舱(放置 OE - 320 测向天线组)、大型机腹整流罩(放置 OE - 319 天线);在机翼下和机身后面装有刀形天线;AN/ALR - 76 电子支援系统的天线吊舱装在两个翼尖上;天线阵列在机尾和机身后面的整流罩下。EP - 3E 通过装配的 Link11 数据链路和 AN/AYK - 14 中央任务计算机报告信息。

20 世纪 90 年代中期,美海军的"ARIESII 传感器系统改进计划"(SSIP),利用各种 C^4I 链路增强连通性,通信能力已得到了改善,具有了网络功能,使 EP - 3E SSIP 能比现有系统提供更准确的有关各种威胁目标的数据,可以向战斗群和特遣部队分发 EP - 3E 平台的轨迹数据和交战数据,也能利用特遣部队资源来提高 EP - 3E 收集数据的处理能力。经过 SSIP 升级的 EP - 3E 可与美军的其他侦察平台和战斗机进行直接、实时的链接,链接对象包括美空军的 E - 3AWACS 和其他飞机、海军的潜艇等。

(四)RC - 12"护栏"系统

RC - 12"护栏"系统是美陆军的机载通信情报/信号情报收集和定位系统,具有地面处理、分析和报告能力,发展到"护栏"/通用传感器(GR/CS),支持军以上梯队(EAC)、军、师、联合地面部队指挥官和维和部队的空中侦察任务。它将改进型"护栏 V(IGRV)、通信高精度机载定位系统(CHAALS)和先进的 QuickLook(AQL)集成到同一信号情报平台 RC - 12K/N/P/Q 飞机上。GR/CS 向整个战区的战术指挥官提供近实时信号情报和目标导引信息,着重于纵深作战和后续部队的攻击支援。它收集选定的各类无线电信号,对它们进行识别/分类、确定信号源位置,并向战术指挥官提供近实时的报告。

RC - 12"护栏"系统由 1 个综合处理设施(IPF)、6～12 个机载中继设施(ARF)、1 个辅助地面设备(AGE)、3 个互操作数据链(IDL)、1 个配电系统和相关的地面支援设备组成。综合处理设施是整个系统的控制、数据和报文处理中心,有许多计算机系统和操作员工作台。在 IPF 中有多达 24 名操作员,这些人员通过互操作数据链对安装在 RC - 12 飞机上的机载中继设施的任务设备和接收机进行遥控,对收集到的情报数据进行处理;并通过 CTT 或地面有线将获得的情报分发给战术指挥官。利用 IDL,也可以使 IPF 控制其他军种平台上的 SIGINT 载荷。当飞机从较远位置起飞并在飞行期间与 IPF 建立数据链时,辅助地面设备允许 GR/CS 在分散模式下工作。

GR/CS 的数据链包括互操作数据链和多任务数据链(MRDL)。互操作数据链与其他军种的收集平台是通用的而且可互通。IDL 作为 CDL 的一个派生,也可提供远程卫星通信能力,它通过地面站到卫星或者直接从飞机到卫星。多任务数据链设备包括模块化互操作地面终端(MIST),GUARDRAIL 双数据链(GDDL)和便携式地面支援设备(PGSE)。它可提供空-空模式和空-地模式。MRDL 与以前部署的 GR/CS 型号及其他军种的 X 波段数据链系统后向兼容,能够以 10.71Mb/s、137Mb/s 或 274Mb/s 速率将数据传送到地面站。

陆军一直在不断改进 RC - 12GR/CS 的通信侦察系统,通过 GR/CS 互操作子系统(GRIS)使 RC - 12 的通信侦察系统与美空军的信号情报系统链接。GRIS 是一个实时传感器管理系统,能为 GR/CS 提供采集和分析数据的能力,这些数据是使用可互操作数据链,从视距范围内各种各样的空军 SIGINT 飞机获得的。这种与空军平台的互操作性使"护栏"能同时执行多种飞行任务,并与空军协调发射机的定位信息。

(五)RAH-66"科曼奇"直升机

"科曼奇"直升机是第一种专门用于数字化战场的隐身武装侦察直升机,其综合航空电子系统先进,技术含量高,采用了多种先进战术数据链,如 VMF,Link16(TADIL-J)等。

"科曼奇"系统体系结构如图 7-3 所示,它包括两大部分:综合化通信、导航、识别航电系统(ICNIA),综合任务设备管理和控制(MMC)。其中 ICNIA 将"科曼奇"与联合作战小队紧密结合,实时报告敌军和友军的位置和状态,以及战场损失评估和后勤需要;MMC 提供各种任务管理功能,它负责产生和控制综合任务设备(MEP)的系统时间,对大部分"科曼奇"航电系统的状态进行控制和监控,VMF 和 Link16 数据链采用的 K 序列和 J 序列报文在 MMC 中进行译码并被分发给各个应用单元。

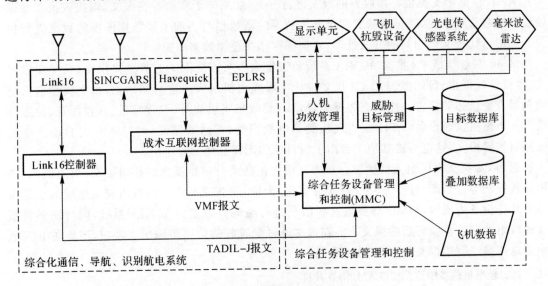

图 7-3　"科曼奇"系统体系结构

"科曼奇"将战术互联网(TI)作为与其他军事单元进行数字通信的主要通信网络,主要的接口是 SINCGARS/ESIP 和 EPLRS 电台(使用 VMF 报文)。TI 是一个包含很多路由器和电台的网络,它利用不同的网络协议分发态势感知数据和传输指挥控制命令。TI 由上 TI 和下 TI 组成。下 TI 进一步分为态势感知网络和指挥控制网络。态势感知网络通过 TI 向各友军平台提供本机位置信息,而每个友军平台则提供敌军和雷达目标报告。指挥控制网向特殊地址、组播地址、广播地址传送报文。例如,当"科曼奇"提供火力支援任务时,将向特殊地址(如炮兵单元)发送寻址报文;当进行侦察报告时,它通常向预定义的任务组实时发送报文;当探测到受雷达或激光照射时,"科曼奇"将向当前网络中的每个平台成员广播电磁探测报文。

Link16 网络是"科曼奇"与其他军种进行互通的主要接口,可以设置成多种配置。由于"科曼奇"能够提供强大的目标相关信息,因此,它可以作为 Link16 网络的指挥控制平台。在该配置下,"科曼奇"接收从其他平台送来的航迹报文,并在目标威胁管理单元(TTM)中进行航迹相关,然后将更新后的全新的航迹发送给 Link16 网络中的所有成员。"科曼奇"通常也能以从属角色向指挥控制平台(如 E-8 JSTARS 或 E-3 AWACS)回馈独立的航迹报文。

数字信息处理是"科曼奇"上的综合任务设备(MEP)系统具有的众多功能中的一种。从数字网络中接收到的信息可分解为 3 类:威胁存在、显示信息、图形迭代。威胁存在信息包括友、敌、中立、未知等属性目标的位置信息,将接收的这些信息与本机已有信息进行相关,并向飞行机组人员提供增强的态势感知。显示信息为需要提供给机组人员浏览或作出反应的任何信息。图形迭代信息包括桥梁、感兴趣的点、我军前进方向(FLOT)、前进基地和燃料补给点(FARP)等。

"科曼奇"通过 SINCGARS,HAVE QUICK 或 EPLRS 信道接收数据报文(这依赖于通信系统如何配置以及如何接入战术互联网)。ICNIA 负责报头的解码,并决定该报文是否赋予地址以便传送给主机平台。ICNIA 对于数据报文引入了几个"过滤器"以减少送往 MMC 的数据量。ICNIA 将接收到的所有未编址报文(送给主机平台)进行过滤,通过设置态势感知参数将感兴趣的地理区域的信息过滤出来。

MMC 根据报文类型将接收到的报文进行分类,如果属于威胁存在报文,则将该报文发送给目标威胁管理单元,目标威胁管理单元将获得的新数据与当前威胁数据库中的数据进行相关。图形迭代报文以相同的方式处理,它们都存储在叠加数据库中。

MMC 只能生成 C2 报文,ICNIA 系统负责生成一系列受限的态势感知报文(系统配置报文、本机位置报告、目标报告)。C2 报文自动生成或由机组人员进行初始化,报文类型包括电磁照射告警或态势报告。比如态势报告,MMC 将收集飞机油量、导弹数量、武器配置、位置等信息。当飞机抗毁设备(ASE)报告飞机受到电磁照射(雷达或激光)时,MMC 将自动产生电磁照射告警报文,这也可被其他平台用于对目标的无源三角测量定位。

通用 C2 报文由机组人员生成。该类型报文包括来自侦察报告的任何报文、火力请求、图形迭代报文等。当所有的 C2 报文收集好以后,无论 C2 报文是由飞行机组成员生成的还是由综合任务设备生成的,MMC 都要将这些信息进行编码并发送给 ICNIA 系统,同时还要将报文地址附加在这些编码后的报文上。在报文通过配置好的信道传输出去之前,还要在 ICNIA 中为这些报文创建报头并进行 FEC 编码。

(六)轻型机载多用途系统(LAMPS)直升机

轻型机载多用途系统是美国海军直升机使用的集传感器、雷达与通信于一体的系统,美国海军利用其执行监视、搜索与救生以及炮火支援任务,主要用于反潜作战以及反水面作战,LAMPS 集成了众多的电子子系统,包括传感器、雷达、声纳浮标、处理设备、读出设备以及数据链路等。其中,战术数据链是轻型机载多用途系统的重要组成部分,它在舰船和 LAMPS 直升机之间传递战术数据。不同时代、不同型号的 LAMPS 直升机使用不同的数据链,主要有以下几种:

1. AN/AKT - 22(v)数据链

AN/AKT - 22 是一种用于美国海军 LAMPS I 舰载多用途直升机系统 SH - 2D/G"海怪"反潜直升机与母舰间接收、传输 AN/ARR - 75 声纳浮标等反潜作战装备遥测数据的双向数据链。采用 S 波段工作时,SH - 2D/G 必须与母舰维持视距。

2. AN/SRQ - 4 和 AN/ARQ - 44

LAMPS Ⅲ SH - 60B 反潜直升机用的数据链是 SRQ - 4 双工数据链,工作在 C 波段,机载终端设备称为 ARQ - 44。除声纳数据外,也可传输机上 APS - 124 雷达与 ALQ - 142 ESM 装置所获得的数据;超过视距后,LAMPS Ⅲ 直升机仍可使用 HF 波段语音通信与母舰联系。SH - 60R 直升机的数据链升级后,传输速率提高到 3.1Mb/s,使其可用于传输直升机所获得的红外线与逆合成孔径雷达(ISAR)图像给母舰。由于该数据链工作在 C 波段,与 CEC(协同作战能力)有电磁干扰,所以美海军用 Ku 波段的 TCDL 来取代,又称"霍克"数据链。

LAMPS TCDL 数据链能够通过现有舰载 Ku 波段的海军公共数据链(CDL‐N)直接与战斗群相连接,为水上舰队提供 SH‐60R 直升机机载传感器收集的轨迹数据和发现目标数据。LAMPS TCDL 数据链具有网络功能,可以分发 SH‐60R 平台的轨迹数据和发现目标数据。

(七)无人机

数据链路对任何一架无人机来说都是一个关键的子系统,是无人机的命脉。对于远距离、长航时无人驾驶侦察机,其活动半径通常会超过地面站的无线电视距,要实现对其实时的全程测控与信息传输,就必须有高可靠的超视距数据链(如卫星中继数据链),同时还要保留视距数据链。

实现传感器联网,达到"传感器到射手"的作战能力,无人机与其他平台之间的链接就显得非常重要,对信息传递的实时性要求也更高,而这一切都必须借助数据链来实现。为此,美军在发展无人机数据链时,尤其重视无人机数据链的互联和互操作技术的研究,同时还注意进一步研究无人机和非无人机平台的数据链互通的问题。21 世纪以后,美国各军兵种正在考虑采用网络技术,将无人机和战场的各种情报信息搜集平台链接在一起,以便向战场各级指挥官提供无缝清晰的战场态势图。

无人机系统的数据链路能持续不断地或根据要求提供双向通信,其基本组成如下:

一条上行链路(也叫指挥链路),用于地面站对飞行器以及机上设备的控制。无论何时地面站请求发送命令,上行链路都必须保证能随时启用。但在无人机执行前一个命令期间(如在自动驾驶仪的控制下,从一点飞到另外一点期间)却可以保持静默。

一条下行链路,可提供两个通道。一条状态通道(也称遥测通道)用于向地面站传递当前的飞行速度、发动机转速以及机上设备状态(如指向角)等信息。第二条通道用于向地面站传送传感器数据,它需要足够的带宽以传送大量的传感器数据。

数据链的机载部分包括机载数据终端(AD7)和天线,机载数据终端包括射频接收机、发射机以及调制解调器。有些机载数据终端为了满足下行链路的带宽限制,还提供了用于压缩数据的处理器。数据链的地面部分也称地面数据终端(GDT),它在地面控制站及无人机之间提供视距通信,有时通过卫星提供。它可以和地面控制站方舱部署在一起,也可以远离它。地面终端传递制导及有效载荷命令、接收无人机飞行状态信息(如高度、速度、方向等)及任务有效载荷传感器数据(如视频图像、目标距离、方位线等)。该终端包括一副或几副天线、RF 接收机和发射机以及调制解调器。若传感器数据在传送前经过压缩,则地面数据终端还需采用处理器对数据进行解压和恢复。

(八)吊舱型战术侦察系统

美军不仅有大量的情报侦察飞机,而且在一些作战飞机上还安装有战术侦察吊舱,使战术飞机也具备一定的空中战术侦察能力。机载侦察吊舱系统主要包括数据链设备、成像器控制电子设备(ICE)、环境控制系统(ECS)、侦察管理单元/固态记录仪(RMU/SSR)、成像传感器电子设备(ISE)及各类光电传感器等。如美海军陆战队 F/A‐18D 飞机上安装的先进战术机载侦察系统(ATARS),美空军国民警卫队的 F‐16 战斗机上装备的战区机载侦察系统(TARS)等,这些侦察系统都包含数据链吊舱设备,可以近实时地传输传感器数据。

F/A-18D飞机上安装的ATARS能够在白天、夜晚或恶劣天气条件下提供近实时、高清晰数字图像。这套系统主要包括红外线性扫描仪、可见光中低空光电传感器、2台数字磁带记录仪、1套侦察管理系统，以及与APG-73机载雷达的接口，能够对光电、红外和合成孔径雷达数据进行融合。这些传感器和部件封装后安装在F/A-18D的鼻翼处。先进战术机载侦察系统获取的各类信息通过公共数据链，通常采用宽带图像传输数据链（如CDL系列数据链），传送到海军陆战队远征部队以及其通用图像地面站或海面站。

美空军国民警卫队F-16上安装的战区机载侦察系统采用机载信息传递（ABIT）数据链和CDL数据链实时传输获取的图像信息。它是一个自适应速率、抗干扰、低截获率、低探测率的空-空数据链，其工作速率高达548Mb/s。ABIT数据链装置有两种：收集器单元和中继单元。收集器单元或以ABIT波形向中继平台发送，或以传统CDL波形向视距范围内的地面站传送。中继单元具有收集器单元的功能，也能从另一个收集器接收宽带ABIT传输，实现数据共享和后续中继。

7.1.4 地（海）面情报、侦察、监视、预警系统

地面侦察预警系统，主要由各种地面固定和机动雷达、电子侦察装备、光电探测装备和声纳系统等组成，包括地面弹道导弹相控阵雷达、超视距雷达、监视雷达、海底声纳、固定信号情报侦察站、车载无线电侦察/测向系统、战场侦察雷达、战场光学侦察系统、战场传感器侦察系统、装甲侦察车等各种侦察监视装备，用于侦察探测空中、水上、水下及地面目标。这些地面侦察预警系统可与海、空、天基侦察预警资源相联，构成陆基侦察预警体系，及时为作战部队提供准确的战场态势和目标信息。随着技术的不断发展和更新，地面侦察预警的内容也越来越广泛，手段也越来越多。

一、陆基预警系统

目前，美国已经组建了一个由部署在国土周边及境外的早期预警雷达组成的预警网络，对处于初始段飞行的来袭弹道导弹进行探测和跟踪，提供早期预警。美国国家导弹防御系统中的地面预警雷达系统，一部分是沿北极圈部署的弹道导弹预警系统（BMEWS）雷达，配置在阿拉斯加克利尔空军基地、格陵兰岛图勒空军基地和英格兰费林代尔斯皇家空军基地对穿过北极上空飞向美国本土的弹道导弹提供预警；另一部分是在美国东、西海岸的潜射弹道导弹预警系统"铺路爪"（PAVEPAWS）雷达，配置在加利福尼亚比尔空军基地和马萨诸塞州科德角奥蒂斯空军基地，分别对从太平洋和大西洋发射飞往美国本土的潜射弹道导弹进行预警。此外，潜射弹道导弹的预警还接受空间监视系统和海洋监视卫星系统的支持。

地面侦察预警系统是最早应用数据链技术的系统，它利用数据链将各个雷达站连接成网，相互交换、传送雷达数据。

美军于20世纪50年代中期以后，为对抗高速入侵的轰炸机所带来的威胁，陆续启用"松树雷达线（Pinetree Radar Line）""远距离早期预警雷达（DEW，Distance Early Warning）"等雷达网。这些雷达网已经开始运用数据链技术，将组成雷达网的数十座雷达连接成网络，相互交换、传送雷达数据。1958年启用"赛其（SAGE）"系统（半自动地面防空系统）后，这种以计算机辅助的指挥控制体系，使用了各种有线和无线的数字数据链路，将SAGE系统内的21个区

域指挥控制中心、36 种不同型号共 214 部雷达连接起来,借由数字数据链路自动地传输雷达预警信息。其中,位于边境的远距离预警雷达一旦发现目标,只需 15s 就可将雷达情报传送到位于科罗拉多州夏延山的北美防空司令部(NORAD)的地下指挥中心,并自动地将目标航迹与数据等雷达信息经计算机处理后进行分发。数字数据链在 SAGE 系统中的运用,使得北美大陆的整体防空效率大大提高。

1984 年,美空军和联邦航空局建立"联合监视系统"取代了 1958 年建成的"赛其"系统,从而使美国的国土防空作战能力得到了加强。联合监视系统是当今美国本土的陆基雷达体系,其主要任务是负责监视和控制美国本土 48 个州和北美大陆范围内的空中、空间目标动态,实施防空作战的指挥引导等。

联合监视系统由北美防空防天司令部指挥中心,3 个地区指挥中心(其中美国本土、美阿拉斯加地区和加拿大境内各 1 个)和地区指挥中心下属的 6 个分区指挥中心(其中美国本土 4 个、加拿大境内 2 个)等 3 级指挥机构组成。在整个系统内,共配有 94 部雷达(其中美国本土配 54 部,美阿拉斯加地区配 17 部,加拿大境内配 23 部)和 30 多架空中预警指挥控制飞机。在美国本土的 4 个分区指挥中心管辖的责任区范围内,设有 30 个截击机基地和 60 架作战值班飞机,对来袭目标进行拦截。

北美防空防天司令部夏延山地下指挥中心位于夏延山之下深达 500m 的花岗岩洞内,它接收来自战略预警系统和各区域作战中心的情报信息,同时还从战略空军司令部、海军大西洋舰队、太平洋舰队、美国防部和加拿大国防部获取战略情报,将所获取的情报通过计算机系统进行核对、鉴别和储存,经分析处理后给出各种状态指示数据,将有关空袭情报报送美参谋长联席会议主席和总统,并通报给战略空军司令部、战术空军司令部、加拿大总参谋部等有关部门。

各分区指挥中心主要负责实施直接的防空作战指挥任务,自动搜集和处理来袭目标的动态情报,掌握本防区的战况,识别来袭目标并指挥引导防空武器拦截来袭目标,及时向防空防天司令部和有关单位传送防空情报。战时,如果作战中心遭到敌方破坏,则由设在 E-3 飞机上的机载预警与控制系统代行指挥和控制职责。

北美防空司令部与美国本土联合监视系统各雷达站、指挥控制中心之间传输雷达与作战控制信息的数据链通信系统,主要是采用 AN/GSQ-235 区域作战控制中心/空中预警与控制系统(ROCC/AWACS)数字信息链(RADIL)路与 AN/FYQ-93。

区域作战控制中心/空中预警与控制系统数字信息链路就是空军的 Link11 战术数据系统。RADIL Link11 设备包括 1 台 Data General S 120 计算机、几个处理器、1 个控制台、1 台加密设备、AN/USQ-76 数据终端机和通信设备,可在 E-3 预警机和地面区域控制站间提供一条保密的、超视距的实时数据交换链路。RADIL 除了能处理 Link11 报文,显示跟踪符号外,还能在其计算机和"联合监视系统"间往返传递跟踪数据和指挥控制信息。AN/FYQ-93则构成了联合监视系统区域敌方区空中作战中心(R/SAOC)的核心,用于接收由各 JSS 雷达站经 AN/GSQ-235 传来的目标数据,整合后实时转发给武器控制单位实施交战,或将数据转发至决策层供决策时参考。

二、侦察车

装甲侦察车是陆军重要的情报侦察装备,机动性好,上面装有战场监视雷达、热成像观察装置、激光测距仪、地面导航系统及大量通信设备。如美、英联合进行的 FSCS 计划（在英国称为 TRACER）是一种履带式装甲侦察车，用途是将有关敌方部队位置和能力的数据传送给战术和战略指挥官。FSCS 是第一个使用战场互联网络进行通信的车辆，在伸缩式天线杆上配置有供光电传感器；也可安装一部能穿透树叶的激光雷达，与 GPS 接收机协同，辅助确定目标位置。指挥官可以观察 FSCS 不断更新的"主页"来检索信息。

再如，美陆军 1998 年提出的"预言者（Prophet）"系统，也是陆基信号情报和电子战设备，供美陆军师级和装甲骑兵团指挥官使用，可全天候、全天时工作。它向作战人员提供电子序列和战斗信息，能够精确发现、识别、定位敌方通信网、反炮兵雷达以及地面监视雷达，从而对这些威胁采取电子攻击。

"预言者"系统包括空中、控制和地面 3 个分系统，主要任务是对战场上 20～2 000MHz 频率范围内的射频辐射源进行电子制图。"预言者"系统还能选择特定的辐射源或节点进行更精确的地理定位（电子攻击），或完成战术语音通信，它能够相互报知其他情报和电子战（IEW）传感器以及非 IEW 传感器。

"预言者"系统采用开放式系统结构、模块化设计，用电路卡组件和软件来代替更换硬件。美陆军使用技术嵌入，使"预言者"成为一个多传感器平台，不只是执行通信情报功能，而且能够使指挥官获得更多的关于战场的情报信息。

三、无人值守的传感器网络

通过在战场上部署的遥控或无人操纵传感器，即使在气候恶劣、地形复杂的战场上，士兵们也不致于陷入危险境地。美国陆军的未来战斗系统（FCS）在很大程度上就依靠使用无人值守的传感器网络来探测、定位和识别敌方目标，以便在未来战场上能够以较少的装甲保护来保障己方的生存能力。

传感器的效用与其指挥、控制和通信链路能力成正比，也就是说，指挥控制通信链路越先进、带宽越高，传感器的效用也越显著。因此无人值守传感器网络在很大程度上大大依赖于数据通信。要想成功地实现这些至关重要的数据通信网络，就需要对传感器数据进行搜集，并使用已有的情报对其进行相关处理，然后再以一种有利于快速、准确决策的格式来传送数据。这种网络化的通信必须有安全、保密和抗干扰链路的支持，以便对传感器数据进行融合和实时传输。

无人值守的传感器系统由多达 100 个无人固定传感器组成，有时还包括活动平台（无人飞行器和无人车辆），后者能延伸节点，扩大传感器网络的覆盖范围。

无人固定传感器分为两种，即指示器（P）节点和定位/识别（L/R）节点。指示器节点由传感器和有关的无线电射频通信设备组成，包括磁传感器、音响和震动传感器等成套设备。它们实质上是网络中"三位一体"的节点，具有目标探测、定位/识别节点插入等功能。指示器节点的部署一般是彼此相距 100～400m，或者与定位/识别节点相距 100～400 m。

定位/识别传感器与指示器节点传感器类似，但有图像和延伸的无线电通信能力。定位/识别节点需要与上一级通信单元通信，而上一级通信单元可能部署在 10km 外，定位识别节点将作为网关工作，提供目标定位、识别和方位等相关数据，并对指示器节点和其他定位/识别节点间的数据进行相关处理，提供有关系统状态和目标的现状、变化以及多个目标的综合信息。

上述两类节点基本确定了这是一个两层互联网，指示器节点和定位/识别节点向上传送数据(网络信息和控制指令除外),用于不同级别的目标识别、分类和数据相关处理,最后,经过相关处理的数据接入军用战术互联网。

美军实现"目标部队联网传感器"目标的难题之一是研制小型、低功率、保密、抗干扰电台。指示器节点电台将采用低功耗直接序列扩频(EDSSS)技术,以支持低比特率(每秒几百比特)工作,也可用较高比特率工作,但处理增益较低。

定位/识别节点需要 2 部独立的电台或 1 部双信道电台,一个与指示器节点接口连接,另一个应能与邻近的定位/识别节点连接,以便共享数据和实现多跳工作,并为返回上一级通信单元提供远程通信能力。

目标部队联网传感器的最终目标是自动把经过相关处理的数据传给战术互联网,这就要求能以无缝隙方式把数据传给上一级通信单元。因此,"目标部队联网传感器"的网络必须做到自组织、自恢复、自定位、自动避免干扰,这一切都必须在一个低功耗的网络中完成。

联网传感器体系结构的控制点是网络传感器的上一级通信单元,该单元将提供适当的指挥控制能力,用于分析、融合和进一步处理,同时该单元将是传感器网络进入军用战术互联网的网关。该单元的整合将使传感器数据以适当的格式传给战术互联网。该单元还应具有网络管理与控制功能,能对全网传感器节点进行查询,能对电池组的设置、网络的连通性,网关、节点的增减、关闭、重新启动等进行控制。

无人车辆和无人飞行器是装备有电子光学/红外设备的定位/识别节点,能监视更大的地区,同时提供了网络的灵活性。

美军认为,可利用无人飞行器来实现其无人车辆与战术网的链接。用于目标部队联网传感器系统的无人驾驶飞行器一般是小型的,可在旅以下部队部署。而要做到这一点,需要把有效载荷的容量分一些给与通信网电台兼容的转信机。例如,美军的"指针"传感器需要增加有效载荷,才能用转信机延长通信距离;而"密码"之类的无人驾驶飞行器则已具备携带两种功能有效载荷的能力。无人飞行器在传感器场地上空飞行时,距离可能从数百米扩大到数万米,这就要求研制能把低截获概率及抗干扰波形纳入无人值守地面站低功率电台的转信机。无人驾驶飞行器有效载荷的功率分配应允许空中转信有更多的灵活性。

多个转信机还可用于组网,可在有效载荷上与传统通信系统的频带交叉,也能实现与战术互联网的直接互联,美军目前正在把 TCDL 数据链集成到陆军战术无人机上。

7.2　战术数据链在指挥控制系统中的应用

数据链不是孤立的系统,而是指挥控制体系里的一种通信手段,配合数据处理等系统以保障对部队实施有效的指挥控制。数据链具有通信容量大、抗干扰能力强、传输速率快等特点,而且一些先进的战术数据链还具有导航和识别等功能,可以使语音、文字、图形、图像等信息在瞬间得以传送。广阔的战场空间内,各级指挥机构、各作战单元与武器系统都能共享清晰、简明、完整的战场情报信息和态势信息,近实时地了解战场情况。战区指挥官利用先进的计算机系统、通信系统和其他技术装备联结在一起所构成的战场指挥控制网络,实时了解前线战况,观看实时的战场图像,甚至直接接收前方指挥官和一线武器平台及士兵的语音报告,并据此快速作出决策;而前方战场上的士兵,充当了侦察员与战斗员的双重角色,在作战的关键时刻,可以直接与战场上的各级指挥员进行联系,充分发挥其主动性和创造性。

由于受技术装备发展水平等因素的制约,传统"树"状结构的作战指挥体制存在着层次多、信息传输慢、横向联系少、协同困难、整个结构易受局部影响及抗毁性差等缺陷。信息化战争则要求指挥体制"扁平化",指挥控制系统不仅要构成网络化、一体化的指挥机制,增强指挥控制的可靠性和灵活性,而且要求大大提高信息获取、传输、处理和分发速度,达到实时性或近实时性。

为了适应信息化战争的需要,各国军队加大了指挥体制"扁平化"的建设。在作战控制方面,外军将充分利用信息技术优势,建立"无缝隙"的指挥控制系统,实现三军互联、互通、互操作。如美军目前正在加紧建设的"全球信息栅格(GIG)",它将美军在全球范围内的计算机网、传感器网和武器平台联为一体。系统能根据每个用户的需求,向其"推荐"信息和作战知识。GIG 是由多个系统构成的大系统,全球指挥控制系统(GCCS)(见图 7-4)是其中的重要组成部分。它强调分布式、网络式、覆盖全球的数据采集、处理与保护,并从数据中提炼出有用信息,使信息在所有入网的作战实体之间安全、畅通地流动,目的是为世界任何地方的美军提供端到端的信息互联能力,同时为非国防部用户和盟国的系统提供接口。

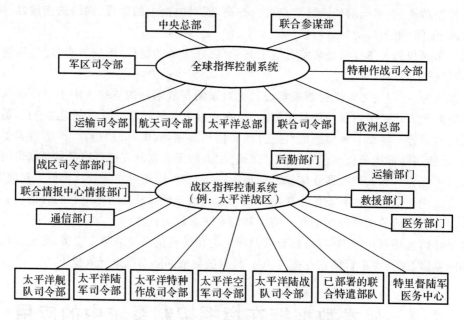

图 7-4 美国全球指挥控制系统示意图

在伊拉克战争中,美军利用灵活的指挥控制网,有效整合了指控系统,大大缩短了打击准备时间。通过网络,指挥官可以同时与下属各级部队进行联络,同时指挥分散在各地域的作战部队,形成整体合力。此次战争中,美海军使用的"联合火力网(JFN)"时敏打击系统能更快速地分发和处理目标信息,把识别和攻击目标的时间从数小时减少到 10 余分钟。

JFN 是一种用于联合作战的指挥控制体系,由美海军的战术利用系统(TES)、全球指挥控制系统和联合作战图像处理系统(JSIPS)组成。利用 TES,战区指挥中心能直接从无人机或 U-2 等侦察平台接收目标信息,而不必像往常一样从美国本土的指挥中心间接接收这些情报信息。攻击机的飞行员能够从战区指挥中心接收目标导引数据。JSIPS 把这些数据处理成可供飞行员使用的瞄准数据。GCCS 为指挥官提供指挥控制网络来下达目标攻击指令。在训练中,TES,JSIPS 和 GCCS 组成的联合火力网络把识别和攻击目标的时间从 2h 减少到 10～20 min,美海军最终的目标是将时间减少到 2.5 min。

7.2.1　在美陆军战术指挥控制系统中的应用

陆军作战指挥系统是陆军各级指挥与控制的有机融合,它包括从战区地面部队司令官、联合特遣部队司令官到单个士兵或武器平台。陆军作战指挥系统是美国陆军数字化办公室推出的旨在通过数字化技术把美国陆军建设成为 21 世纪部队的陆军数字化总体计划(ADMP)的重要组成部分,它从战略级到战术级的各层均采用无缝隙体系结构,结构复杂、功能齐全、适应性强、系统稳定性好,已初步建成较完备的典型的战场指挥自动化系统,为美国陆军部队提供适用的信息基础设施。

陆军作战指挥系统与战略作战和战术司令部链接,它主要由 3 部分组成:军以上梯队使用的陆军全球指挥控制系统(GCCS - A);军、师级使用的陆军战术指挥控制系统(ATCCS);旅和旅以下部队使用的 21 世纪部队旅和旅以下作战指挥系统(FBCB2,含单兵 C^3I),如图 7 - 5 所示。

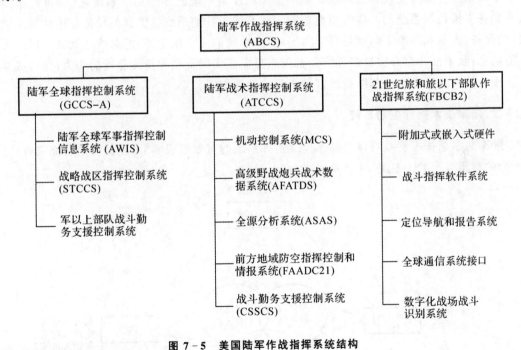

图 7 - 5　美国陆军作战指挥系统结构

一、陆军全球指挥控制系统

陆军全球指挥控制系统是美国全球指挥与控制系统的陆军部分,它把陆军与联合全球指挥控制系统(GCCS - J)链接起来。陆军通过该系统与联合部队共享作战态势图。该系统为陆军的计划、移动和部署提供一体化战略和战区级自动化指挥控制功能。这一系统目前正在通过下列系统的运用计划进行构建:陆军全球军事指挥控制系统、战略战区指挥控制系统以及军以上部队战斗勤务支援控制系统。其主要目的是把这些独立的系统纳入一套模块化的应用系统中,在国防信息基础设施的通用操作环境中使用。

陆军全球军事指挥控制系统是一项主要针对美国军事力量进行作战和实施行政指挥控制的国家网络系统。它为部队部署的整个行动提供支援,从动员到部署,从部队运用到维持后续行动。该系统能够满足陆军战略指挥控制的基本需求:软件、硬件、执行联合作战计划和实施系统的数据库以及支援联合司令部和联合参谋部、联合军种系统的数据库。该系统为陆军指挥官提供分析行动进程,制定、管理和支援陆军战场作战的能力,报告陆军行动状态,实施动员、部署和运用,并为陆军部队支援常规联合军事行动提供后勤支援。

战略战区指挥控制系统是美国陆军完成军以上部队指挥控制的手段,它是从属于陆军全球指挥控制系统的一套平战结合、能够快速向战时转换的软件系统,旨在帮助战区指挥官实施危机和战时军以上部队后勤保障及战役机动。系统具有人-机界面友好、修改方便、适应性强、可靠性高等特点,能够适应不断变化的威胁和功能方面的需求,并能够使新技术迅速地融入该系统。另外,由于采用开放式体系结构,使用通用的硬件和操作系统软件,因而战略战区指挥控制系统能够很方便地与陆军战术指挥控制系统进行链接。

军以上战斗勤务支援控制系统是陆军指挥和控制系统的 5 个功能系统之一,执行军以上战斗勤务支援控制系统的一些实质性功能。该系统为其他系统提供有关设备可用性的关键情报,使设备、人员和补给不断满足需求。因此,该系统的主要用途是:汇总战斗勤务支援的关键功能信息;赋予战斗勤务支援指挥官和参谋人员完成实时支援和持续分析的能力;允许战斗勤务支援指挥官共享分配给部队指挥官的指挥控制数据库。

二、陆军战术指挥控制系统

陆军战术指挥控制系统作为陆军作战指挥系统的重要组成部分,被公认是功能完善(五角星形)的典型战术 C^{3}I 系统,其组成如图 7-6 所示。

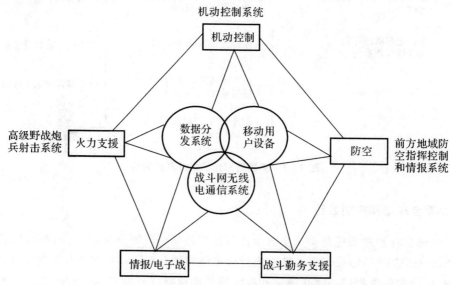

图 7-6 美陆军战术指挥控制系统结构图

该系统旨在提高战场重要功能领域指挥控制的自动化和一体化,主要装备于军以下部队。该系统可使指挥官在复杂的战场电子环境下,有效控制信息资源,协调作战行动。它直接与陆军全球指挥控制系统相链接,为从营到战区的指挥控制提供一个无缝的体系结构,形成从陆军战术最高指挥官到单兵战壕的作战指挥和控制网络。它包括 5 个独立的指控制分系统和 3 个通信系统。5 个分系统是:机动控制系统;前方地域防空指挥、控制和情报系统,其主要任务是防空;先进野战炮兵战术数据系统,用于火力支援控制;全源信息分析系统,用于情报/电子战;战斗勤务支援控制系统,用于战斗勤务支援。这 5 个系统通过 3 个通信系统互联起来。这 3 个通信系统是移动用户设备系统(MSE)、单信道地面与机载无线电系统、陆军数据分发系统(ADDS)。5 个独立的指挥控制分系统通过这 3 个通信系统融合成一个简捷、紧凑的陆军各兵种合成的战场应用系统。其中 ADDS 主要担任 ATCCS 系统中的数据信息传输链路。

ADDS 基本上由联合战术信息分发系统(JTIDS)、增强型定位报告系统(EPLRS)和网络控制站组成。ADDS 的数据链路可分为两层:上层为 ADDS 借由 JTIDS 2M 终端以 Link16 参与外界的 JTIDS 网络,共享 JTIDS 网络上的战术信息;下层是 ADDS 内各 EPLRS 用户间以网络控制站为核心构成的另一个互相交换信息的网络。借由 ADDS 可建立一个由军、师到连、排甚至单兵间的数据信息传输通道,以充分保障整个 C^3I 体系的运作,强化各战术单位间的横向联系,并有效地执行各军、兵种间的协同作战。

例如在防空作战时,以往前线防空单位须待收到由上级逐层传送的目标数据后才能够实施交战,而配备由数据链支撑的 ADDS 后,防空部队可通过单位内的 JTIDS 2M 类终端机,直接接收由预警机所提供的目标信息,迅速展开防空作战;而其他配备 EPLRS 终端的单位一旦发现敌机后,也可藉由 ADDS 迅速地将目标位置、高度、航速、航向及其他特征数据直接报告给防空射击指挥中心。步兵或战车排则可直接以其 EPLRS 终端接收由 ADDS 转发来的敌机来袭警报,迅速采取相应的战术行动。

ADDS 也可有效支援陆空协同作战的实施,如执行近空支援任务的飞机可通过 JTIDS 网络,由 EPLRS 接收己方地面部队提供的敌方目标资料,或直接由与 EPLRS 兼容的 SADL 数据链终端接收地面部队提供的目标信息。另外,EPLRS 内各用户间可向 NCS 查询其他用户的识别信息和位置,也就是说,ADDS 可提供一个敌、我识别的通道,降低误伤概率,所以配备 ADDS 的部队在实施火力支援作战时,无需像传统部队那样设立轰炸线、禁射区、火力支援协调线等来确保己方不会遭到误伤,使协调及规划作战的时间由过去的数天降低到数小时甚至数十分钟,可有效适应现代高机动性的战场环境。地面部队之间也可藉由 ADDS 进行作战协调,如炮兵前沿观察员可藉由 ADDS 以 EPLRS 向炮兵射击指挥中心传输目标资料,协调火力支援等。

根据电脑模拟论证与实际演习的经验,地面部队在使用了 ADDS 这类数据传输信息分发系统后,无线电语音的业务量可降低 30%~40%,并有效地提高了部队指挥控制和采取行动的反应速度。

三、21 世纪部队旅和旅以下作战指挥系统(FBCB2)

FBCB2 是数字化指挥和控制系统,为美国旅及旅以下战术单位(班)提供战场态势和指挥控制,目前已经被安装在 50 种不同的车辆上。FBCB2 有助于形成贯穿整个战场空间的无缝作战指挥信息流,并能与外部指挥、控制和传感器系统(如陆军战术指挥控制系统)互操作。

FBCB2 系统装在地面车辆上的装备包括一台带有键盘、监视器、卫星天线和定点地面无线通信装备的个人计算机。天线通过卫星传输数据,并提供有关部队活动的全球定位系统数据。

该系统的特点是通过战术互联网的通信基础结构将平台相互链接,传递态势感知数据和指挥控制报文。FBCB2 为各武器、战术车辆和战术作战中心提供近实时的态势感知,完成位置的定位报告,通过战术互联网把这些报告分发给整个战场上的己方部队,并接收来自装备 FBCB2 的其他己方部队的类似报告,然后在每个平台的数字态势图上标出。该系统还接收和发送有关敌方地理位置的报告以及后勤和指挥控制信息。这些数据提供了一个通用的战场作战态势图像,使战场的透明度大大增加,不仅增强了指挥官对战场态势的感知能力,帮助指挥官灵活决策,而且也可以减少误伤。

为方便战场操作,FBCB2 专门对系统操作界面作了简化,用户通过计算机的触摸屏幕就可操作 95% 的功能,也可使用光笔或外接式键盘操作。FBCB2 通过战术无线网络的作业方式大致为:在战场上收集到的态势感知信息,先通过 SINCGARS 网向排一级汇集,之后排长车通过路由器将 SINCGARS 的数据转到 EPLRS 终端机发出,信息直接传送或通过 EPLRS 的网络控制站传送到连级的 EPLRS,而后再由连级以 EPLRS 网络馈送到营战术作战中心的 FBCB2 网络,经软件对数据进行筛选、分析处理后再向各级部队发布。由于 SINCGARS 与 EPLRS 的带宽有限,因此 FBCB2 采用可变报文格式在水平和垂直方向近实时地发送和接收报文,以减少占用带宽。

在伊拉克战争中,为了对敌军和友军的部署和活动情况进行跟踪以及获得地形数据,在科威特和伊拉克的美陆军、海军陆战队以及盟军地面力量,已经使用了 FBCB2 作战指挥系统。士兵们可以采用无线和电子邮件方式通过卫星在自身以及与指挥员之间相互通信,同时,他们也可以得到有关全球定位的信息。

目前,美国陆军正在对其 FBCB2 进行若干项高技术改进,采用新一代软件和速度比现有系统快 10 倍的卫星通信网络。新的作战指挥 BFT2 系统则采用完全不同的结构,数据传输速率呈指数性提高,具备全双路能力,能够同时收、发信息。另外,BFT2 系统将缩短信息的传输距离,由收、发信机将信息发送至卫星,并立即传回地面站,后者将信息迅速提供给作战部队。而当前的系统,则需要将战场定位信息通过卫星发送至地面站,然后传输到设在美国本土的网络战中心,由后者对信息进行处理后再转发出去。采用这种卫星传输方式,信息要经过若干次的上传下达,延长了传输时间。采用新的 BFT2 系统,信息的传输不再通过网络战中心,仅上传下达至地面站,将图像发送给地面站,再通过商业卫星回传至地面作战部队,态势信息的网络传输仅需数秒钟。

7.2.2　在美空军战术指挥控制系统中的应用

美国空军战术指挥控制系统主要有战术空军控制系统(TACS)、空军机载战场指挥控制中心(ABCCC)和空中机动司令部指挥与控制信息处理系统(AMCC2IPS)等。

战术空军控制系统亦称空军航空作战指挥控制系统,是美国空军主要的 C^3I 系统,其核心是战术空军控制中心(TACC)。

机载战场指挥控制中心是一个集装箱式的指挥控制中心,现已发展到 ABCCC Ⅲ,并成为战术空军控制系统的构成部分,配置了联合战术信息分发系统。

空中机动司令部指挥与控制信息处理系统是一个集成的指挥系统,该系统支持空中机动司令部全球空运任务,未来将与航空港(机场)指挥与控制系统(APACCS)、应急战术自动规划系统(CTAPS)集成。

一、战术空军控制系统

战术空军控制系统是美国空军主要的战术指挥控制系统。其主要任务是,保障战区内的战术空军部队单独作战或与地面部队联合作战时,实施及时有效的指挥控制,使战术空军部队完成夺取制空权、直接支援地面部队作战、摧毁对方军事设施或阻滞对方行动以及完成战区内的战术空运、空中侦察、搜索救生与空中交通管制等使命。该系统的核心部分是战术空军控制中心,这是美国空军战术作战部队指挥官的指挥所。

空军战区航空作战指挥体系及其指挥设施的组织机构,是根据集中指挥与分散实施的原则,按战区航空作战任务的需求,由如下 6 个分系统组成:战术空军控制中心分系统、防空作战与空中交通管制(空域管制)分系统、近距空中支援分系统、战术空运分系统、空中拦截分系统和战区空中指挥控制分系统。其中,战术空军控制中心分系统与防空作战与空中交通管制分系统是最主要的基本系统,是确保空军部队实施作战指挥必不可少的分系统,其他分系统视具体情况而定。由于各战区空军所承担的任务及所处的作战环境条件不同,实际结构会各不相同,但其指挥中心(所)的基本结构皆由 6 个基本分系统根据实际需要组合而成。

(一)战术空军控制中心

战术空军控制中心是战术空军控制系统中的最高作战控制机构,是战区内合成军队中的空军作战指挥中心,如图 7-7 所示。其主要任务是负责计划、指挥、控制及协调战区内联合部队空军司令官所承担的任务,并负责同有关上级单位、友邻单位、下级部(分)队协调联系作战事宜。战术空军控制中心内设作战行动科和作战行动指挥科。

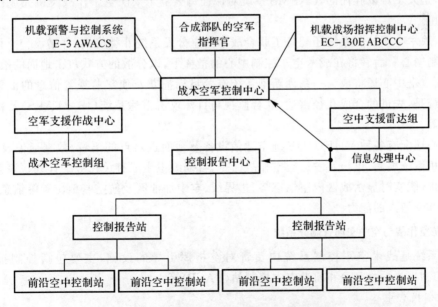

图 7-7　美国战术空军控制系统主要组成图

战术空军控制中心下属控制报告中心（CRC）、直接空中支援中心（DASC）（又称空中支援作战中心）和飞行联队作战中心。控制报告中心是地面雷达与机载雷达输入数据的汇总处，可提供作战区域与综合态势图。直接空中支援中心是空军设于陆军军部内的联络单位。飞行联队作战中心设于空军基地内，负责分配飞行作战任务和执行作战任务的人员。

战术空军控制中心负责制定作战命令，包括拟制各飞行中队的战斗任务及所需的支援手段。同时，该中心还需监视作战任务的执行状况，并根据作战需求随时修订作战计划。该中心配备有两种自动化决策支援系统：显示控制/存储与检索系统（DC/SR）和计算机辅助兵力管理系统（CAFMS）。

1. 显示控制/存储与检索系统

这是一个计算机控制系统，供情报军官用于保存敌方战斗序列和目标数据。该系统采用一部 AN/UYK - 7 型计算机，已进行多次改进，而且还在不断改进和升级。

2. 计算机辅助兵力管理系统

计算机辅助兵力管理系统利用一个近实时的通信网将战术空军控制中心与其下属的控制报告中心、空军支援中心及联队作战中心连成一个星形网络。其首要用途是制定并分发详细的作战任务和命令，亦可用于存储检索己方部队的状态信息。计算机辅助兵力管理系统配备了一种通用接口装置，使其能与其他类型的计算机连接，并改进了系统软件，使其功能更为完善。

计算机辅助兵力管理系统作为该中心的关键设备，战术空军控制中心每天要通过计算机辅助兵力管理系统，对训练空域、空中加油航路、飞行禁区、导弹区、空中走廊、空中战斗巡逻航线、空运与转场航路、禁止火力攻击区等进行监控、管理，并结合当天的作战计划自动生成总攻击命令和空中任务指令（即 ATO 指令）。ATO 指令包括任务派遣计划，每个执行任务飞机的飞行航线、空中加油区、空中禁区、投弹区、返航线路及备降机场等，处理量之大，协调之烦琐和复杂程度，是人工难以胜任的，CAFMS 系统对保证每天上千架次空中作战飞机完成任务发挥了重要作用。

此外，战术空军控制系统还配备了联合战术信息分发系统Ⅱ类终端，并增设一个移动式地面攻击控制中心。后者将在战术空军控制中心的指挥下，以分散的方式攻击地面的敏感目标。同时，地面攻击中心还将成为一系列新型系统有关目标捕获及侦察监视等信息的汇集点。这些新型系统是：先进的合成孔径雷达、联合监视与目标攻击雷达系统（JS - TARS）及精确定位攻击系统等。

该中心还配有各种 VHF/UHF 地空通信设备及地面点对点的语音/数据通信设备等，可通过计算机系统编制、审核及发送航空作战命令，自动编拟生成有关任务的计划报表并将其高速打印输出，能实时显示战区内空情态势、边界线、空中加油区及航空基地位置等信息，具有每天处理 1 000 架次的能力。

(二)防空作战与空中交通管制分系统

该分系统是战术空军控制系统内负责对空指挥引导的设施，主要包括控制报告中心（CRC）、控制报告站（CRP）和前沿空中控制站（FACP）等。

1. 控制报告中心

控制报告中心是战术空军控制系统内对空监视与对空指挥引导的主要设施。其基本任务是：为 TACC 提供战术空战指挥引导保障；为空中己方飞机提供威胁告警与导航和救生援助；

保障责任空域内的空中交通管制;根据战术空军控制中心的授权,下达起飞升空作战命令,并负责责任空域内空战拦截的指挥引导等。

该中心配有计算机及显控台等信息处理、显示及传输设备,可直接接收雷达站上报的空情信息,并实时地上报给战术空军控制中心。该中心还配备有多种战术数据链,用于与其他防空系统、作战单位、雷达站等交换信息。

2. 控制报告站

控制报告站是控制报告中心的下属机构,其基本任务与控制报告中心的任务相同,主要用以扩展对空监视覆盖能力和加强对空指挥控制能力,其设备配置也与控制报告中心相同,可作为控制报告中心的备用设施使用。

3. 前沿空中控制站

该站是控制报告中心/控制报告站下属的机动式雷达设施,主要扩展了控制报告中心控制报告站所负责空域内前沿地带的对空监视及对空指挥引导的能力。

4. 空中支援雷达组(ASRT)

空中支援雷达组是直属战术空军控制中心领导指挥的前沿机动分队,装备有精密跟踪雷达和有关的通信设备,受战术空军控制中心直接指挥,负责为战术战斗机、轰炸机、侦察机及运输机提供全天候的指挥引导保障。

(三)近距空中支援分系统

该分系统是美空军战术指挥控制系统保障空军战术部队与地面部队在战区内联合协同作战时对战术作战飞机实施指挥控制的设施,主要包括直接空中支援中心(DASC)、战术空中控制组(TACP)及前沿空军控制员(FAC)等。

(四)战术空运分系统

该分系统是战术空军控制系统保障战术空运部队在战区内执行任务时对战术空运飞行实施指挥与控制的设施,主要有空运控制中心(ALCC)、空运控制分队(ALCE)及战斗控制分队(CCT)等。机动式战术空运分系统是美空军军事空运部队建制内的专用指挥控制设施,由建制的空运控制分队根据空运任务的需求展开使用,通常用于保障战术作战环境下空运的指挥控制,在一些偏远野战机场上,或在一些尚没有空运指挥控制中心的机场内应急工作。

(五)空中拦截分系统

该分系统主要是战术空军部队为执行空中拦截任务而派出的攻击性控制与侦察飞机。负责搜索、报告并对空中拦截目标实施攻击,及对其实施攻击时的指挥控制与攻击效果评估。

(六)战区空中指挥控制分系统

该分系统主要任务是扩展并增强地面战术空军控制中心与控制报告中心的对空监视与指挥控制能力,或接替承担战术空军控制中心与控制报告中心的任务。

二、机载战场指挥控制中心

机载战场指挥控制中心是战术空中控制系统的组成部分,是战术空军控制中心和控制报告中心在空中的延伸,其主要任务是在战术空军控制系统地面设施指挥控制地域以外的前沿作战地域内,对执行各种战术航空作战任务的空中飞机实施指挥控制,也可以作为地面战术空军控制中心的延伸扩展或紧急备用指挥中心使用。它不仅能够配合作战飞机完成空对空、空对地作战任务,而且能够加强地面部队相互间的联络与配合。

美军机载战场指挥控制中心 ABCCC Ⅲ(USC-48)采用集装箱形式,长 40 英尺(约12.2m),重约 20 000 磅,安装在 EC-130E 飞机货舱部分,配套设备有:为方舱内的大量电台提供服务而附加的外部天线、作为温控设备的热交换箱、空中加油系统以及装入和卸下方舱所用的特制轨道。

系统方舱是系统组成的核心,其内置的设备及人员直接提供了系统的各种功能。方舱共安置了 15 个操纵台。其中 12 个为作战操纵台,另外还有 2 个为通信操纵台;1 个为监控操纵台。15 个操纵台的自动切换是通过一个 64Kb 的 CVSD 通信分配群(QA-9400/USC-48)来实现的。

作战操作台供作战参谋人员使用,配有高清晰度(1 024 * 1 280)的 CRT 彩色显示器,参谋人员可以看到战区标有敌、我双方的位置和状态的数字化地图,根据这些信息,指挥员可以科学地进行战场管理,并把搜集到的信息报告给地面司令部和海军。

ABCCC Ⅲ配有 4 部 HF 电台、8 部 UHF 电台、4 部 VHF-AM 电台、4 部 VHF-FM 电台和 3 部 SATCOM 卫星通信电台,共有 23 条保密语音线路和 2 条保密电传线路。另外,还有 2 个电传打印终端和 1 个作为 JTIDS 终端的卫星通信终端。上述电台数量还可随布局不同而改变。

利用这些保密电台、保密电传和 15 部全自动计算机控制台,作战人员可以快速分析当前的战斗形势,并将执行空中支援的攻击机引向快速运动的目标。此外,ABCCC Ⅲ还配备了JTIDS 终端,使之可以通过 Link16 数据链与 E-3 AWACS 飞机实时传送空中航迹。若需与地面、空中或指挥部通话,每位操作员都可使用 23 部电台和 2 部电传打字机的线路。借助于"通信与内部通话自动分配系统",操作员还可以直接从控制台接通这些电台,与前线部队、后方指挥所以及在飞机编队间进行保密通话。

7.2.3   在美海军战术指挥控制系统中的应用

美国海军战术指挥控制系统分为岸上和海上两部分,即岸上海军战术指挥系统(NTCS-Ashore)和海上海军战术指挥系统(NTCS-Afloat)。

岸上海军战术指挥系统主要由海军舰队指挥中心(包括太平洋舰队、大西洋舰队和驻欧海军司令部指挥中心)、海洋监视信息系统(OSIS)和岸基反潜战指挥中心(SACC)组成。岸上NTCS 通过国防信息系统连成一个全球性系统,为海军各级指挥所提供战术、战备的技术信息,向海上部队下达命令,提供威胁判断、作战情报、定位数据等。其中,海军舰队指挥中心能对全球指挥控制系统、海洋监视信息系统、潜艇及其他信息源传输来的信息进行综合和显示,并向海军战术旗舰指挥中心提供有关区域的信息,如海洋监视报告、威胁摘要、环境数据等,甚至可以向海军战术旗舰指挥中心提供特殊的战术数据,如敌人作战系统的状态和能力。海洋监视信息系统由数个情报汇集中心组成,其中有几个中心配置在舰队指挥中心内。岸基反潜战指挥中心由很多节点组成,它们通过海军巡逻飞机向战区和舰队指挥人员提供海洋监视和反潜战信息。

海上 NTCS 是美国海军主要的海上 C⁴I 战术信息管理系统,主要是战术旗舰指挥中心(TFCC)、海军战术数据系统(NTDS)/先进作战指挥系统(ACDS)、"宙斯盾"作战系统、联合海上指挥信息系统(JMCIS)等,海上 NTCS 最终将发展成联合海上指挥信息系统(JMCIS),海军和海军陆战队的多个 C⁴I 系统也综合到 JMCIS 体系结构中。JMCIS 最终将成为全球指挥控制系统的海上部分(GCCS - M)。

一、美海军全球指挥控制系统

GCCS - M 系统由岸上、海上、战术/机动以及多级安全(MLS)等组成,通过外部通信信道、局域网以及与其他系统的直接接口,接收、处理、显示和管理敌、我军的战备数据,向海军各种环境下的作战人员提供指挥和控制信息,以便近实时完成海军战略威慑、海上控制、兵力投送等所有任务。

1. 岸上部分

岸上部分向陆基部队提供单独集成的 C⁴I 能力,以便支持海军作战部长、舰队司令以及指挥海军的联合司令。它向潜艇提供近实时武器引导数据,支持海上巡逻机(MPA)的实时任务,支持从海军作战部长到中队级的部队调度需求。

岸上部分的软件已用于联合特遣部队(JTF)各指挥中心、航母、舰队旗舰,有关的陆军、空军和海军陆战队分遣司令部指挥中心,北约海上指挥中心以及美国海岸警卫队和军事海运指挥部指挥中心。

岸上部分的硬件具有独立性和灵活性,它可在最大的联合司令部指挥中心作为主要 C⁴I支持系统来使用,还可以在机动指挥中心用作单独的工作站。它与 DⅡ COE 一致性的增强,使其能与所有现代的联合 C⁴I 系统以及海军 C⁴I 系统实现互操作。

2. 海上部分

海上部分基于客户机-服务器的网络结构,采用标准的商用硬件和软件,向海上部队提供单一的 C⁴I 能力。部分海上部分软件由核心服务模块组成,通过应用程序接口与任务应用程序相连。

3. 战术/机动部分

该系统包括固定基地(战术支援中心)和战术机动系统(机动作战指挥控制中心、岸上机动支持终端(MAST)和综合机动指挥设施(MICFAC))。这些基地为海军分遣司令、水警司令部司令(岸上)、战区司令(岸上)或海军联络分队指挥官(岸上)提供计划、指挥和控制联合部队、海军远征军以及其他部队战术行动的能力,包括对海岸和公海的监视、反水面战、超视距目标定位、缉毒行动、兵力投送、反潜战、布雷、搜寻和营救、兵力保护以及其他特别行动。

4. 多级安全

MLS 使用现有通信网络,运行在 DII COE 环境下,并将现有技术和未来技术集成到GCCS - M SCI 体系结构中,在局域网和全球网络基础上提供各种所需的服务并及时响应用户对融合情报的需求,提供多级保密情报系统,为国家级、联合部队和海军指挥官提供在线的、自动的、近实时的支持,使作战人员在联合/联盟环境下存取、检索、处理和分发通用作战图像所需的所有信息。

二、海军战术数据系统/先进作战指挥系统

海军战术数据系统是美国乃至世界上研制最早、使用最广泛的海军舰载作战指挥系统,用于没有安装"宙斯盾"系统的水面舰艇、航空母舰以及两栖舰船,它可完成对目标的检测、识别、

分类、情报综合、威胁评估及武器分配等。

NTDS 基于人-机交互,有助于协调舰队防空、反潜作战和海上防空作战。NTDS 自动向指挥官提供当前战术态势的大范围图像,辅助并指导他们作战,及时拦截和摧毁潜在的敌人威胁。其主要功能包括:

(1)通过各种探测器、预警飞机、巡逻机等采集空中、海上、水下乃至陆上的动态、静态信息,并对此进行快速、精确的信息处理和显示,为各级指挥人员提供战术决策依据。

(2)指挥和控制舰载飞机的起降,并引导舰载飞机拦截空中、海上来袭目标,以及引导反潜直升飞机对水下敌方潜艇等进行搜索和攻击。

(3)组织协调战斗群的电子设备、导弹等软、硬武器实施对作战区域的目标指示、目标分配。

(4)为舰上指挥人员和参谋人员提供实时指挥控制手段。

NTDS 包括发射机、接收机、密码设备、高速数字计算机、磁带、磁盘和各种显示设备,由数据处理子系统、显示子系统、数据传输子系统等组成。

数据处理子系统一般包括 3 到 4 台 AN/UYK-7 或 AN/UYK-20 计算机及其软件和外设。探测器数据通过中央设备系统和探测器控制板进入系统并传输给计算机,计算机辅之以雷达视频处理器以及信标处理器(IFF 数据)和 Link11 数据对探测器数据进行处理,经过处理和评估的数据被传输给有关舰只和岸上的平台。

显示子系统完成各种作战方案的显示,如带有目标符号、速度矢量、字母数字数据的航迹以及海岸线。水平显控台用于显示战术态势,而垂直显控台用来显示特定的任务,如监控特定的探测器、空中和水面态势、武器控制和战术坐标等。

数据传输子系统有 4 种数据链路:Link4 用于舰艇和飞机之间的数据通信;Link11 用于装备 NTDS 的舰艇间自动且连续地交换传送目标跟踪状态、电子战情报、各舰武器状况、指挥与控制指令等;Link14 用于装有 NTDS 的舰艇与未装有 NTDS 的舰艇之间的数据传输;新型的 NTDS V 安装有 JTIDS 2 类终端,可与 Link16 兼容。自动的数据通信链路向作战指挥官提供高速、准确的战术通信。每条链路能够快速地向其他舰船、飞机和岸上设施传递数据,且没有人工接口的延迟(Link14 接收是个例外)。数据处理子系统对每一条数据链路的报文进行格式化。

NTDS 系统可以根据不同舰艇进行适当的调整,它既可以适应于航空母舰、巡洋舰、蓝岭号指挥舰的要求,也可满足驱逐舰、护卫舰以及小型护卫舰的作战要求。另外,海军的防空作战指挥官还利用它来协调战斗机、早期预警飞机和防空导弹(如"宙斯盾"等),保护海军部队不受空中和导弹的攻击。

由于 NTDS 最初是为了应付空中攻击而设计的,反水面舰艇与反潜作战的能力有限。面对日益增长的水面与水下威胁,美海军开始改进 NTDS 系统,后来称为 ACDS(先进作战指挥系统,编号 AN/UYQ-20),ACDS 具有更强大的数据处理能力。ACDS 组成如图 7-8 所示。

三、美海军陆战队战术空中指挥中心

战术空中指挥中心用作陆战队空陆特遣部队(MAGTF)航空战斗分队的作战指挥中心。TACC 是 1 个 JTIDS 指挥控制单元,3 种基本功能是指挥、作战和规划。TACC 参与监视、武器协调和语音数据交换,主要负责陆战队辖区内战术空中作战的监督、协调和控制。

(1)指挥功能由战术空中指挥官通过与上级、邻近和下属司令部和机关的直接通信,以及与联络官及其航空部队的协调来执行。

(2)作战功能确保高效执行空中任务命令(ATO)。它对每次预定飞行任务进行监控,对起飞时间、任务、弹药、飞机编号、类型、任务结果和返航时间加以记录。这种实时的态势感知使得指挥官能够迅速作出决策,将飞机转向更高优先级的任务或接到地面报警后紧急出动飞机。

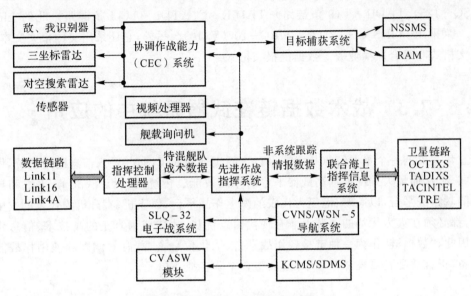

图 7-8　先进作战指挥系统组成框图

(3)规划功能是生成 ATO。它能根据可用资源为空中支援请求提供飞机、机组人员、弹药、燃料等相应的设备或物资,并生成一份飞行时间表。

TACC 装备有多种战术数据链,如 TADIL-A,TADIL-B(8 条链路)和北约 Link1。装备 JTIDS 终端后,TACC 还具备 TADIL-J 数据链通信能力。除此以外,TACC 还采用报文文本格式、可变报文格式,综合广播业务、超视距目标导引等多种数据链报文格式来传递各种信息。

四、海军陆战队战术空中作战中心

战术空中作战中心负责指定区域的空域控制和管理,并对出现的空中和空间航迹进行监视、探测、识别、跟踪和报告;向友方飞机提供导航辅助、引导和全面控制。

TAOC 由防空作战设施(AN/TYQ-87)、1~4 个战术空中作战模块(AN/TYQ-23)、1 部三维对空搜索雷达(AN/TPS-59)、1 部二维对空搜索雷达(AN/TPS-63)、1 个防空通信平台(AN/MSQ-124)、机动发电机、通信设备、支援设备和人员组成。每个战术空中作战模块(TAOM)提供 4 个操作员控制台,每个控制台都能够执行系统初始化、监视、武器控制、空域管理、电子战和通信任务。

TAOC 对接收到的情报信息进行融合,并通过数据链与邻近单元、受控飞机和地空导弹部队实时交换航迹信息。TAOC 雷达可以机动,传感器和 Mark XII IFF 数据通过光缆或无线电链路提供给战术空中作战模块。

TAOC 能控制其指定区域内的地空导弹发射,并通过数据通信或语音控制为战斗机提供地面控制拦截能力。TAOC 从受控战斗机和地空导弹单元接收到的航迹数据通过数据链报告给其他接口参与者。如果 TACC 出现灾难性故障,则 TAOC 将承担起 TACC 的任务。承担此任务时,TAOC 就成为备用的战术空中指挥中心。TAOC 中安装了大量通信设备,可与其他军种指挥中心进行互通。它装备的战术数字信息链有 TADIL - A(HF&UHF,采用 AN/USQ - 125)、TADIL - B(9 条链路)、TADIL - C、ATDL - 1(14 条链路)、北约 Link1 和 TADIL - J(采用 JTIDS Class2HAN/URC - 107(V)10)。另外,它还采用美国报文文本格式、可变报文格式和综合广播业务等数据链报文格式。

7.3 战术数据链在武器系统中的应用

信息化武器的一个重要特点是武器平台之间实现横向组网,并融入信息网络系统,做到信息资源共享,从而最大程度地提高武器平台的作战效能。传统的以坦克、战车、火炮和导弹为代表的陆基作战平台,以舰艇、潜艇为代表的海上作战平台,以飞机、直升机为代表的空中作战平台等,都必须在火力优势的基础上兼有现代信息优势,才能成为真正的高技术、信息化武器装备。因此,"数据链"作为一种链接各作战平台、优化信息资源、有效调配和使用作战能量的通信装备,正日益受到重视并被用于链接、整合军队各战斗单元。

7.3.1 武器平台

快速的数据传输不但可以提高攻击飞机的反应速度,而且也是提高攻击精度的必要保证。武器装备数据链后,攻击运动目标时,在武器飞行的过程中就可以随时更新目标数据,从而大大提高攻击精度。另外,快速的数据传输在执行近距空中支援作战任务时尤为重要。在尽可能短的时间内为飞行员提供尽可能全面的目标信息,是保证攻击任务完成的必要条件。攻击飞机接到作战任务后,携带精确制导炸弹立即起飞。飞机从接到作战任务到起飞离地的时间很短,几乎没有准备的时间,飞行员了解作战任务是在飞机升空之后。攻击飞机利用保密的无线电通信系统和空中预警与指挥系统取得联系,获知作战任务的内容和使用的战术频率。在此过程中,侦察机在计算机上形成发给攻击飞机的作战指令,通过数据链与攻击飞机相连;侦察机通过全球定位系统对本机的位置进行精确定位,误差小于 10m;侦察机工作人员利用数字照相机获取目标的清晰图像,利用激光测距仪确定目标的精确位置,将这些信息输入计算机,并通过数据链传输给攻击飞机。攻击飞机收到信息后进行解调,然后通过数据总线传给火控计算机进行瞄准计算。飞行员通过头盔显示器瞄准目标,同时飞机挂载的激光吊舱也指向目标,获取目标及其周围环境的图像,从侦察机传来的目标图像同时显示出来。飞行员将两个图像进行比较,最终确定目标,实施打击。

在伊拉克战争中,大部分参加对伊轰炸的战斗机和轰炸机都安装了目标数据实时接收和修正系统,可在赴目标区的飞行途中通过卫星直接接收情报中心发出的实时数据,并对导弹的制导数据进行适时修正和更新,从而提高了打击目标的灵活性和随机选择性,战斗效果明显提高。在每天赴伊拉克执行轰炸任务的战斗机和轰炸机中，大概有 1/3 的飞机是按起飞前的轰炸计划赴目标区进行轰炸的，而有 2/3 的飞机是在升空之后根据随时收到的目标指令去执行轰炸任务的。例如，2003 年 3 月 24 日，美军共出动了 1 500 架次的飞机对伊拉克进行空袭，其中 800 架次是执行打击任务。在 800 架次的打击任务中，有 200 架次是事先计划的，其余架次为临时起飞打击伊拉克的"紧急目标"。

在空战中，谁的雷达先开机，谁将首先暴露目标，遭到攻击。为了掌握战场态势，又要隐蔽接敌，采用多渠道的探测、数据链和多机协同作战，是未来空战必不可少的方式。这种数据链将发展为空、天、地信息传输。敌机的信息可能来自编队中某架开机的飞机或传统的预警机、地面雷达站，通过数据链传给保持电磁静默的友机实施攻击。在数据链和机间协同作战中，不太先进的飞机也能派上用场。通过数据链系统，还可实现有人驾驶飞机和无人机之间的协同作战。一架或几架有人战斗机，带领几架无人机组成机群，战斗机飞行员实施对无人机的控制，而搜索、攻击等由无人机完成。

美军在进行空中作战时，指挥人员通常位于指挥控制飞机上。指挥控制飞机装有大量的传感器和多种通信系统，包括各种数据链，这是指挥人员进行观察和指示所需信息态势的基础。另外，指挥控制飞机上还能够与其他空中平台实现直接互通，这可大大提高飞机的空中作战能力。如在海湾战争中，伊方被击落的 39 架飞机中有 37 架是联军通过预警机上的联合战术信息分发系统的引导击落的。在海湾战争大规模空袭中，联军部队共出动 109 868 架次飞机，战损率为 0.041%，仅为过去战损率 0.5% 的 1/12。其主要原因之一就是联军一方广泛使用了机载 JTIDS，通信网络实现了互联互通，将来自多个国家的部队有机地链接起来，使联军对复杂的情况了如指掌。

在科索沃战争中，南联盟米格-29 被北约 F-16 战斗机击落了 5 架。这并不是因为米格-29 的速度慢、升限低、火力弱，而是空战中双方所掌握的信息不在一个层次。虽然米格-29 单机性能强于 F-16，但北约有数据链支撑的预警指挥系统，能够向战斗机提供数百千米范围的敌方飞机信息，并对战斗机进行精确的指挥引导，因而能先敌捕捉住目标，使米格-29 的一举一动都在北约飞机的监视之下，并在距其数十千米之外用中程拦截导弹进行超视距攻击。而南联盟没有预警机，米格-29 也就如盲人骑瞎马，在战争中始终处于被动，被击落也就不足为奇。

在空对空作战中，用数据链补充语音通信效益明显：

(1)数据链极大地增强了共享的态势感知，因为能够不断地了解友机和敌机的阵位，减少对无线电话语音通信的需求，飞行员能够将注意力集中于战场空间和他们的行动上。

(2)不论是否互相分开，每一个飞行员都能够看见其他飞行员的情况。

(3)共享的态势感知，使分散战术变得更加容易，而且可提高飞行效能，需要时，还能在夜间和风雨条件下，对抗未装备数据链的对手时，表现出更加明显的互相支持。

(4)无意中锁定另一架己方或友方飞机时，整个错误会用图形显示出来，飞行员用很少的时间就发现了错误，避免可能的自相残杀。

由于战术数据链在实现信息共享、提高态势感知方面具有独特的优势，因此美军的各型作战飞机均装备或计划装备战术数据链，如美海军的 F/A-18C/D 上就安装有 TADIL-C(RT-1379/ASW-25)、TADIL-J(MIDS LVT)、CDL(F/A-18 上挂载的先进机载侦察吊舱系统使用 CDL 数据链)和 VMF 4 种数据链。美空军的 F-15、F-16 战斗机及各型轰炸机均配备 TADIL‑J 数据链实现平台的数据联网。

为了解决从传感器到射手的数据链接问题，提高日益增加的数据传输量、缩短反应时间，罗克韦尔·柯林斯公司开发出 TTNT 解决方案。它以互联网络协议为基础，采用 Ad hoc 技术的网络，这种高速、动态的专设网络可使美军能够迅速瞄准移动及时间敏感目标。TTNT 被应用于美空军的机载网络，其目的是实现战术网络瞄准并精确打击目标。TTNT 网络如图 7‑9 所示。

图 7‑9   TTNT 网络图

TTNT 是下一代数据链的代表，其优势主要体现如下：

1. 基于 IP 协议，广泛连接各平台

TTNT 是一种高速、宽带、基于互联网协议（IP）的网络通信系统，可以将空中平台与陆基全球信息栅格节点连接在一起。与采用专用通信协议的数据链不同，TTNT 可以进行多层网络管理，同时自动调节带宽，可确保将重要的信息实时发送给最需要它的节点，可多节点传输数据。这种高速网采用网络中心传感器技术使来自多个平台的数据互联，允许传感器在多个平台传输时间敏感目标的信息，实现时间敏感目标的精确定位。

TTNT 网络基于 IP 协议，具有路由的概念，它是以网络节点互联为目的，其数据传输方式灵活，网络中信息流向不确定，使用户能够灵活、快速组网从而达到共享信息，数据在整个网络中共享。TTNT 节点是对等的，各平台间的链接关系是由网络的性能及特点而建立的。

2. 高吞吐量

TTNT 用于支持 200 位以上的用户在高速互联网络传输下安全、抗干扰地传送数据，可以将其看作大型网络，并可同时接收 4 或 4 个以上的数据流。TTNT 的吞吐量比 Link16 高 20 倍，且不会对现有 Link16 产生干扰，它提供了多种安全等级，并可扩展到同时为大约 1 000 名用户服务。

3. 高传输速率

TTNT 采用较高阶的调制方式和较高的编码速率，因此，可以达到高通量和高速率。在 185.2km 距离，TTNT 数据链的数据传送速率能够达到 2Mb/s，这一技术可使网络中心传感器能够在多种平台间建立信息联系,并对时间敏感目标进行精确定位。JEFX 试验证明,TTNT几乎能够使用包括语音、文本对话、视频流以及静止图像在内的各种类型 IP 应用。TTNT信息传输速率 50 倍于 Link16,可在 540km 的范围内传输数据。

4. 低传输时延

TTNT 的信息延迟为 1.7ms,其波形的最大设计延时仅 2ms。在低反应模式,超过180km 距离的情况下,TTNT 的传输数据时间少于 2ms。

5. 低截获性和抗干扰性

机载数据链天线多采用全向天线,以保证战机翻滚机动时信号不因机身遮挡、反射造成衰减。但是,采用全向天线收、发数据最大的缺陷就是容易被敌方探测其电子信号,导致暴露目标。在科索沃战争中,一架 F-117A 隐身战斗机在塞尔维亚上空被南联盟的 SAM-3 防空导弹击落,就是因为数据通信的电子信号泄密。目前,美国研制了一种可以高速切换方向的多波束天线(MBA),再配合特殊的天线对准及跟踪算法,能够在快速机动中保持天线波束对准。TTNT 是一种低可截获的通信系统,其采用的就是这种天线模块。其定向天线的窄波束能够提高系统的低截获性和抗干扰性。

6. 实时按需获得带宽

数据链网络是预先规划配置好的,新节点入网不易。TTNT 则是相对开放的 AdHoc 网络,网络结构很简单,可以自动组网,组网、入网灵活,无需预先规划网络,并且在任何时刻都能交换密钥。建立一个 Link16 网络过去需要 30 天,现在已减少到几天,但建立 TTNT 网络只要不到 5s。

TTNT 的网络容量高达 10Mb/s,网络管理协议更新速率和新用户进入移动自组网的时间均为 3s,作用距离 218km,每个用户可以使用的通信容量为 2.25Mb/s。TTNT 数据链系统可在 5s 内为网络加入新的作战平台。另外,这个安全的、基于因特网协议的战术网能够与包括 Link16 数据链在内的现有技术共存,并与基带网络层的宽带联网波形(WNW)互操作。

7. 应用范围广

TTNT 的应用范围比数据链宽广得多。数据链的应用较为单一,只能传输特定的格式化信息,TTNT 网络中传输的是基于 IP 协议的报文,可以承载任何种类的信息格式和应用。JEFX 06 试验证明,机载网络的应用包括友军态势感知、协同定位、VoIP、图像视频传送、网络聊天、电子邮件及天气预报等。

8. 通用性更强

TTNT 具备传感器到射手的铰链和信息融合能力。在 TTNT 中,这相当于一些特殊的、功能强大的、基于网络层的应用程序,其应用层面可不断拓展延宽,通用性更强,这也正适应了带宽、处理能力等条件达到一定程度下的一种技术发展趋势。

TTNT 数据链在传输速率、吞吐量、保密性等方面表现出了极大的优势,极具代表性地说明了未来数据链的发展趋势。未来将会发展性能更好的数据链。数据链是形成机载网络的基础,数据链可以使机载网络在飞机活动的任何地方形成。

借助于 TTNT 技术,战斗机将侦察、监视等信息传输给其他用户的能力将显著增长。各平台之间也可以实时传递语音、图像等信息,且不易被截获,有利于指挥控制平台精确定位目标,在短时间内迅速做出行动指示,保证了战场上的先发之势,从而锁定胜利。另外,TTNT的低截获率为隐身战斗机提供了极大的安全保障。

TTNT 采用 Ad Hoc 网络,其动态组网特性可使美军能够迅速瞄准移动及时间敏感目标。TTNT 的动态组网特性使战斗机可以很快加入战斗,在目标探测、主动识别、瞄准、达到交战标准、打击和确认摧毁的全过程中,通过 TTNT 能够提供及时有效的信息。例如,F - 22 猛禽产生的智能和情境图片能通过基于地面的网关发送到 F - 15 和 F - 16 飞机,实现信息的及时共享。如此,各平台实现大规模、实时联合作战,在保证战场胜利的同时将附带毁伤减小到最低。此外,TTNT 将为美军网络中心战的巨大转型潜力提供网络化的基础设施。

7.3.2　精确制导武器系统

为了与武器平台之间沟通瞄准信息,精确制导武器也需要装备数据链。洛克希德·马丁公司为 AGM - 62"白眼星"导弹研制的增程数据链(ERDL)是较早一代的精确制导武器数据链,可以传输从导弹发射到击中目标期间的视频图像。现代精确制导武器数据链的功能更多,使飞机能够控制飞行中的导弹并重新瞄准。对远程武器,尤其是待机时间较长的导弹,数据链的应用越来越多。除了具有飞行中重新瞄准能力,精确制导武器数据链还具有 ISR 功能。例如,英国"风暴影子"巡航导弹就利用超高频数据链进行作战损毁评估。

精确制导武器是在现代局部战争的需求牵引和新技术革命推动下出现的高技术武器。在"自由伊拉克行动"期间,美、英联军在空袭中共使用了 19 948 枚制导弹药和 9 251 枚无制导弹药,包括 CBU - 107 无源攻击武器(Passive Attack Weapon)在内的制导弹药,占其航空武器的 68%。从中可以看出,精确制导将在现代高科技战争、在精确打击中占据重要地位。

为武器系统加装数据链,可使武器在发射到击中目标期间连续接收、处理目标信息,选择攻击目标。"战斧 4"导弹就是在"战斧"导弹基础上,加装了数据链设备,实现了数据双向通信能力。其特点一是具备快速精确打击能力。发射准备时间短,确定或改变攻击目标的时间仅需 1 min。导弹在飞行 400 km 到达战场上空后能盘旋待机 2~3 h,在接到攻击命令后 5 min 之内,根据侦察卫星、侦察机或岸上探测器提供的目标数据,可打击 3 000 km² 内的任何目标。二是导弹在飞行中能按照指令改变方向,攻击预定的目标或随时发现的目标。

在新型精确制导武器的发展中,信息平台技术是至关重要的。从导弹武器来讲,要精确打击固定和活动目标,其制导方式就必须由原来的纯惯性制导向惯性制导、指令制导和主动寻的等复合制导方式发展。而进一步提升打击效果、突破敌军防御,则需要实时获得导航定位、动态目标指示等信息,并实施中段变轨、末端修正等技术。在这些技术中,指令制导具有高度的灵活性和实时性,可以通过实时战场感知、多信息汇集融合、综合判断、高效指挥控制,达到及时修正、调整,控制导弹攻击目标的目的。这些功能只有建立相应的数据链系统才能保证。

导弹飞行控制数据链的主要功能,是实现对导弹飞行的复合精确制导和超视距控制;实时接收从卫星上发出的重新确定打击目标的命令和数据,掌握其飞行姿态;依据目标变化和战场态势变化信息,实施导航信息远程装订、指令接收、侦察数据与先验信息匹配、中段变轨突防、攻击目标再定位和改变等功能,提高导弹打击精度和命中目标概率。导弹飞行控制数据链是使武器平台与信息平台相结合的典型范例,加大了指挥系统对导弹打击过程的干预能力,使战争协同性更强、更灵活、优势更集中。根据导弹飞行控制数据链的使命,系统应由导弹飞控数据链终端(也称弹载数据链终端)、数据中继平台、地面数据链系统和地面战术指挥应用中心等 4 个部分组成。系统的组成结构如图 7 - 10 所示。

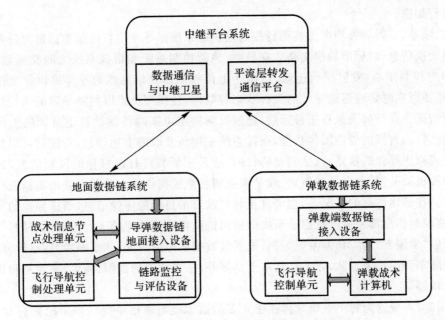

图 7-10　导弹飞行控制数据链系统组成示意图

地面战术指挥应用中心包括数据处理及接入中心、指挥控制中心、情报中心及联合作战时交连的其他数据链设备。地面战术指挥应用中心完成信息加/解密、数据的格式化、数据路由及链路控制、信号滤波,产生符合飞行控制数据链要求的信号,将其送往飞行控制数据链地面中心站;也可接收导弹状态信息和侦察数据链传回的侦察信息,并分发到指挥控制系统;还可作为专用数据链的系统节点实现与其他数据链和指挥系统交连。从严格意义上讲,除数据处理及接入中心外,其他部分不属于飞行控制数据链系统的范畴。情报中心完成战场、技术情报的收集、融合;指挥控制中心完成决策、发出指令;其他数据链设备在联合作战时可接入本系统实现信息共享。

地面数据链系统属于地面业务站,包括有天线伺服馈送、信道、基带、监控、时统、测试标校和技术保障等分系统,主要完成中继平台跟踪,数据链系统设备管理,信息发送、接收,数据调制、解调,数据记录,情报生成、分发等功能。

中继转发平台,为数据链提供"弯管"通信能力,主要完成前向信号的频率变换、功率放大和信号转发,从转发体制上讲,一种是透明转发、一种是再生转发。可供选择的数据中继转发平台较多,如无人机、高空气球、卫星等。每种平台各有特点:无人机平台,系统链路建立容易,但飞行高度低、覆盖范围小、生存能力差;高空气球平台,飞行高度高、成本低、准备周期短、易于灵活实施和系统链路容易建立,但平台稳定性稍差;卫星作为中继平台具有很多优势,但链路建立要求高,各国可利用的在轨卫星资源状况也不相同。

导弹飞行控制数据链终端由卫星通信单元、链路控制单元、信息格式化单元、信息加/解密单元组成,与弹载战术计算机和导航控制分系统相连,采用双向点对点、全双工工作模式。卫星通信单元主要完成通信信道的建立功能;链路控制单元完成信息传输的链路控制功能;信息格式化单元主要完成从接收信号中恢复数据流和对从弹载战术计算机获取的数据按照协议进行格式化的功能;信息加/解密单元主要负责对接收指令进行解密和对需要回传的已处理的信息数据进行加密。

巡航、陆基、空射导弹均可加装飞行控制数据链系统。导弹飞行控制数据链允许在战术计算机之间交换信息，以标准的报文格式在导弹、地面控制系统和指挥系统之间交换数字信息，实现导弹与控制中心、发射平台连通，可用于上传控制命令信息或为导弹提供导航信息。同时，该链路还可实时传输巡航导弹的飞行状态等数据，使指挥员得以判断导弹的飞行情况和导弹的突防情况。在导弹飞抵打击目标前，通过反向链路可实时传输欲打击目标的图像数据和先前导弹已打击目标的毁伤图像数据，指挥系统根据所获取的上述信息，指挥员可以判断是否需要改变或修正导弹的航路，以达到突防目的，或是重新装订打击目标的位置信息，并根据需要启动中段机动装置，改变导弹航路，或是根据情报系统提供的先验信息发出重新进行景象匹配的指令。在链路许可的情况下，也可直接装订欲打击目标的图像信息，指挥导弹的自动寻的系统，这些控制信息都是通过数据链系统的前向链路传输到导弹的飞行控制系统的。

下面以"爱国者"地空导弹系统为例，说明其数据链应用情况。"爱国者"地空导弹系统，装备于美国陆军和国民警卫队，除了在其本土部署外，还在欧洲的德国、荷兰、意大利和比利时等盟国有大量部署。

"爱国者'导弹营为每个下属导弹连建立多信道无线电通信系统。如果配置有专用电缆，火力单元可以通过专用电缆直接与导弹营连接。为传递实时的空中战斗和空中交通管制信息，必须建立自动数据链路。"爱国者"系统使用许多种通信设备，每一种都有特定用途。

1. VHF－FM

在营和连一级，FM 电台主要安装在指挥、后勤、管理、情报和作战车辆上。主要的 FM 电台是带有通信保密设备的 SINCGARS 电台。

2. IHFR－AM（改进型高频调幅电台）

该电台主要用作固定场所指挥控制的备用通信电台。如营、连、旅指挥所使用带有偶极子天线的 AN/GRC106 电台。

3. 移动用户设备（MSE）

该设备可以使营与更高级的梯队、其他防空炮兵（ADA）单元和网中的任何人通信。

4. 有线通信

在营、连内部使用 WD－1 和 26 对电缆来连接各单位进行指挥控制、管理、后勤和战斗勤务支援。为了提高能力，有线线路与 UHF 连接，可与更高层单元和支持单元通信。

5. UHF 通信

这是"爱国者"火力单元使用语音和数据信道进行通信的主要方法。12 信道、III 波段 AN/GRC103 电台装备于每一个信息协调中心、交战控制合（ECS）和通信中继组（CRG ）。用 KG－194A 提供加密。UHF 系统通过下述 5 种数据链发送数据：

（1）PADIL：用于"爱国者"单元内部通信。

（2）ATDL－1：外部通信，用于与旅及更高级指挥层通信。

（3）TADIL－A：外部通信，用于与地基、机载和舰载战术数据系统的通信。

（4）TADIL－B：用于与卫星通信。

（5）TADIL－J：机载、舰载和地基战术作战行动使用的时分网络。

其中，PADIL 是内部的数据链路，也就是"爱国者"营与所属各连的专用线路；ATDL－1 是保密全双工点对点线路，主要是连接军种（陆军与陆战队）间的战术空管系统与战术防空系统；半双工的 TADIL - A 是由网络控制站操作，供与陆基、空中或舰载战术数据系统间交换信息；全双工 TADIL - B 是用于将"爱国者"营与近程防空单位连至控制报告中心（CRC）与其他节点。抗干扰 TADIL - J 是利用 JTIDS 的传输特性、协议与格式，来建立空中、陆基或舰载系统的时分网络，如图 7 - 11 所示。

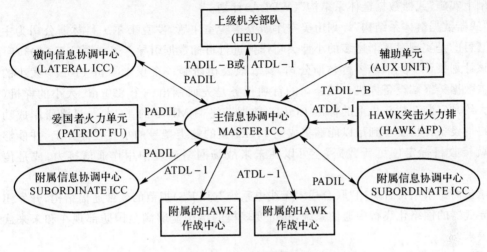

图 7 - 11　爱国者导弹系统数据链路的应用情况

7.3.3　航空制导弹药

航空制导弹药是战斗轰炸机、攻击机和多用途战斗机等战术飞机对地面实施精确打击的重要力量。在飞机攻击机动目标的时候，关于目标的数据（位置和速度）是在武器发射之前获得的，有时这些数据是从载机之外的其他设备获得的，没有经过本机传感器的确认。在武器飞抵目标之前，目标的位置随时在发生着变化。另外，这些数据在从其他设备向武器载机传递过程中存在时间延迟，这些因素都增加了目标位置的不确定性。武器的射程越长，飞行的时间也就越长，目标的机动性对武器的攻击精度影响也就越大。在飞行末段进行人工修正或装备数据链，加快数据的传输和更新，可以消除这种影响。在伊拉克战争中，美军大量使用各种航空制导弹药，其中有相当大一部分就采用数据链进行中途制导，如 AGM - 154A/B/C，AGM - 65，AGM - 84H，AGM - 130A/C 等。这些航空制导武器在打击目标前能通过数据链将目标图像传回飞行员座舱内的多功能显示器再锁定目标，攻击精度皆小于 3m。

为了发现并打击"时间敏感"和"时间关键"目标，美国防部已指定美空军负责监督实施 8 项精确打击倡议。其中一项就是为美空军目前使用的 250 磅（113.4kg）小口径炸弹加装数据链和精确制导装置。加装数据链将为使用者提供该小型炸弹投放后的位置和状态的反馈信息，使其能对这种自主式炸弹实施遥控，保证该炸弹准确命中目标。美空军和工业界人士说，采用抗干扰的全球定位系统辅助制导的小直径炸弹，将使飞机攻击目标的方式发生革命性的变化，一次出航可以携带比现在更多的炸弹并攻击多个目标，炸弹具有全天候、防区外"准精确"攻击能力，射程达到 111km。空军的最终目标是将数据链安装到大部分精确制导弹药上。

美空军经过 10 年的努力，建成了包含精确制导炸弹和导弹的不断增强的武器库。美空军现在希望将这些武器相互链接并同机载或地面控制器链接,从而获得飞行中重新瞄准和更快速、精确地进行轰炸毁伤效果评定等能力。因此,美空军一直希望为其精确制导武器加装一种通用的数据链。最终,空军计划将目前由国防高级研究计划局研制的 Link16 的小型化、经济型的型号投入使用。因此,美空军开始在美国防高级研究计划局投资的"班西"(Banshee)计划的基础上实施"武器数据链体系结构"(WDLA)计划。

"武器数据链体系结构"计划由美空军研究实验室主管,罗克韦尔·科林斯公司为主承包商。其目的是实现对逐渐增多的小型灵巧炸弹进行目标数据引导。美空军已于 2003 年 10 月初将该计划授予罗克韦尔·科林斯公司,要求该公司研制一个仅 $164cm^3$($10in^3$)大小的多信道武器数据链终端设备样机。该公司的首项任务是先研制出一个 $820cm^3$ 大小的样机(这一尺寸大约是安装在战斗机上的标准 Link16 数据链终端 MIDS 的 1/10)。最终研制成功的数据链终端设备样机要小到足以能够集成到 115kg 重的这类型号的小直径炸弹上,并能够在飞行中就接收目标定位更新数据,还可以在未来战场网络环境中用作通信接力,或是传感器节点。

承包商将采用符合美国"联合战术无线电系统"(JTRS)规范的软件通信结构,开发用于精确制导武器的网络化飞行中通信系统,其可变规模的结构能够满足国防部现在和未来武器的各种要求。

JTRS 是一种开放式的、软件可编程的无线电系统,可以根据各军兵种对新的战术通信系统的要求加以修改。开发的 WDLA 将能在几分钟内单独地重新编程,从而提供可靠的、任务专用的通信协议和参数。

该数据链还将进一步扩展,可能会利用罗克韦尔·科林斯公司正在开发的新技术,如战术目标瞄准网络技术(TTNT)、隐藏密码技术和联合战术无线电系统技术。与此同时,美国防部也正在对各种武器进行遴选,找出究竟哪些武器适合加装数据链。

目前,美军用于航空制导弹药的武器引导数据链主要有 AN/AXQ-14 和 AN/AWW-13。

AN/AXQ-14 是休斯公司原为 GBU-15 滑翔炸弹开发的用于武器控制的 L(D)波段双向数据链,并用于 AGM-130(GBU-15 附加助推火箭的有动力版本)引导炸弹上。它通过把控制数据从武器系统军官传送给武器,并把来自武器光电或红外传感器的视频图像传送到武器系统军官的显示器上,来实现发射飞机和发射后武器之间的双向通信。该系统也能通过卫星上行保密链路,发送和接收往返于控制中心的近实时图像。AN/AXQ14 的最新型号是 AN/ZSW-1。

美空军 F-III,A-7,F-15,F-16 战斗机与 B-52 轰炸机,以及美海军 F/A-18 与部分非美国飞机都可装备 AN/AXQ-14。美空军 F-15E 战斗机上装备有 AN/AXQ-14 数据链吊舱,使用 GBU-15 光电制导炸弹,AGM-130 引导炸弹和光电制导的 AGM-65"幼畜"空对地导弹时选配这种设备。

AN/AWW-13 先进数据链系统由雷声公司生产,可安装在 A-6,F/A-18,P-3C 和 S-3B 等飞机上,用于 AGM-62"白星眼"、AGM-84E"防区外对地攻击导弹"(SLAM)和 AGM-154"联合防区外武器"(JSOW)等制导武器。另外,雷声公司将为韩国 F-15K 战斗机生产 5 套 AN/AWW-13 先进数据链吊舱,用于发射波音公司的"增强型防区外对地攻击导弹"(SLAM-ER),这也是 AN/AWW-13 数据链吊舱的首次对外国销售。

在 1999 年"盟军行动"期间,快速目标系统(RTS)将目标信息和图像直接发送到 F/A-18 战斗机的座舱中。飞机通过 AN/AWW-13 视频数据链吊舱接收 RTS 目标信息。驾驶员可以看到来自值守无人机(UAV)的打印的报文、图表、U2 照片,甚至可以看到视频图像。当被重新分派任务时,飞机可以在途中利用图像进行任务规划。目标程序包一旦构建好,就利用高带宽的地面线路将程序包传送给地理上分散的通信中继站,在那里程序包通过上行链路传输给 F/A-18 飞机上经过特殊改进的 AN/AWW-13 吊舱。一旦上载成功,飞机后面座位上的武器军官就能够利用目标程序包中的信息进行任务规划。

习　题

1.美国"天基红外系统"与 DSP 相比有何优点?

2.战术空军控制系统由哪几个分系统组成? 各自的主要功能是什么?

3.TTNT 主要优势体现在什么地方?

4.美国地(海)面情报、侦察、监视、预警由哪些系统或装备组成? 各自的主要特点是什么?

5.画出美海军先进作战指挥组成框图,并说明其工作流程。

6.画出美国导弹飞行控制数据链系统组成示意图并说明其工作流程。

参 考 文 献

[1]   王立强．信息化条件下外军数据链应用研究．北京：国防工业出版社，2008.

[2]   孙义明，杨丽萍．信息化战争中的战术数据链．北京：北京邮电大学出版社，2005.

[3]   孙继银，等．战术数据链技术与系统．北京：国防工业出版社，2007.

[4]   李颖．军用数据链．北京：国防工业出版社，2006.

[5]   尹亚兰，谢井，等．战术数据链的技术及运用．南京：海军指挥学院出版社，2008.

[6]   刘徐德．战术通信、导航定位和识别综合系统文集(第一集、第二集)．北京：电子工业出版社，1992.

[7]   刘烈武，邱致和，等．战术通信、导航定位和识别综合系统文集(第三集、第四集)．西安：信息产业部电子第二十研究所，2001.

[8]   郑德芳．数据链技术文集．西安：信息产业部电子第二十研究所，2002.

[9]   Theodore S R．无线通信原理与应用．蔡涛，李旭，等，译．北京：电子工业出版社，1999.

[10] 王士林，等．现代数字调制技术．北京：人民邮电出版社，1985.

[11] 何非常．军事通信：现代战争的神经网络．北京：国防工业出版社，2000.

[12] 查光明，熊贤祚．扩频通信．西安：西安电子科技大学出版社，1990.

[13] 潘仲英．电磁波、天线与电波传播．北京：机械工业出版社，2003.

[14] 李显尧，周碧松，等．信息战争．北京：解放军出版社，2000.

[15] 王凯．数字化部队．北京：解放军出版社，2000.

[16] 李荣常，等．空天一体信息作战．北京：军事科学出版社，2003.

[17] 房英德，等．战术数据链系统．北京：海潮出版社，2003.

[18] 沈伟光．信息化军队未来战争的主角．北京：新华出版社，2003.

[19] 梅文华，蔡善法．JTIDS/Link 16 数据链．北京：国防工业出版社，2007.

[20] 骆光明，杨斌，邱致和，等．数据链：信息系统连接武器系统的捷径．北京：国防工业出版社，2008.